现代室内设计的创新研究

曾艺婧　王　瑞　徐琨　著

吉林文史出版社

图书在版编目（CIP）数据

现代室内设计的创新研究 / 曾艺婧, 王瑞, 徐琨著. 长春 : 吉林文史出版社, 2024. 8. -- ISBN 978-7-5752-0572-6

Ⅰ. TU238.2

中国国家版本馆CIP数据核字第20246WD327号

现代室内设计的创新研究
XIANDAI SHI NEI SHEJI DE CHUANGXIN YANJIU

出 版 人: 张　强
著　　者: 曾艺婧　王　瑞　徐　琨
责任编辑: 张焱乔
版式设计: 李　鹏
封面设计: 文　亮
出版发行: 吉林文史出版社
电　　话: 0431-81629352
地　　址: 长春市福祉大路5788号
邮　　编: 130117
网　　址: www.jlws.com.cn
印　　刷: 北京昌联印刷有限公司
开　　本: 710mm × 1000mm　1/16
印　　张 17.5
字　　数: 270千字
版次印次: 2024年8月第1版　2024年8月第1次印刷
书　　号: ISBN 978-7-5752-0572-6
定　　价: 78.00元

前　言

随着时代的不断演进，现代室内设计作为人们生活空间中不可或缺的一部分，其重要性日益凸显。从简单的空间规划到复杂的生活场景营造，室内设计已经超越了其原有的定义，成了一种融合了艺术、科技、人文等多元素的综合性创意活动。在这股创新潮流的推动下，对现代室内设计创新的研究显得尤为必要和迫切。

回首过去，我们不难发现，室内设计的发展始终伴随着时代的步伐。从最初的满足基本生活需求，到后来的追求审美和舒适，再到现在的强调个性化和可持续性，每一次变革都体现了人类对于生活品质的不断追求和设计理念的深入理解。而在这一过程中，创新始终是推动室内设计不断前进的核心动力。现代室内设计的创新，不仅仅是技术层面的突破，更是设计理念、生活方式文化观念的更新。它要求设计师在充分了解用户需求的基础上，运用创新思维和跨学科知识，创造出既符合现代审美又具备实用价值的室内空间。这种创新不仅体现在设计风格的多样性上，更体现在对新材料、新工艺、新技术的探索和应用上。

随着科技的不断进步和人们审美观念的转变，现代室内设计的创新将呈现出更加多元化和个性化的趋势。同时，环保和可持续性也将成为未来室内设计的重要发展方向。在这样的背景下，我们期待有更多的设计师能够通过不断探索和创新，为人们创造出更加美好的生活环境。

现代室内设计创新研究是一项具有重要意义的工作。它不仅有助于推动室内设计行业的创新和发展，更有助于提升人们的生活品质和幸福感。希望通过本研究能够为行业内外提供有价值的参考和启示，共同推动现代室内设计的创新和发展。

由于笔者水平有限，本书难免存在不妥甚至谬误之处，敬请广大学界同仁与读者朋友批评指正。

目　录

第一章　室内设计概述

室内设计是对建筑外壳所包覆的内部空间和实体进行的设计，用以提高人类的生活质量，提高工作效率，保护他们的健康、安全，以及满足其价值观、认知、偏好、控制、认同等精神、心理要求的一门空间环境设计学科。本章主要论述室内设计的含义、内容、分类、原则与发展，室内设计的方法与步骤、理念与观点，以及室内设计的依据与发展趋势。

第一节　室内设计的含义与内容

一、室内设计的含义

室内设计指根据建筑物的使用性质、所处环境和相对应的标准，运用物质材料、工艺技术、艺术的手段，结合建筑美学原理，创造出功能合理、舒适美观、符合人的生理和心理需求的内部空间；赋予使用者愉悦的，便于生活、工作、学习的理想的居住与工作环境，创造满足人们物质和精神生活需要的室内环境。这一空间环境既具有使用价值，能满足相应的功能要求，同时也反映了历史文脉、建筑风格、环境气氛等精神因素。例如，建筑大师贝聿铭对苏州博物馆的室内设计就很好地体现了这些特点，博物馆的室内设计运用了大量中式元素。

我们可以从室内空间序列、空间构成、空间层次、组织和室内各界面的设计，线条、色彩及材质的选用等多个角度，体会中式元素在现代室内空间中的运用。贝聿铭用他独特的视角诠释了一种新的中式风格。就像他曾说："我后来才意识到苏州的经验让我学到了什么。现在想来，应该说那些经验对我的设计有相当影响，它使我意识到人与自然共存，而不只是自然而已。创意是人类的巧手和自然的共同结晶，这是我从苏州园林中学到的。"

室内设计是建立在四维空间基础上的艺术设计门类，包括空间环境、室内环境、陈设装饰。现代主义建筑运动使室内从单纯界面装饰走向建筑空间，再从建筑空间走向人类生存环境。

上述定义明确地把“创造满足人们物质和精神生活需要的室内环境”作为室内设计的目的，即以人为本，一切围绕人的生活、生产活动，创造美好的室内环境。

室内设计是为满足一定的建造目的（包括人们对它的使用功能的要求、对它的视觉感受的要求）而进行的准备工作，是对现有的建筑物内部空间进行深加工的增值准备工作。其目的是让具体的物质材料在技术、经济等方面，在可行性的有限条件下能够成为合格产品的准备工作。室内设计不仅需要工程技术上的知识，也需要艺术上的理论和技能。室内设计是从建筑设计中的装饰部分演变出来的，它是对建筑物内部环境的再创造。室内设计范畴非常宽广，现阶段从专业需要的角度出发，可以分为公共建筑空间设计和居住空间设计两大类。当提到室内设计时，可能还会提到空间、色彩、照明、功能等相关的重要专业术语。室内设计泛指能够实际在室内建立的任何相关物件，包括墙、窗户、窗帘、门、表面处理、材质、灯光、空调、水电、环境控制系统、视听设备、家具与装饰品的规划等。

现代室内设计或称室内环境设计，是环境设计系列中和人们关系最为密切的环节之一。它包括视觉环境和工程技术方面的问题，也包括声、光、电、热等物理环境，以及氛围、意境等心理环境和文化内涵等内容。室内设计的总体包括艺术风格。从宏观来看，往往能从一个侧面反映相应时期社会物质和精神生活的特征。随着社会的发展，历代的室内设计总是具有时代的印记，犹如一部无字的史书。这是由于室内设计从设计构思、施工工艺、装饰材料到内部设施，必须和社会当时的物质生产水平、社会文化和精神生活状况联系在一起；在室内空间组织、平面布局和装饰处理等方面，还和当时的哲学思想、美学观点、社会经济、民俗民风等密切相关。

从微观来看，室内设计的水平、质量又都与设计师的专业素质和文化艺术素养等联系在一起。至于各个单项设计最终实施后成果的品位，又和该项工程具体的施工技术、用材质量、设施配置情况，以及与建设者的协调关系密切相关，即设计是具有决定意义的最关键的环节和前提，但最终成果的质量有赖于设计、施工、用材、与业主关系的整体协调等。可以看出，室内设计是感性与理性的结合，两者需要高度协调，才能确保室内设计最终的完美使用效果。

现代室内设计既有很高的艺术性要求，其涉及的设计内容又有很高的技术含量，并且与一些新兴学科，如人体工程学、环境心理学、环境物理学等关系极为密切。现代室内设计已经从环境设计中发展为独立的新兴学科。

二、室内设计的内容

室内设计作为一门专业性强、发展迅速的新兴学科，已成为目前设计学科中的一大热门。随着人们生活水平的逐步提高，城镇建设的快速发展，人们对自身生活空间、工作环境的改善日益重视，对公共购物环境、宾馆、酒店及娱乐空间等的设计也日益关注。人们希望通过设计改善生存环境，改善人与自然、人与社会之间的关系，创造出人类理想的生活环境与社会环境。

室内设计就是为满足人们生活、工作的物质要求与精神要求而进行的设计，力求创造安全、健康、文明的人造环境。室内环境往往依托于一个具体的内部空间，这个空间不仅仅是人们生活、工作、娱乐的庇护所，更是人的心理及精神等需求的庇护所。

作为室内设计人员，除了强调视觉效果外，对采光、隔声、保温等因素也要考虑在内，同时考虑造价、施工、防火、暖通等工艺因素。虽然室内设计人员不能全面地掌握各种应涉及的学科内容，但也应该尽可能熟悉，以利于在设计时能够能动地考虑各种因素，配合有关专业人员进行工作，有效地提高室内设计的质量。

第二节　室内设计的方法与步骤

一、室内设计的方法

这里着重从设计者的思考方法来分析室内设计的方法，主要有以下几点。

（一）功能定位、时空定位、标准定位

在进行室内环境的设计时，首先需要明确是什么样性质的使用功能？是居住的还是办公的？是游乐的还是商业的等等？因为不同性质使用功能的室内环境需要满足不同的使用特点，塑造出不同的环境氛围，如恬静、温馨的居住室内环境，井井有条的办公室内环境，新颖独特的游乐室内环境，以及舒适悦目的商业购物室内环境等，当然还有与功能相适应的空间组织和平面布局，这就是功能定位。

时空定位也就是说所设计的室内环境应该具有时代气息和时尚要求，考虑所设计的室内环境的位置所在，国内还是国外，南方还是北方，城市还是乡镇，以及设计空间的周围环境、左邻右舍，地域空间环境和地域文化等等。

至于标准定位是指室内设计、建筑装修的总投入和单方造价标准（指核算成每平方米的造价标准），这涉及室内环境的规模，各装饰界面选用的材质品种，采用设施、设备、家具、灯具、陈设品的档次等。

（二）大处着眼、细处着手，从里到外，从外到里

大处着眼、细处着手，总体与细部深入推敲。大处着眼，即如第一章中所叙述的室内设计应考虑的几个基本观点。这样，在设计时思考问题和着手设计的起点就高，有一个设计的全局观念。细处着手是指具体进行设计时，必须根据室内的使用性质，深入调查，收集信息，掌握必要的资料和数据，从最基本的人体尺度、人流动线、活动范围和特点、家具与设备等的尺寸和使用它们必须从空间等着手。

从里到外、从外到里，局部与整体协调统一。建筑师 A. 依可尼可夫曾说："任何建筑创作，应是内部构成因素和外部联系之间相互作用的结果，也就是从里到外、从外到里。"

室内环境的"里"，以及和这一室内环境连接的其他室内环境，以至建筑室外环境的"外"，它们之间有着相互依存的密切关系，设计时需要从里到外、从外到里多次反复协调，务使更趋完善合理。室内环境需要与建筑整体的性质、标准、风格，与室外环境相协调统一。

（三）意在笔先，贵在立意创新

意在笔先原指创作绘画时必须先有立意（Idea），即深思熟虑，有了"想法"

后再动笔，也就是说设计的构思、立意至关重要。可以说，一项设计，没有立意、没有创新就等于没有“灵魂”，设计的难度也往往在于要有一个好的构思。具体设计时意在笔先固然好，但是一个较为成熟的构思往往需要有足够的信息量，有商讨和思考的时间，因此也可以边动笔边构思，即所谓笔意同步，在设计前期和出方案过程中使立意、构思逐步明确。但关键仍然是要有一个好的构思，也就是说在构思和立意中要有创新意识，设计是创造性劳动，之所以比较艰难，也就在于需要有原创力和创新精神。

对于室内设计来说，正确、完整又有表现力地表达出室内环境设计的构思和意图，使建设者和评审人员能够通过图纸、模型、说明等，全面地了解设计意图，也是非常重要的。在设计投标竞争中，图纸质量的完整、精确、优美是第一关，因为在设计中形象毕竟是很重要的一个方面，而图纸表达则是设计者的语言，一个优秀室内设计的内涵和表达也应该是统一的。

二、室内设计的步骤

室内设计根据设计的进程，通常可以分为四个阶段，即设计准备阶段、方案设计阶段、施工图设计阶段和设计实施阶段。

（一）设计准备阶段

设计准备阶段主要是接受委托任务书，签订合同，或者根据标书要求参加投标；明确设计期限并制定设计计划和进度安排，考虑各有关工种的配合与协调；明确设计任务和要求，如室内设计任务的使用性质、功能特点、设计规模、等级标准、总造价，根据任务的使用性质所需创造的室内环境氛围、文化内涵或艺术风格等；熟悉设计有关的规范和定额标准，收集分析必要的资料和信息，包括对现场的调查踏勘及对同类型实例的参观等。

在签订合同或制定投标文件时，还包括设计进度安排，设计费率标准，即室内设计收取业主设计费占室内装饰总投入资金的百分比（一般由设计单位根据任务的性质、要求、设计复杂程度和工作量，提出收取设计费率数，通常为 4% ~ 8%，最终与业主商议确定）；收取设计费，也有按工程量来计算的，即按每平方米收多少设计费，再乘以总计工程的平方米来计算。

（二）方案设计阶段

方案设计阶段是在设计准备阶段的基础上，进一步收集、分析、运用与设计任务有关的资料与信息，构思立意，进行初步方案设计，深入设计，进行方案的分析与比较。

确定初步设计方案，提供设计文件。室内初步方案的文件通常包括以下几点：

（1）平面图（包括家具布置），常用比例1 ∶ 50，1 ∶ 100。

（2）室内立面展开图，常用比例1 ∶ 20，1 ∶ 50。

（3）平顶图或仰视图（包括灯具、风口等布置），常用比例1 ∶ 50，1 ∶ 100。

（4）三室内透视图（彩色效果）。

（5）室内装饰材料实样版面（墙纸、地毯、窗帘、室内纺织面料、墙地面砖及石材、木材等均用实样，家具、灯具、设备等用实物照片）。

（6）设计意图说明和造价概算。

（三）施工图设计阶段

经过初步设计阶段的反复推敲，当设计方案完全确定下来以后，准确无误的实施就主要依靠于施工图阶段的深化设计。施工图设计需要把握的重点主要集中表现在以下四个方面：

（1）不同材料类型的使用特征，切实掌握装饰材料的特性、规格尺寸、最佳表现方式。

（2）材料连接方式的构造特征。

（3）环境系统设备与空间构图的有机结合（设备管线图），环境系统设备构件如灯具样式、空调风口、暖气造型、管道走向等。

（4）界面与材料过渡的处理方式。

（四）设计实施阶段

设计实施阶段也是工程的施工阶段。室内工程在施工前，设计人员应向施工单位进行设计意图说明及图纸的技术交底；工程施工期间需按图纸要求核对施工实况，有时还需根据现场实况提出对图纸的局部修改或补充（由设计单位出具修改通知书）；施工结束时，会同质检部门和建设单位进行工程验收。

为了使设计取得预期效果，室内设计人员必须抓好设计各阶段的环节，充分重视设计、施工、材料、设备等各个方面，并熟悉、重视与原建筑物的建筑设计、设施（风、水、电等设备工程）设计的衔接，同时还须协调好与建设单位和施工单位之间的相互关系，在设计意图和构思方面取得沟通并达成共识，以期取得理想的设计工程成果。

第三节　室内设计的发展趋势和美学法则

一、室内设计的发展趋势

随着社会的发展和时代的前进，现代室内设计具有如下发展趋势：

从总体上看，室内设计学科的相对独立性日益增强；同时，与多学科、边缘学科的联系和结合趋势也日益明显。现代室内设计除了仍以建筑设计作为学科发展的基础外，工艺美术、工业设计和景观设计的一些观念、思考和工作方法也日益在室内设计中显示其作用。

室内设计的发展适应于当今社会发展的特点，趋向于多层次、多风格，即室内设计由于使用对象的不同、建筑功能和投资标准的差异，明显地呈现出多层次、多风格的发展趋势。但需要着重指出的是，不同层次、不同风格的现代室内设计都将在满足使用功能的同时，更为重视人们在室内空间中的精神因素的需要和环境的文化内涵，更为重视设计的原创力和创新精神。

专业设计进一步深化和规范化的同时，业主及大众参与的势头也将有所加强，这是由于室内空间环境的创造总是离不开生活、生产活动于其间的使用者的切身需求，设计者倾听使用者的想法和要求，有利于使设计构思达到沟通与共识，贴近使用大众的需求、贴近生活，能使使用功能更具实效、更为完善。

设计、施工、材料、设施、设备之间的协调和配套关系加强，上述各部分自身的规范化进程进一步完善，如住宅产业化中一次完成的全装修工艺，相应地要求模数化、工厂生产、现场安装及流水作业等一系列的改革。

由于室内环境具有周期更新的特点，且其更新周期相应较短，因此在设计、施工技术与工艺方面优先考虑干式作业、块件安装、预留措施（如设施、设备的预留位置和设施、设备及装饰材料的置换与更新）等的要求日益突出。

从可持续发展的宏观要求出发，室内设计将更为重视节约资源（人力、能源、材料等）、节约室内空间（也就是节省土地），防止环境污染，考虑“绿色装饰材料”的运用，以创造有利于身心健康的室内环境。现代社会从资源节约和历史文脉考虑，许多旧建筑都有可能在保留结构体系和建筑基本面貌的情况下，对室内布局、设施设备、室内装修装饰等，根据现代社会所需功能和氛围要求予以更新改造，而该项工作主要由室内设计师承担。

二、室内设计的美学法则

室内设计美学法则的内涵指从审美的角度理智寻求、有意体现的一种形式美。形式美是室内设计作品给人以美感享受的主要因素。美是可以感知的，但只能通过形式体现出来，因为人们在审美活动中首先接触的是形式，并通过形式唤起人们对美的感应和对内容的接受。美是不能离开形式的，但不是所有的形式都是美的形式。其基本属性有点像语言文学中的文法，掌握了文法可以使句子通顺，不出现病句，但不等于具有了艺术感染力。

所谓形式，意指具有可见性形状及其各部分的排列，有了两个以上部分的组合，也就有了形式。在室内设计中所构成的形式美，就是借物质来表达某一种功能和内容的特殊形式，并以此为媒介激发人们对美的不同感受和情绪，与设计者之间产生共鸣，共鸣的程度愈大，感染力就愈强，如有的室内设计使人感到雄伟，有的使人感到庄严，有的使人感到优雅，有的使人感到亲切，有的使人感到神秘，从而使室内设计具有了不同程度的艺术魅力。

形式美是有规律可循的，其法则具有普遍性、必然性和永恒性，与人们审美观念差异、变化和发展是两个不同的范畴，不能混为一谈。前者是绝对的，是许多不同情况下都能应用的一般原则；后者是相对的，随着民族、地区和时代的不同而发展变化的。绝对寓于相对之中，并体现在一切具体的艺术形式之中。具体说来，形式美具有统一、协调、变化、多样、比例、尺度、均衡、比拟和联想等某一种或几种属性。

（一）统一、协调

任何艺术表现必须具有统一、协调性，这点似乎对所有的造型设计都是适用的。即有意识地将多种多样的不同范畴的功能、结构和构成的诸要素有机地形成完整的整体，这就是通常称作造型设计的统一性。取得统一的方法有以下几种。

1. 协调

在形式美法则中，协调是取得统一的主要表现方法。协调是指强调联系，表现为彼此和谐、具有完整一致的特点。

2. 主从

讲究主从关系，就是在完整而统一的前提下，运用从属部分来烘托主要部分，或者是用加强手法强调其中的某一部分，以突出其主调效果。

3. 呼应

呼应是在室内空间一般缺乏联系的各个不同形体或立面上，如柱的顶与脚、柱与墙面、墙面与门套、窗套等，运用相同或近似的细部处理手法，使其在艺术效果一致的前提下，取得各部分间的内在联系的重要手段。

（1）构件和细部装饰上的呼应。

（2）色彩和质感上的呼应。

（二）变化、多样

室内空间是由若干具有不同功能和结构意义的形态构成因素组合而成的，于是形成各部分在体量、空间、形状、线条、色彩、材质等方面各具特点的差异。在室内设计中，只要充分考虑和利用这些差异，并加以恰当的处理，就能在统一的整体之中求得变化，使空间造型在表面上既和谐统一，又丰富多变。通常认为变化、多样有对比、韵律、重点等几种表现方法。

1. 对比

所谓对比，是指强调差异，表现为互相衬托，具有鲜明突出的特点。

形成对比的因素是很多的，如曲直、动静、高低、大小、色彩的冷暖等。室内设计中，常运用对比的处理手法，构成富于变化的统一体，如形状方圆的对比、空间的封闭与开敞、颜色的冷暖、材料质地的粗细对比等。

2. 韵律

造型设计上的韵律，系指某种图形或线条有规律地不断重复呈现或有组织地重复变化。这恰似诗歌、音乐中的节奏和图案中的连续与重复，以起到增加造型感染力的作用，使人产生欣慰、畅快的美感。无韵律的设计，就会显得呆板和单调。韵律可借助于形状、颜色、线条或细部装饰而获取。

3. 重点

重点是指善于吸引视觉注意力于某一部位的艺术处理手法，其目的在于打破单调的格局，加强变化，突出主体，形成室内空间的趣味中心。

（三）比例、尺度

室内设计的空间包含两方面的内容。一方面是整体或者它的局部本身的长、宽、高之间的尺寸关系；另一方面是室内空间与家具陈设彼此之间的尺寸关系。研究比例关系，是决定室内设计形式美的关键。

1. 几何形状的比例

对于形状本身来说，当具有肯定的外形而易于吸引人的注意力时，如果处理得当，就可能产生良好的比例。所谓肯定的外形，就是形体周边的“比率”和位置，不能任意加以改变，只能按比例地放大或缩小，不然就会丧失此种形状的特性。例如正方形，无论形状的大小如何，它们周边的“比率”永远等于1，周边所有的角度永远是90°；圆形则无论大小如何，它们的圆周率永远是近似等于3.1416；等边三角形也具有类似的情况。而长方形就不是这样，它的周边可以有各种不同的比率而仍不失长方形，所以长方形是一种不肯定的形状，但是经过人们长期的实践，探索出若干种被认为完美的长方形：

（1）黄金比。

（2）黄金尺。

（3）等差数列比。

（4）等比数列比。

（5）平方根比。

2. 几何形状的组合比例

对于若干几何形状之间的组合，或者互相包含，如果具有相等或相近的“比率”，也能产生良好的比例。

上面谈到的这些按“数”的自然规律而形成的比例法则，赋予了室内设计的科学意义，但这些比例规律不是绝对的。几何形状的比例，毕竟是从属于结构、材料、功能及环境等因素的。所以，我们不能仅仅从几何形状的观点去考虑比例问题，而应综合形式比例的各种因素，做全面的平衡分析，才有利于创造新的比例构思。

（四）均衡

均衡，也可称平衡，在室内设计中，均衡带有一定的普遍性，在表面上具有安定感。

由于室内空间是由一定的体量和不同的材料所组合，常常表现出不同的重量感，均衡是指室内空间各部分相对的轻重感关系。获得均衡的方法是多方面的，具体分析如下。

1. 对称均衡

对称，也可称为均齐。所谓对称均衡，就是以一直线为中轴线，线之两边相当部分完全对称，有如天平之平衡。对称的构图都是均衡的，但对称中需要强调其均衡中心，把一些竖线按等距离无限排列，虽然产生均衡现象，但因找不到一明显均衡中心，在视觉上没有停息的地方，故其效果必然是既乏味又动荡不安。然而，如在其间强调出均衡中心，那么一种完美而宁静的均衡表现便会油然而生。

2. 非对称均衡

当均衡中心两边形式不同，但均衡表现相同时，我们称之为非对称均衡，犹如秤的杠杆的重心平衡。为了造型设计上的要求，可以有意识处理成不同的非对称均衡形式来丰富造型的变化。非对称均衡比对称均衡更需要强调其均衡中心，因为非对称所形成的多变性常常导致紊乱，单凭视觉去审视均衡是较困难的。所以，在构图的均衡中心上，必须给予十分有力的强调，这正是非对称均衡的重要原则。

室内空间造型的均衡还必须考虑另一个很重要的因素——重心。人们在实践中遵循力学原则，总结出重心较低，底面积大，就可取得平衡、安定的概念。好的均衡表现必有稳定的重心，它给外观带来力量、稳定和安全感。

此外，有些室内设计并不以体量变化作为均衡的准则，而是利用材料的质感和较重的色彩，形成不同的重量感来获得重心稳定的均衡感。

（五）比拟和联想

室内设计作为一种艺术创作来说，可以设计成各种个性特性，如可以是优雅的、富有表情的、庄严的、活泼的、力量的，或具有经济、效率的特征等，但是它必须与一种空间功能有着相联系的特征。这些个性特征，在具体表现上，常常与一定事物的美好形象的比拟与联想有关。

例如，在一些要求表现庄严的会议厅，室内设计常采用对称、端正的轮廓和正面形象，着重材料质感的运用和细微的艺术处理，讲究色彩的稳重而不过于华丽的效果，这些都与庄重典雅的概念接近。而在一些娱乐活动的场所，如文化宫、音乐厅、展览厅等处，则多采用优美的形体曲线、奔放明快的色彩，以取得亲切、愉快、感人的效果。

儿童活动空间的设计就是融合了这两种设计手法，形成饶有风趣的构思。它以儿童熟悉且喜爱的形象作为构思联想的素材，运用各种比拟方法进行造型设计，除在形体构图上采用具有一定象征意义的事物形象外，还在色彩上采用鲜明、活泼的对比色。

运用概念的比拟与联想，必须力求恰当。也就是说，要恰如其分地正确表达功能内容，其中包括使用功能和精神功能。

第四节　室内设计的风格和流派

一、室内设计的风格

（一）传统风格

传统风格的室内设计，是在室内布置、线形、色调以及家具、陈设的造型等方面，吸取传统装饰“形”“神”的特征。例如，吸取我国传统木构架建筑室内的藻井天棚、挂落、雀替的构成和装饰，明、清家具造型和款式特征。又如，西方传统风格中仿罗马风、哥特式、文艺复兴式、巴洛克、洛可可、古典主义等，其中如仿欧洲英国维多利亚或法国路易式的室内装潢和家具款式。此外，还有日本传统风格、印度传统风格、北非城堡风格等等。传统风格常给人们以历史延续和地域文脉的感受，使室内环境突出了民族文化渊源的形象特征。传统风格又分为东方传统风格和西方传统风格。

1. **东方传统风格**

（1）中式风格

中国是世界上四大文明古国之一，有着悠久的历史和辉煌的文化。中国的古建筑是世界上历史最悠久、体系最完整的建筑体系。从单体建筑到院落组合，从城市规划到园林设计，在各个方面中国古建筑都在世界建筑中处于领先地位。

中国传统风格的室内设计深受建筑形制的影响，具有鲜明的民族性和地方特色。中国传统的室内装饰，从装饰到解构图案均表现出端庄的气度和儒雅的风采，家具、字画和陈设的摆放多采用对称的形式和均衡的手法，这种格局是传统礼教精神的直接反映。中国传统室内设计常常巧妙地运用隐喻和借景的手法，努力创造一种安宁、和谐、含蓄而清雅的意境。这种室内设计的特点也是中国传统文化、东方哲学和生活修养的集中体现，是现代室内设计可以借鉴的宝贵精神遗产。

（2）和式风格

和式风格又称日式风格，追求的是一种休闲、随意的生活意境，空间造型极为简洁，在设计上采用清晰的线条，而且在空间划分中摒弃曲线，具有较强的几何感。和式风格最大的特征是多功能性，如白天放置书桌就成为客厅，放上茶具就成为茶室，晚上铺上寝具就成为卧室。

和式风格在室内布置上采用木质结构，不尚装饰，简约简洁。其空间意识极强，形成了“小、精、巧”的模式，利用檐、龛空间，创造特定的幽柔润泽的光影，明晰的线条，纯净的壁画，卷轴字画，极富文化内涵，室内宫灯悬挂，伞作造景，格调简朴高雅。和式风格的另一特点是屋、院通透，人与自然统一，注重利用回廊、挑檐，使得回廊空间敞亮、自由。

和式设计风格直接受日本和式建筑影响，讲究空间的流动与分隔，流动则为一室，分隔则分几个功能空间，空间中总能让人静静地思考，禅意无穷。

传统的日式家居将自然界的材质大量运用于居室的装修、装饰中，不推崇豪华奢侈、金碧辉煌，以淡雅节制、深邃禅意为境界，重视实际功能。

和式风格特别能与大自然融为一体，借用外在自然景色，为室内带来无限生机，在选用材料上也特别注重自然质感，以便与大自然亲切交流，其乐融融。

（3）东南亚风格

东南亚风格是一个东南亚民族岛屿特色及精致文化品位相结合的设计，性感神秘，灵动跳跃，以其来自热带雨林的自然之美和浓郁的民族特色风靡世界。这种风格的特点是原始自然、色泽鲜艳、崇尚手工。在造型上，其以对称的木结构为主，电视墙采用芭蕉叶砂岩造型，营造出浓郁的热带风情。在色彩上，其以温馨淡雅的中性色彩为主，局部点缀艳丽的红色，自然温馨中不失热情华丽。在材质上，其运用壁纸、实木、硅藻泥等，演绎原始自然的热带风情。

东南亚家具特征：东南亚家具大多就地取材，如印度尼西亚的藤、马来西亚河道里的水草及泰国的木皮等等纯天然的材质。

东南亚配饰特征：东南亚风格的搭配风格浓烈，木材、藤、竹是东南亚室内装饰首选。醒目的大红色的东南亚经典漆器，金色、红色的脸谱，金属材质的灯饰，如铜制的莲蓬灯，手工敲制出具有粗糙肌理的铜片吊灯，这些都是最具民族特色的点缀。

2. **西方传统风格**

（1）古罗马风格

古罗马风格以豪华、壮丽为特色，券柱式造型是古罗马人的创造，两柱之间是一个券洞，形成一种券与柱大胆结合极富兴味的装饰性柱式，成为西方室内装饰最鲜明的特征。广为流行和实用的有罗马多拉克式、罗马塔斯干式、罗马爱奥尼克式、罗马科林斯式及其发展创造的罗马混合柱式。古罗马风格柱式曾经风靡一时，至今在家庭装饰中还常常被应用。

（2）哥特式风格

哥特式风格是对罗马风格的继承，直升的线形、体量急速升腾的动势、奇突的空间推移是其基本风格。窗饰喜用彩色玻璃镶嵌，色彩以蓝、深红、紫色为主，达到12色综合应用，斑斓富丽，精巧迷幻。哥特式的彩色玻璃窗饰是非常著名的，家装中在吊顶时可局部采用，有着梦幻般的装饰意境。

（3）巴洛克风格

巴洛克风格以浪漫主义的精神作为形式设计的出发点，以反古典主义的严肃、拘谨、偏重于理性的形式，赋予了建筑更为亲切和柔性的效果。巴洛克风格虽然脱胎于文艺复兴时期的艺术形成，但却有其独特的风格特点。它摒弃了古典主义造型艺术上的刚劲、挺拔、肃穆、古板的遗风，追求宏伟、生动、热情、奔放的艺术效果。巴洛克风格可以说是一种极端男性化的风格，是充满阳刚之气的，是汹涌狂烈和坚实的，多表现为奢华、夸张、不规则的排列形式，大多表现于皇室宫廷的范围内，如皇室家具、服饰和皇室餐具器皿和音乐等。

巴洛克风格的主要特色是强调力度、变化和动感，强调建筑绘画与雕塑以及室内环境等的综合性，突出夸张、浪漫、激情和非理性、幻觉、幻想的特点；打破均衡，平面多变，强调层次和深度；使用各色大理石、宝石、青铜、金等，装饰华丽、壮观，突破了文艺复兴古典主义的一些程式、原则。概括地讲，巴洛克艺术有如下一些特点：

一是它有豪华的特色，它既有宗教的特色，又有享乐主义的色彩；二是它是一种激情的艺术，它打破了理性的宁静和谐，具有浓郁的浪漫主义色彩，非常强调艺术家的丰富想象力；三是它极力强调运动，运动与变化可以说是巴洛克艺术的灵魂；四是它很关注作品的空间感和立体感；五是它的综合性，巴洛克艺术强调艺术形式的综合手段，如在建筑上重视建筑与雕刻、绘画的综合，此外，巴洛克艺术也吸收了文学、戏剧、音乐等领域里的一些因素和想象；六是它有着浓重的宗教色彩，宗教题材在巴洛克艺术中占有主导地位；七是大多数巴洛克的艺术家有远离生活和时代的倾向，如在一些天顶画中，人的形象变得微不足道，如同是一些花纹。当然，一些积极的巴洛克艺术大师不在此列，如卡拉瓦乔、贝尔尼尼的作品仍然和生活保持有密切的联系。

（4）洛可可风格

洛可可风格是一种装饰艺术风格，主要表现在室内装饰上，对于府邸的形制和外形上也有相应特征。18 世纪 20 年代产生于法国，流行于法国贵族之间，是在巴洛克装饰艺术的基础上发展起来的。洛可可风格主要见于府邸中，对于教堂并无影响。洛可可风格的总体特征是轻盈、华丽、精致、细腻。室内装饰造型高耸纤细，不对称，频繁地使用形态方向多变的如“C”“S”或旋券形曲线、弧线，并常用大镜面作装饰，大量运用花环、花束、弓箭及贝壳图案纹样，善用金色和象牙白，色彩明快、柔和、清淡却豪华富丽。室内装修造型优雅，制作工艺、结构、线条具有婉转、柔和等特点，以创造轻松、明朗、亲切的空间环境。

（二）现代风格

现代风格起源于 1919 年成立的包豪斯学派，此风格强调突破旧传统，创造新建筑，重视功能和空间组织，注意发挥结构构成本身的形式美，造型简洁，反对多余装饰，崇尚合理的构成工艺，尊重材料的性能，讲究材料自身的质地和色彩的配置效果，发展了非传统的以功能布局为依据的不对称的构图手法。现代风格具有非常典型和鲜明个性的主观特色，钢筋混凝土、平板玻璃、钢材的大胆运用，简单的几何、直线元素拼铺，使艺术与实用功能得到高度融合。目前市场上又细分为：现代简约风格、现代前卫风格及后现代风格。

1. 现代简约风格

现代简约风格是以简约为主的装修风格。简约主义源于20世纪初期的西方现代主义。西方现代主义源于包豪斯学派，包豪斯学派始创于1919年德国魏玛，创始人是瓦尔特·格罗皮乌斯，包豪斯学派提倡功能第一的原则，提出适合流水线生产的家具造型，在建筑装饰上提倡简约，简约风格的特色是将设计的元素、色彩、照明、原材料简化到最少的程度，但对色彩、材料的质感要求很高。因此简约的空间设计通常非常含蓄，往往能达到以少胜多、以简胜繁的效果。

现代简约风格，顾名思义，就是让所有的细节看上去都是非常简洁的。装修中极简便是让空间看上去非常简洁、大气。装饰的部位要少，但是在颜色和布局上，在装修材料的选择配搭上需要费很大的劲，这是一种境界，不是普通设计师能够设计出来的。无疑，现代简约风格的装修风格迎合了年轻人的喜爱，都市忙碌的生活使我们更喜欢一个安静、祥和，看上去明朗、宽敞、舒适的家来消除工作的疲惫，忘却都市的喧闹。现代简约风格也是现在流行的装修风格之一。

2. 现代前卫风格

20世纪80年代末，中国一批年轻的艺术家和批评家开始使用“前卫”一词，并在短时期内以“非艺术独立性”为中国艺术作品赢得“前卫”称号。现代前卫在室内设计领域，就意味着个性和与众不同的品位。

现代前卫风格比简约更加凸显自我、张扬个性，比简约更加凸显色彩对比。无常规的空间结构，大胆鲜明、对比强烈的色彩布置，以及刚柔并济的选材搭配，无不让人在冷峻中寻求到一种超现实的平衡，而这种平衡无疑也是对审美单一、居住理念单一、生活方式单一的最有力的抨击。随着“80年代”的逐渐成熟以及新新人类的推陈出新，我们有理由相信，现代前卫的设计风格不仅不会衰落，反而会在内容和形式上更加出人意料，夺人耳目。

3. 后现代风格

后现代主义一词最早出现在西班牙作家德·奥尼斯1934年的《西班牙与西班牙语类诗选》一书中，用来描述现代主义内部发生的逆动，特别有一种现代主义纯理性的逆反心理，即后现代风格。20世纪50年代美国在所谓现代主义衰落的情况下，也逐渐形成后现代主义的文化思潮。受20世纪60年代兴起的大众艺术的影响，后现代风格是对现代风格中纯理性主义倾向的批判。

后现代风格强调建筑及室内装潢应具有历史的延续性，但又不拘泥于传统的逻辑思维方式，探索创新造型手法，讲究人情味，常在室内设置夸张、变形的柱式和断裂的拱券，或把古典构件的抽象形式以新的手法组合在一起，即采用非传统的混合、叠加、错位、裂变等手法和象征、隐喻等手段，以期创造一种融感性与理性、集传统与现代、揉大众与行家于一体的即"亦此亦彼"的建筑形象与室内环境。

后现代主义设计也能将轻松愉快带入日常生活，使每天的行动不再像举行宗教仪式般严肃刻板。现代主义是设计的理想主义，而后现代则强调人们生活在"现在"，后现代设计也自然而然地表现出物质的特征。享乐主义高于一切，快乐是最重要的原则，后现代设计中大量运用夸张的色彩和造型，甚至是卡通形象，唤起人们关于童年的美好记忆，使其和孩子一起再次感受童真和无拘无束的快乐。

（三）自然风格

自然风格倡导"回归自然"，美学上推崇自然、结合自然，才能在当今高科技、高节奏的社会生活中，使人们获得生理和心理的平衡，亲近自然能使我们的身心得到放松和净化，人人都有亲近自然的需要，因此室内多用木料、织物、石材等天然材料，显示材料的纹理，清新淡雅。此外，由于其宗旨和手法的类同，也可把田园风格归入自然风格一类。田园风格在室内环境中力求表现悠闲、舒畅、自然的田园生活情趣，也常运用天然木、石、藤、竹等材质质朴的纹理，巧于设置室内绿化，创造自然、简朴、高雅的氛围。

自然风格所倡导的亲近，感受自然，回归本真的生活理念受到越来越多的客户群里的认可，尤其是在城市里高压生活状况下的人们，自然风格所营造的清新舒适的感觉使处于这种风格空间里的人找到了归属感，放松了心情，并体验到生活的乐趣。自然风格从营造的手法上也可分为乡村风格和田园风格，乡村风格有法式乡村风格、美式乡村风格和英式乡村风格；田园风格有英式田园、美式田园和法式田园。自然风格是一种亲近大自然的设计风格，近年来受到越来越多的追捧。它追求的是一种惬意的生活方式。自然风格也是目前人们最喜欢的室内设计风格之一，未来也即将受到更多人的欢迎，成为室内设计的领军风格。

1. **美式乡村风格**

美式乡村风格带着浓浓的乡村气息，以享受为最高原则，在布料、沙发的皮质上，强调它的舒适度，宽松柔软。家具以殖民时期的为代表，体积庞大，质地厚重，坐垫也加大，彻底将以前欧洲皇室贵族极品家具平民化，气派且实用。

美式家具的特点：材质以白橡木、桃花心木或樱桃木为主，线条简单。目前所说的乡村风格，绝大多数指的都是美式西部的乡村风格。西部风情运用有节木头及拼布，主要使用可就地取材的松木、枫木，不用雕饰，仍保有木材原始的纹理和质感，还刻意添上仿古的瘢痕和虫蛀的痕迹，创造出一种古朴的质感，展现了原始粗犷的美式风格。

布艺上：本色的棉麻是主流，布艺的天然感与乡村风格能很好地协调；各种繁复的花卉植物、靓丽的异域风情和鲜活的鸟虫鱼图案很受欢迎，舒适和随意。

饰品上：摇椅、小碎花布、野花盆栽、小麦草、水果、瓷盘、铁艺制品等都是乡村风格空间中常用的东西。

美式乡村风格摒弃了烦琐和奢华，并将不同风格中的优秀元素汇集融合，以舒适机能为导向，强调“回归自然”，使这种风格变得更加轻松、舒适。美式乡村风格突出了生活的舒适和自由，不论是感觉笨重的家具，还是带有岁月沧桑的配饰，都在告诉人们这一点。特别是在墙面色彩选择上，自然、怀旧、散发着浓郁泥土芬芳的色彩是美式乡村风格的典型特征。

2. **田园风格**

田园风格是通过装饰装修表现出田园的气息，不过这里的田园并非农村的田园，而是一种贴近自然、向往自然的风格。

田园风格倡导“回归自然”，美学上推崇“自然美”，认为只有崇尚自然、结合自然，才能在当今高科技、快节奏的社会生活中获得生理和心理的平衡。因此田园风格力求表现悠闲、舒畅、自然的田园生活情趣。在田园风格里，粗糙和破损是允许的，因为只有那样才更接近自然。

田园风格之所以称为田园风格，是因为田园风格表现的主题是贴近自然，展现朴实生活的气息。田园风格最大的特点就是：朴实，亲切，实在。田园风格包括很多种，有英式田园、法式田园、中式田园等等。

田园风格和自然风格有相近的设计手法和设计理念，田园风格更多的是强调与大自然的融合与接触，大自然的美可以是各种各样，可以整齐，也可以杂乱不堪，田园风格的设计旨在让人们更多地感受自然，感受生活。田园风格也是目前很受欢迎的风格之一，目前市场上到处可见田园风格的设计。

田园风格的朴实是众多选择此风格装修者最青睐的一个特点，因为在喧哗的城市中，人们真的很想亲近自然，追求朴实的生活，所以田园生活应运而生。喜欢田园风格的人大部分都是低调的人，懂得生活来之不易。随着人们生活水平的提高，城市高节奏的生活让人们渴望回归自然，亲近自然、而田园风格的休闲性特点受到越来越多人士的追捧。

二、室内设计的流派

流派是指艺术主张或观点，在社会中受到关注，激起共鸣，引起追随而形成的意识潮流。流派虽无国界的划分，但它具有多层次、多方面的表征，如文学、美术、建筑设计、园林设计等。流派将带动潮流的发展，它若能在历史的考验中积淀下来，就可能成为经典风格样式。

近现代室内设计流派作为近现代文化、意识的反映，以其表现形式、表现手法的丰富多彩为基础，现将主要流派归纳为高技派、光亮派、白色派、国际式风格派、解构主义派、超现实主义派等。

（一）高技派

高技派或称重技派，突出当代工业技术成就，并在建筑形体和室内环境设计中加以炫耀，崇尚“机械美”，在室内暴露梁板、网架等钢结构构件以及风管、线缆等各种设备和管道，强调工艺技术与时代感。高技派典型的实例为法国巴黎蓬皮杜国家艺术与文化中心、中国香港中国银行等。

（二）光亮派

光亮派也称银色派，室内设计中夸耀新型材料及现代加工工艺的精密细致及光亮效果，往往在室内大量采用镜面及平曲面玻璃、不锈钢、磨光的花岗石和大理石等作为装饰面材，在室内环境的照明方面常使用投射、折射等各类新型光源和灯具，在金属和镜面材料的烘托下，形成光彩照人、绚丽夺目的室内环境。

（三）白色派

白色派是指在室内设计中大量运用白色作为设计的基调色彩，故此得名。它以其造型简洁、色彩纯净、文雅的感觉，深受人们喜爱。在白色派的设计中，注重空间、光线的运用；强调白色在空间中的协调性以及精美陈设、现代艺术品的装饰组合；突出在白色空间中色彩的节奏变化和多样性的表现。白色不会限制人的思维，同时又可调和、衬托或者对比鲜艳的色彩、装饰，使人增加乐观感或让人产生美的联想。

（四）国际式风格派

国际式风格派是伴随着现代建筑中的功能主义及其机器美学理论应运而生的，这个流派反对虚伪的装饰，强调形式服务于功能，追求室内空间开敞、内外通透，设计自由，不受承重墙限制，被称为流动的空间。室内的墙面、地面、天花板、家具、陈设乃至灯具、器皿等，均以简洁的造型、光洁的质地、精细的工艺为主要特征。

（五）极简主义派

极简主义派也译作简约主义或微模主义，是第二次世界大战之后所兴起的一个艺术派系，又可称为“minimal art”，作为对抽象表现主义的反面而走向极致，以最原初物自身或形式展示于观者面前为表现方式，意图消弭作者借着作品对观者意识的压迫性，极少化作品作为文本或符号形式出现时的暴力感，开放作品自身在艺术概念上的意象空间，让观者自主参与对作品的建构，最终成为作品在不特定限制下的作者。

（六）装饰艺术派

装饰艺术（art deco）是一种重装饰的艺术风格，同时影响了建筑设计的风格，在1920年初成为欧洲主要的艺术风格，快到现代主义流行的1930年前才在美国流行。art deco这个词虽然在1925年的博览会创造，但直到20世纪60年代对其再评估时才被广泛使用，其实践者并没有像风格统一的设计群落那样合作。它被认为是折中的，被各式各样的资源所影响。

（七）解构主义派

解构主义派一个从20世纪80年代晚期开始的后现代建筑思潮。它的特点是把整体破碎化（解构）。它的主要想法是对外观的处理，通过非线性或非欧几里得几何的设计，来形成建筑元素之间关系的变形与移位，譬如楼层和墙壁，或者结构和外廓。以刺激性的不可预测性和可控的混乱为特征，是后现代主义的表现之一。

（八）超现实派

超现实派追求所谓超越现实的艺术效果，利用现代抽象绘画及雕塑，在室内布置中常采用异常的空间组织，曲面或具有流动弧形线型的界面，浓重的色彩，变幻莫测的光影，造型奇特的家具与设备，有时还以现代绘画或雕塑来烘托超现实的室内环境气氛。超现实派的室内环境较为适应具有视觉形象特殊要求的某些展示或娱乐的室内空间。

（九）波普艺术主义流派

波普艺术主义流派是流行艺术（popular art）的简称，又称新写实主义，因为波普艺术（Pop Art）的POP通常被视为“流行的、时髦的”一词（popular）的缩写。它代表着一种流行文化，以奇怪的产品造型、特殊的表面装饰、特别的图案设计为特征。波普艺术的表现方式瓦解了现代主义的紧张感和严肃感，为享乐主义敞开了后门。

第二章　室内设计与相关学科的关系

室内设计是一门综合性学科，兼具艺术性和科学性。作为一名合格的室内设计师，除了应该掌握大量的信息以外，还要不断地学习其他学科中的有益知识，使自己的设计作品具有丰富的科学内涵。人体工程学、环境心理学、建筑光学、建筑构造、建筑设备等学科与室内设计学科关系密切，对于创造宜人舒适的室内环境具有重要的意义，设计师应该对这些知识有所了解。

第一节　人体工程学与室内设计

人体工程学是一门独立的现代新兴边缘学科，它的学科体系涉及人体科学、环境科学、工程科学等诸多门类，内容十分丰富，其研究成果已开始被广泛应用在人类社会生活的诸多领域。室内设计的服务对象是人，设计时必须充分考虑人的生理、心理需求，而人体工程学正是从关注人的角度出发研究问题的学科。因此室内设计师有必要了解并掌握人体工程学的有关知识，自觉地在设计实践中加以应用，以创造安全健康、便利舒适的室内环境。

一、人体工程学的含义与发展

人体工程学是研究人、物、环境之间的相互关系、相互作用的学科。人体工程学起源于欧美，起源时间可以追溯到20世纪初期，最初是在工业社会中，广泛使用机器设备实行大批量生产的情况下，探求人与机械之间的协调关系，以改善工作条件，提高劳动生产率。第二次世界大战期间，为充分发挥武器装备的效能，减少操作事故，保护战斗人员，军事科学技术中开始运用人体工程学的原理和方法。例如，在坦克、飞机的内舱设计中，要考虑如何使人在舱体内部有效地操作和战斗，并尽可能减少人长时间在小空间内的疲劳感，即处理好人—机（操纵杆、仪表、武器等）—环境（内舱空间）的协调关系。第二次世界大战后，在完成初期的战后重建工作之后，欧美各国进入了大规模的经济发展时期，各国把人体工程学的实践和研究成果迅速有效地运用到空间技术、工业生产、建筑及室内设计等领域中，使人体工程学得到了更大的发展。1961 年，国际人类工效学联合会（International Ergonomics Association，IEA）正式成立。

当今，社会发展已经进入信息社会时代，各行业都重视以人为本，为人服务。而人体工程学强调从人自身出发，在以人为主体的前提下，研究人们衣、食、住、行及一切生活、生产活动并对其进行综合分析，符合社会发展进程的需求，其在各个领域的作用也越来越显著。

IEA 为人体工程学科所下的定义被认为是最权威、最全面的定义，即人体工程学是研究人在某种工作环境中的解剖学、生理学和心理学等方面的各种因素，研究人和机器及环境的相互作用，研究在工作中、家庭生活中和休假时怎样统一考虑工作效率、人的健康、安全和舒适等问题的学科。结合我国人体工程学发展的具体情况，并联系室内设计，可以将人体工程学的含义理解为：以人为主体，运用人体测量学、生理学、心理学和生物力学等学科的研究手段和方法，综合研究人体结构、功能、心理、力学等方面与室内环境各要素之间的合理协调关系，以适合人的身心活动要求，取得最佳的使用效能（参见《辞海》关于人类工程学条目的释义），其目标是安全、健康、高效和舒适。

二、人体尺度

人体测量及人体尺寸是人体工程学中的基本内容，各国的研究工作者都对自己国家的人体尺寸做了大量调查与研究，发表了可供查阅的相应资料及标准，这里就人体尺寸的一些基本概念和基本应用原则及我国的一些有关资料予以介绍。

（一）静态尺寸和动态尺寸

人体尺寸可以分成两大类，即静态尺寸和动态尺寸。静态尺寸是被试者在固定的标准位置所测得的躯体尺寸，也称结构尺寸。动态尺寸是在活动的人体条件下测得的躯体尺寸，也称功能尺寸。虽然静态尺寸对某些设计目的来说具有很好的意义，但在大多数情况下，动态尺寸的用途更为广泛。在运用人体动态尺寸时，应该充分考虑人体活动的各种可能性，考虑人体各部分协调动作的情况。

例如，人体手臂能达到的范围绝不仅仅取决于手臂的静态尺寸，它必然受到肩的运动和躯体的旋转、可能的背部弯曲等情况的影响。因此人体手臂的动态尺寸远大于其静态尺寸，这一动态尺寸对于大部分设计任务而言也更有意义。采用静态尺寸，会使设计的关注点集中在人体尺寸与周围边界的净空，而采用动态尺寸则会使设计的关注点更多地集中到所包括的操作功能上去。

（1）我国成年人人体静态尺寸。《中国成年人人体尺寸》（GB 10000-1988）是 1989 年 7 月开始实施的我国成年人人体尺寸国家标准。该标准提供了七类共 47 项人体尺寸基础数据，标准中所列出的数据是代表从事工业生产的法定中国成年人（男 18 ~ 60 岁，女 18 ~ 55 岁）的人体尺寸，并按男、女性别分开列表。我国地域辽阔，不同地域人体尺寸有较大差异。

（2）我国成年人人体动态尺寸。人们在进行各项工作活动时都需要有足够的活动空间，人体动态尺寸对于活动空间尺度的确定有重要的参考作用。

（二）人体尺寸的应用

可供参考的人体尺寸数据是在一定的幅度范围内变化的，因此在设计中究竟应该采用什么范围的尺寸做参考就成为一个值得探讨的问题。一般认为，针对室内设计中的不同情况可按以下三种人体尺度来考虑：

（1）按较高人体高度考虑空间尺度，如楼梯顶高、栏杆高度、阁楼及地下室净高、门洞的高度、淋浴喷头高度、床的长度等，一般可采用男性人体身高幅度的上限 1730mm，再另加鞋厚 20mm。

（2）按较低人体高度考虑空间尺度，如楼梯的踏步、厨房吊柜、搁板、挂衣钩及其他空间置物的高度、盥洗台、操作台的高度等，一般可采用女性人体的平均高度 1560mm，再另加鞋厚 20mm。

（3）一般建筑内使用空间的尺度可按成年人平均高度 1670mm（男）及 1560mm（女）来考虑，如剧院及展览建筑中考虑人的视线及普通桌椅的高度等。当然，设计时也需要另加鞋厚 20mm。

三、人体工程学在室内设计中的运用

人体工程学作为一门新兴的学科，在室内环境设计中应用的深度和广度，还有待于进一步开发，目前已开展的应用主要有以下几个方面：

（1）作为确定个人及人群在室内活动所需空间的主要依据。根据人体工程学中的有关测量数据，从人体尺度、活动空间、心理空间及人际交往空间等方面获得依据，从而在室内设计时确定符合人体需求的各不同功能空间的合理范围。

（2）作为确定家具、设施的形体、尺度及其使用范围的主要依据。室内家具设施使用的频率很高，与人体的关系十分密切，因此它们的形体、尺度必须以人体尺度为主要依据。

同时，为了便于人们使用这些家具和设施，必须在其周围留有充分的活动空间和使用余地，这些都要求由人体工程学科学地予以解决。室内空间越小，停留时间越长，对这方面内容进行科学测试的要求越高，如车厢、船舱、机舱等交通工具内部空间的设计，就必须十分重视相关人体工程学数据的研究。

（3）提供适宜于人体的室内物理环境的最佳参数。室内物理环境主要包括室内光环境、声环境、热环境、重力环境、辐射环境、嗅觉环境、触觉环境等。有了适应人体要求的上述相关科学参数后，在设计时就有可能做出比较正确的决策，从而设计出舒适宜人的室内环境。

（4）对人类视觉要素的测量为室内视觉环境设计提供科学依据。室内视觉环境是室内设计领域的一项十分重要的内容，人们对室内环境的感知有很大程度是依靠视觉来完成的。人眼的视力、视野、光觉、色觉是视觉的几项基本要素，人体工程学通过一定的实验方法测量得到的数据，为室内照明设计、室内色彩设计、视野有效范围、视觉最佳区域的确定提供了科学的依据。

（一）老年人室内设计

老年人随着年龄的增长，身体各部分的机能如视力、听力、体力、智力等都会逐步衰退，心理上也会发生很大的变化。视力、听力的衰退将导致眼花、耳聋、色弱、视力减退甚至失明；体力的衰退会造成手脚不便，步履蹒跚，行走困难；智力的衰退会产生记忆力差，丢三落四，做事犹豫迟疑，运动准确性降低。身体机能的这些变化造成了自身抵抗能力和身体素质的下降，容易发生突然病变；而心理上的变化则使老年人容易产生失落感和孤独感。对于老年人的这些生理、心理特征，应该在室内设计中特别予以关注。随着我国人口结构的逐步老龄化，老年人的室内设计更应引起人们的高度重视。

1. **老年人对室内环境的特殊需求**

（1）生理方面。在生理方面，老人对室内环境的需求应该考虑下述几个特殊问题：

①室内空间问题。由于老年人需要使用各种辅助器具或需要别人帮助，所以要求的室内空间比一般的空间大，一般以满足轮椅使用者的活动空间大小为佳。

②肢体伸展问题。由于生理老化现象，老人经常有肢体伸直或弯曲身体某些部位的困难，因此必须依据老年人的人体工程学要求进行设计，重新考虑室内的细部尺寸及室内用具的尺寸。

③行动上的问题。由于老年人的肌肉强度及控制能力不断减退，老人的脚力及举腿动作较易疲劳，有时甚至必须依靠辅助用具才能行动，所以对于有关走廊、楼梯等交通系统的设计均需重新考虑。

④感观上的问题。老年人眼角膜的变厚使他们视力模糊，辨色能力尤其是对近似色的区分能力下降。另外，由于判断高差和少量光影变化的能力减弱，室内环境中应适当增强色彩的亮度。70 岁以后，眼睛对光线质量的要求增高，从亮处到暗处时，适应过程比青年人长，对眩光敏感。老年人往往对物体表面特征记得较牢，喜食风味食品，对空气中的异味不敏感，触觉减弱。

⑤操作上的问题。由于年龄的增长，老年人的握力变差，对于扭转、握持常有困难，所以各种把手、水龙头、厨房及厕所的器具物品等都必须结合上述特点重新考虑。

（2）心理方面。人们的居住心理需求因年龄、职业、文化、爱好等因素的不同而不同，老年人对内部居住环境的心理特殊需求主要为：安全性、方便性、私密性、独立性、环境刺激性和舒适性。

老年人的独立性意味着老年人的身体健康和心理健康。但随着年龄的增长，老年人或多或少会受到生理、心理、社会方面的影响，过分的独立要消耗他们大量的精力和体力，甚至产生危险，因此老年人室内居住环境设计要为老年人的独立性提供可依托的物质条件，创造一个实现独立与依赖之间平衡的环境。这种独立与依赖之间平衡的环境应该依据老年人的生理、心理及社会方面的特征，能弥补老年人活动能力退化后的可移动性、可及性、安全性和舒适性等，弥补老年人感知能力退化的刺激性，弥补老年人对自身安全维护能力差的安全感及私密性，弥补老年人容易产生孤独感和寂寞感的社交性，对老年人的室内居住环境实施“以人为本”的无障碍设计。但是，弥补性又不能太过分，过分的弥补会使老年人丧失机体功能，这种环境既要促使老人发挥其最大的独立性，又不能使老人在发挥独立性时感到紧张和焦虑。

2. 中国老年人人体尺度

老年人体模型是老年人活动空间尺度的基本设计依据。目前我国虽然还没有制定相关规范，但根据老年医学的研究资料也可以初步确定其基本尺寸。老年人由于代谢机能的降低，身体各部位产生相对萎缩，最明显的是身高的萎缩。据老年医学研究，人在 28 ~ 30 岁时身高最高，35 ~ 40 岁之后逐渐出现衰减。一般老年人在 70 岁时身高会比年轻时降低 2.5% ~ 3%，女性的缩减有时最大可达 6%。

3. 老年人的室内设计

老年人的室内设计主要包括内部空间设计、细部设计和其他设施设计，下面主要介绍室内空间设计和细部设计。

（1）室内空间设计。

①室内门厅设计。门厅是老人生活中公共性最小的区域，门厅空间应宽敞，出入方便，具有很好的可达性。门厅设计中应考虑一定的储物、换衣功能，提供穿衣空间和穿衣镜。为了方便老年人换鞋，可以结合鞋柜的功能设置换鞋用的座椅。

②卧室的设计。由于老年人生理机能衰退、免疫力下降，一般都很怕冷，容易感染疾病，因此老人的卧室应具有良好的日照和通风，并在有条件的情况下考虑冬季供暖。老年人身体不适的情况时有发生，因此居室不宜太小，应考虑到腿脚不便的老年人轮椅进出和上下床的方便。床边应考虑护理人员的操作空间和轮椅的回转空间，一般都应至少留宽 1500mm。由于老年人出于怀旧和爱惜的心理，对惯用的老物品不舍得丢弃，卧室应该为其提供一定的储藏空间。

③客厅、餐厅的设计。客厅、餐厅是全家团聚的中心场所，老年人一天中的大部分时间是在这里度过的，所以应充分考虑客厅、餐厅的空间、家具、照明、冷暖空调等因素。

④厨房的设计。一般来说，老年人使用的厨房要有足够大的空间供老年人回转。老年人因为生理上的原因，在尺寸上有特殊要求，不仅厨房的操作台、厨具及安全设备需特别考虑，还应考虑老年人坐轮椅通行方便及必要的安全措施。

a. 操作台。老年人厨房操作台的高度较普通住宅低，以 750 ~ 850mm 为宜，深度最好为 500mm。操作面应紧凑，尽量缩短操作流程。灶具顶面高度最好与操作台高度齐平，这样只要将锅等炊具横向移动就可以方便地进行操作了。

操作台前宜平整，不应有突出，并采用圆角收边。操作台前需有 1200mm 的回转空间，如考虑使用轮椅则需 1500mm 以上。对行动不便的老年人来说，厨房里需要一些扶手，方便老年人的支撑。在洗涤池、灶具等台面工作区应留有足够的容膝空间，高度不小于 600mm。若难以留设，还可考虑拉出式的活动工作台面。由于老年人的视觉产生衰退，他们对于光线的照度要求比年轻人高 2 ~ 3 倍，因此操作台面应尽量靠近窗户，在夜间也要有足够的照明，并防止不良的阴影区，以保证老年人操作的安全与方便。

b. 厨具存放。对老年人来说，低柜比吊柜好用。经常使用的厨具存放空间应尽可能设置在离地面 700 ~ 1360mm 之间，最高存放空间的高度不宜超过 1500mm。如利用操作台下方的空间时，宜设置在 400 ~ 600mm 之间，并以存放较大物品为宜，400mm 以下只能放置不常用的物品，以避免经常弯腰。操作台上方的柜门应注意避免打开时碰到老人头部或影响操作台的使用，所以操作台上方的柜子深度宜在操作台深度的 1/2 以内（250 ~ 300mm）。

c. 安全设施。安全的厨房对于老年人来说应当是第一位的。无论使用煤气或电子灶具均应设安全装置，煤气灶应安装燃气泄漏自动报警和安全保护装置。另外，厨房应利用自然通风和机械设备排除油烟，还应考虑采用自动火警探测设备或灭火器，以防油燃和灶具起火。装修材料也应注意防火和便于老年人打扫，地面避免使用光滑的材料。

⑤卫生间的设计。老年人夜间上厕所的次数随着年龄而增加，因此卫生间最好靠近卧室和起居空间，方便使用。供老年人使用的卫生间面积通常应

比普通的大些。这是由于许多老年人沐浴需要别人帮助，因此卫生间浴缸旁不仅应有900mm×1100mm的活动空间供老年人更换衣服，还要有足够的面积，以容纳帮助的人。卫生间的地面应避免高差，不可以有门槛。如果老年人使用轮椅，那么卫生间面积还应考虑轮椅的通行，并且门的宽度应大于900mm。

老年人对温度变化的适应能力较差，在冬天洗澡时冷暖的变化对老年人身体刺激较大而且有危险，所以必须设置供暖设备并加上保护罩以避免烫伤。老年人在夜间上厕所时，明暗相差过大会引起目眩，所以室内最好采用可调节的灯具或两盏不同亮度的灯，开关的位置不宜太高或太低，要适合老年使用者的需求。

卫生间是老年人事故的多发地，为防止老年人滑倒，浴室内的地面应采用防滑材料，浴缸外铺设防滑垫。浴缸的长度不小于1500mm，可让老年人坐下伸腿。浴缸不得高出卫生间地面380mm，浴缸内深度不得大于420mm，以便老人安全出入。浴缸内应有平坦防滑槽，浴缸上方应设扶手及支撑，浴缸内还可设辅助设施。对于能够自行行走或借助拐杖的老年人，可以在浴缸较宽一侧加上座台，供老人坐浴或放置洗涤用品。对于使用轮椅的老年人，应当在入浴一侧加一过渡台，过渡台和轮椅及浴缸的高度应一致，过渡台下应留有空间让轮椅接近。当仅设淋浴不设浴缸时，淋浴间内应设坐板或座椅。

老年人使用的卫生间内宜设置坐式便器，并靠近浴盆布置，这样当老年人在向浴缸内冲水时，也可作为休息座位。考虑到老年人坐下时双脚比较吃力，坐便器高度应不低于430mm，其旁应设支撑。乘轮椅的老人使用的坐便器坐高应760mm，其前方必须有900mm×1350mm的活动空间，以容轮椅回转。

老年人用的洗脸盆一般比正常人低，高度在800mm左右，前面必须有900mm×1000mm的空间，其上方应设有镜子。坐轮椅的老年人使用的洗脸盆，其下方要留有空间让轮椅靠近。洗脸盆应安装牢固，能承受老人无力时靠在上面的压力。

⑥储藏间的设计。老年人保存的杂物和旧物品较多，需要在居室内设宽敞些的储藏空间。储藏空间多为壁柜式，深度在450～600mm之间，搁板高度应可调整，最高一层搁板应低于1600mm，最低一层搁板应高于600mm。

⑦楼梯。老年人居室中的楼梯不宜采用弧形楼梯，不应使用不等宽的斜踏步或曲线踏步。楼梯坡度应比一般的缓和，每一步踏步的高度不应高于150mm，宽度宜大于280mm，每一梯段的踏步数不宜大于14步。踏步面两侧应设侧板，以防止拐杖滑出。踏面还应设对比色明显的防滑条，可选用橡胶、聚氯乙烯等，金属制品易打滑，不应采用。

（2）室内细部设计。

①扶手。由于老年人体力衰退，在行路、登高、坐立等日常生活起居方面都与精力充沛的中青年人不同，需要在室内空间中提供一些支撑依靠的扶手。扶手通常在楼梯、走廊、浴室等处设置，不同使用功能的空间里，扶手的材质和形式还略有区别，如浴室内的扶手及支撑应为不锈钢材质，直径18mm，而楼梯和走廊宜设置双重高度的扶手，上层安装高度为850 ~ 900mm，下层扶手高度为650 ~ 700mm。下层扶手是给身材矮小或不能直立的老年人、儿童及轮椅使用者使用的。扶手在平台处应保持连续，结束处应超出楼梯段300mm以上，末端应伸向墙面，宽度以30 ~ 40mm为宜，扶手的材料宜用手感好、不冰手、不打滑的材料，木质扶手最适宜。为方便有视觉障碍的老年人使用，在过道走廊转弯处的扶手或在扶手的端部都应有明显的暗示，以表明扶手结束，当然也可以贴上盲文提示等。

②水龙头。为保证老年人使用的方便，水龙头开关宜采用推或压的方式。若为旋转方式，则需为长度超过100mm的长臂杠杆开关。冷热水要用颜色加以区分。有条件的情况下，还可以采用光电控制的自动水龙头或限流自闭式水龙头。

③电器开关及插座。为了便于老年人使用，灯具开关应选用大键面板，电器插座回路的开关应有漏电保护功能。

④门的处理。老年人居住空间的门必须保证易开易关，并便于使用轮椅或其他助行器械的老年人通过，不应设有门槛，高差不可避免时应采用不超过1/4坡度的斜坡来处理。门的净宽在私人居室中不应小于800mm，在公共空间中门的宽度均不应小于850mm。门扇的质量宜轻并且容易开启。公共场所的房门不应采用全玻璃门，以免老年人使用器械行走时碰坏玻璃，同时也应避免使用旋转门和弹簧门，宜使用平开门、推拉门。

⑤窗的处理。老年人卧室的窗口要低，甚至可低到离地面300mm，

窗的构造要易于操作并且安全，窗台的宽度宜适当增加，一般不应小于 250 ~ 300mm，以便放置花盆等物品或扶靠观景。矮窗台里侧均应设置不妨碍视线的高 900 ~ 1000mm 的安全防护栏杆，使老人有安全感。

⑥地面的处理。老年人居室的地面应平坦、防滑，尽量避免室内外过渡空间的高差变化，出入口有高差时，宜采用坡道相连。地面材料应选择有弹性、不变形、摩擦力大而且在潮湿的情况下也不打滑的材料。一般来说，不上蜡木地板、满铺地毯、防滑面砖等都是可以选择的材料。

⑦光源的处理。老人的卧室、起居室、活动室都应尽可能使用自然光线，人工光环境设计则应按基础照明与装饰照明相结合的方案进行设计。

⑧声响的处理。在老年人室内设计中，一些声控信号装置，如门铃、电话、报警装置等都应调节到比正常使用时更响一些。当然，由于室内声响增大，相互间的干扰影响也会增加，因此卧室、起居室的隔墙应具有良好的隔声性能，不能因为老年人容易耳聋而忽视了这些细节。

（二）儿童室内设计

儿童的生理特征、心理特征和活动特征都与成年人不同，因而儿童的室内空间是一个有别于成年人的特殊生活环境。在儿童的成长过程中，生活环境至关重要，不同的生活环境会对儿童个性的形成带来不同的影响。为了便于研究和实际工作的需要，在这里根据儿童身心发展过程，结合室内设计的特点，综合地进行阶段划分，把儿童期划分为：婴儿期（3 岁以前）、幼儿期（3 ~ 6、7 岁）和童年期（6、7 ~ 11、12 岁）。由于 12 岁以上的青少年其行为方式与人体尺度可以参照成年人标准，因此这里不做讨论。进行这样的划分，只是便于设计师了解儿童成长历程中不同阶段的典型心理和行为特征，充分考虑儿童的特殊性，有针对性地进行儿童室内空间的设计创作，以设计出匠心独具、多姿多彩的儿童室内空间，给儿童创造一个健康成长的良好生活环境。

1. 儿童的人体尺度

为了创造适合儿童使用的室内空间，首先必须使设计符合儿童体格发育的特征，适应儿童人类工程学的要求。因此儿童的人体尺度成为设计中的主要参考依据。我国自 1975 年起，每隔 10 年就对九市城郊儿童体格发育进行一次调查、研究，以提供中国儿童的生长参照标准。综合现有的儿童人体测量数据与统计资料，我们总结了儿童的基本人体尺度，可作为现阶段儿童室内设计的参考依据。

2. 儿童的室内设计

儿童室内空间是孩子成长的主要生活空间之一，科学合理地设计儿童室内空间，对培养儿童健康成长、养成独立生活能力、启迪儿童的智慧具有十分重要的意义。合理的布局、环保的选材、安全周到的考虑，是每个设计师需要认真思考的内容。

（1）婴儿的室内设计。婴儿期是指从出生到 3 岁这一段时间。婴儿躯体的特点是头大、身长、四肢短，因此不仅外貌看来不匀称，也给活动带来很多不便。刚出生的婴儿在视觉上没有定型，对外界也没有太大的注意力，他们喜欢红、蓝、白等大胆的颜色及醒目的造型，柔和的色彩和模糊的造型不易引起他们的注意，色彩和造型比较夸张的空间更适合婴儿。由于婴儿需要充足的睡眠，所以只有为他们布置一个安全、安静、舒适、少干扰的空间，才能使他们不被周围环境所影响。由于幼小的婴儿在操作方面的能力还很弱，他们喜欢注意靠近的、会动的、有着鲜艳色彩和声响的东西，所以他们需要一个有适当刺激的环境。例如，把形状有趣的玩具或是音乐风铃悬挂在孩子的摇床上方，可刺激孩子的视觉、听觉感官。

①位置。由于婴儿的一切活动全依赖父母，设计时要考虑将婴儿室紧邻父母的房间，保证他们便于被照顾。

②家具。对婴儿来说，一个充满温馨和母爱的围栏小床是必要的，同时配上可供父母哺乳的舒适椅子和一张齐腰、可移动、有抽屉的换装桌（以便存放尿布、擦巾和其他清洁用品）。另外，还需要抽屉柜和橱柜放置孩子的衣物，用架子或大箱子来摆玩具。橱柜的门在设计时应安装上自闭装置，以免在未关闭时，婴儿爬入柜内，如果这时有风吹来把门关上，会造成婴儿窒息。

③安全问题。婴儿大多数时间喜欢在地上爬行，必须在设计中重新检查婴儿室及居家摆设的安全性。为避免活蹦乱跳的宝宝碰撞到桌角、床角等尖锐的地方，应在这些地方加装安全的护套。为安全起见，婴儿室内的所有电源插座都应该安上防止儿童触摸的罩子，房间内的散热器也要安装防护装置，楼梯、厨房或浴室等空间的出入口应置放阻挡婴儿通行的障碍物，以保证他

们无法进入这些危险场地。

④采光与通风。良好的通风与采光是婴儿室的必备要件。房间的光线应当柔和，不要让太强烈的灯光或阳光直接刺激婴儿的眼睛，常用的防护物有布帘、卷帘、百叶窗等。另外，还须考虑婴儿室内空气的流通及温湿度的控制，有需要时应安装适当的空气及温度调节设备。最佳的室温为25℃~26℃，应避免太冷或太热让婴儿感觉不舒服而导致睡不安宁。

（2）幼儿的室内设计。3岁以后的孩子就开始进入幼儿期了，他们的身体各部分器官发育非常迅速，机体代谢旺盛，消耗较多，需要大量的新鲜空气和阳光，这些条件对幼儿血液循环、呼吸、新陈代谢都是必不可少的。幼儿对安全的需要是首位的，幼儿的安全感不仅形成于成年人给予的温暖、照顾和支持，更形成于明确的空间秩序和空间行为限制。幼儿还要求个人不受干扰、不妨碍自己的独处和私密性，他们不喜欢别人动他的东西，喜欢可以轻松、随意活动的空间。

①卧室的设计。卧室的设计主要考虑以下几个方面的内容：

a. 位置。为方便照顾并在发生状况时能就近处理，幼儿的房间最好能紧邻主卧室，最好不要位于楼上，以避免刚学会走路的幼儿在楼梯间爬上爬下而发生意外。

b. 家具设计。幼儿卧室的家具应考虑使用的安全和方便，家具的高低要适合幼儿的身高，摆放要平稳坚固，并尽量靠墙壁摆放，以扩大活动空间。尺寸按比例缩小的家具、伸手可及的搁物架和茶几能给他们控制一切的感觉，满足他们模仿成年人世界的欲望。总之，幼儿家具应以组合式、多功能、趣味性为特色，讲究功能布局，造型要不拘常规，设计不要太复杂，应以容易调整、变化为指导思想，为孩子营造一个有利于身心健康的空间。

c. 安全问题。出于对幼儿安全的考虑，幼儿的床不可以紧邻窗户，以免发生意外。床最好靠墙摆放，既可给孩子心理上的安全感，又能防止幼儿摔下床。当孩子会走后，为避免他到处碰伤，桌角及橱角等尖锐的地方应采用圆角的设计。

d. 采光与通风。幼儿大部分活动时间都在房里，如看图画书、玩玩具或做游戏等，因此孩子的房间一定要选择朝南向阳的房间。新鲜的空气、充足的阳光及适宜的室温，对孩子的身心健康大有帮助。

②游戏室的设计。对学龄前的幼儿来说，玩耍的地方是生活中不能缺少的部分。游戏室的设计主要强调启发性，用以启发幼儿的思维，所以其空间设计必须具有启发性，使他们能在空间中自由活动、游戏、学习，培养其丰富的想象力和创造力，充分发展他们的天性。

③玩具储藏空间的设计。玩具在幼儿生活中扮演了极重要的角色，玩具储藏空间的设计也颇有讲究。设计一个开放式的位置较低的架子、大筐或在房间的一面墙上制作一个类似书架的大格子，可便于孩子随手拿到。将属性不同的玩具放入不同的空间，也便于家长整理。经过精心设计的储藏箱不仅有助于玩具分类，还可让整个房间看起来整齐、干净。

④幼儿园室内的设计。幼儿园设计中宜使用幼儿熟悉的形式，采用幼儿适宜的尺度，根据幼儿好奇、兴趣不稳定等心理，对设计元素进行大小、数量、位置的不断变化，加上细部的处理和色彩的变幻，使室内空间生动活泼，使幼儿感到亲切温暖。幼儿园室内的设计具体包括以下两方面：

a. 活动空间的设计。游戏是最符合幼儿心理特点、认知水平和活动能力，最能有效地满足幼儿需要，促进幼儿发展的活动。幼儿园室内空间设计最重要的就是要塑造有趣而富有变化的活动空间，让幼儿在游戏中学习和成长。

幼儿充满了对世界的好奇和对父母的依恋，他们比成年人更需要体贴和温暖、关怀和尊重。通过室内环境的设计，创造一种轻松的、活泼的、富有生活气息的环境气氛，以增加环境的亲和力。从墙壁、天花吊顶到家具设备都能成为充满家庭气氛与趣味、色彩丰富的室内空间元素，使空间显得更加亲切、愉快、活泼与自由。

b. 储藏空间的设计。幼儿园内的储藏空间主要包括玩具储藏、衣帽储藏、教具储藏与图书储藏空间。

由于幼儿的游戏自由度、随意性较大，所以需要为幼儿精心设计一些玩具储藏空间，使幼儿可以根据意愿和需要，自由选择玩具，灵活使用玩具，同时根据自己的能力水平、兴趣爱好选择不同的游戏内容。无论是独立式还是组合式玩具柜，都要便于儿童直接取用，高度不宜大于 1200mm，深度不宜超过 300mm（幼儿前臂加手长），出于安全考虑，不允许采用玻璃门。

衣帽柜的尺寸应符合幼儿和教师使用要求，并方便存取，可以是独立式的，也可以是组合式的，高度不超过 1800mm，其中 1200mm 以下的部分能满足幼儿的使用要求，1200mm 以上的部分则由教师存取。

教具柜是供存放教具和幼儿作业用的，其高度不宜大于 1800mm，上部可供教师用，下部则便于幼儿自取。图书储藏空间供放置幼儿书籍，以开敞式为主，为满足幼儿取阅的方便，图书架的高度不宜大于 1200mm。

（3）童年期儿童的室内设计。童年期是 6 ~ 12 岁，这一时期包括儿童的整个小学阶段。整个童年期是儿童从以具体形象性思维为主要形式逐步过渡到以抽象逻辑思维为主要形式的时期。这时候，孩子的房间不单是自己活动、做功课的地方，最好还可以用来接待同学共同学习和玩耍。简单、平面的连续图案已无法满足他们的需求，特殊造型的立体家具会受到他们的喜爱。

①儿童居室的设计。让儿童拥有自己的房间，将有助于培养他们的独立生活能力。专家认为，儿童一旦拥有自己的房间，就会对家更有归属感，更有自我意识，空间的划分使儿童更自立。

在儿童房的设计中，由于每个小孩的个性、喜好有所不同，对房间的摆设要求也会各有差异。因此在设计时，应了解其喜好与需求，并让孩子共同参加设计、布置自己的房间，同时要根据不同孩子的性格特征加以引导。

②儿童教室的室内设计。教室的室内空间在少年儿童心中是学习生活的一种有形象征，设计要体现活泼轻快但又不轻浮，端庄稳重却又不呆板，丰富多变却又不杂乱的整体效果。这一阶段的儿童思维发展迅速，因此教室不仅要有各种空间供儿童游戏，更需要有一个庄重宁静的空间让儿童安静地思考、探索，发展他们的思维。

3. 儿童室内的细部设计

安全性是儿童室内空间设计的首要问题。在设计时，需处处费心，预防他们受到意外伤害。

（1）门。门的构造应安全并方便开启，设计时要做一些防止夹手的处理。为了便于儿童观察门外的情况，可以在门上设置钢化玻璃的观察窗口，其设置的高度要考虑到儿童与成人共同使用需要，以距离地面 750mm，高度为 1000mm 为宜。此外，我们通常把门把手安装在 900 ~ 1000mm 的范围内，以保证儿童和成人都能使用方便。由于儿童活泼好动，动作幅度较大，尤其是在游戏中更容易忽略身边存在的危险，常常会发生摔倒、碰撞在玻璃门上的事故并带来伤害，所以在儿童的生活空间里，应尽量避免使用大面积的易碎玻璃门。

（2）阳台与窗。由于儿童的身体重心偏高，很容易从窗台、阳台上翻身掉下去，所以在儿童居室的选择上，应选择不带阳台的居室，或在阳台上设置高度不小于 1200mm 的栏杆，同时栏杆还应做成儿童不便攀爬的形式。窗的设置首先应满足室内有充足的采光、通风要求，同时为保证儿童视线不被遮挡，避免产生封闭感，窗台距地面高度不宜大于 700mm。高层住宅在窗户上加设高度在 600mm 以上的栅栏，以防止儿童在玩耍时把窗帘后面当成躲藏的场所，不慎从窗户跌落。窗下不宜放置家具，卫生间里的浴缸也不要靠窗设置，以免儿童攀缘而发生危险。公共建筑内儿童专用空间的窗户 1200mm 以下宜设固定窗，避免打开时碰伤儿童。

窗帘最好采用儿童够不到的短绳拉帘，长度超过 300mm 的细绳或延长线，必须卷起绑高，以免婴幼儿不小心绊倒或当作玩具拿来缠绕自己脖子导致窒息。

（3）楼梯。对儿童来说，上下楼梯时需要较低的扶手，一般会尽可能设置高低两层扶手，扶手下面的栏杆柱间隔应保持在 80 ~ 100mm 之间，以防幼儿从栏缝间跌下或头部卡住。

儿童喜欢在楼梯上玩耍，扶手下面的横挡有时会被当作脚蹬，蹬越上去会发生坠楼的危险，故不应采用水平栏杆。儿童使用的公共空间内，不宜有楼梯井，以避免儿童发生坠落事故。

（4）电器开关和插座。非儿童使用的电源开关、插座及其他设备要安在儿童不易够到的地方，设置高度宜在 1400mm 以上；近地面的电源插座要隐蔽好，挑选安全插座，即拔下插头，电源孔自动闭合，防止儿童触电。总开关盒中应安装“触电保护器”。

（5）界面的处理。

①地面。在儿童生活的空间里，地面的材质都必须有温暖的触感，并且能够适应孩子从婴幼期到儿童期的成长需要。

儿童室内空间的铺地材料必须能够便于清洁，不能有凹凸不平的花纹、接缝，因为任何不小心掉入这些凹下去的接缝中的小东西都可能成为孩子潜在的威胁，而这些凹凸花纹及缝隙也容易绊倒蹒跚学步的孩子，所以地面保持光滑平整很重要。大理石、花岗石和水泥地面等由于质地坚硬，易造成婴儿磨伤、撞伤，一般不宜采用；易生尘螨、清洗不便的地毯也不宜作为儿童生活空间的地面装饰材料。对于儿童来说，天然的实木地板是最好的选择（应配以无铅油漆涂饰，并且充分考虑地面的防滑性能），这样的地面易擦洗、透气性好，能极好地调节室内的温度和湿度，而且软硬度适中，能有效地避免儿童因跌倒而摔伤，或在玩耍时摔坏物品。

②顶面。根据孩子天真活泼的特点，儿童室内空间内可以考虑做一些造型吊顶，让孩子拥有一片属于自己的梦幻天空。顶面材料可选用石膏板，因为石膏板有吸潮功能、保暖性好，能起到一定的调节室内湿度的作用。

③墙面。墙面选用的材料应坚固、耐久、无光泽、易擦洗。幼儿喜欢在墙面随意涂鸦，可以在其活动区域的墙面上挂一块白板或软木板，让孩子有一处可随性涂鸦、自由张贴的天地。孩子的照片、美术作品或手工作品，也可利用展示板或在墙角加层板架摆设，既满足了孩子的成就感，又达到了趣味展示的作用。因此在设计时应预留墙面的展示空间，充分发掘儿童的想象力和创造力。对于儿童室内空间来说，可清洗的涂料和墙纸是最适合的材料，最好选用一些高档环保涂料，颜色鲜艳，无毒无害，可擦洗，而且容易改装。

（6）家具的处理。为了保证儿童的安全，家具的外形应无尖棱、锐角，边角最好修成触感较好的圆角，以免儿童在活动中碰撞受伤。家具材料以实木、塑料为好，玻璃、镜面不宜用在儿童家具上。尽量不要选用有尖锐棱角的金属家具和胶合板类家具，应该多选用实木家具。

儿童家具的结构要力求简单、牢固、稳定。儿童好奇、好动，家具很可能成为儿童玩耍的对象，组装式家具中的螺栓、螺钉要接合牢靠，以防止儿童自己动手拆装。折叠桌、椅或运动器械上应设置保护装置，以避免儿童在搬动、碰撞时出现夹伤。

儿童家具的选择主要有以下几个方面：

①床。婴儿床要牢固、稳定，四周要有床栏，其高度应达到孩子身高的2/3以上。栏杆之间的空隙不超过60mm，并在床的两侧放置护垫，以避免婴儿不慎翻落床外或身体卡进床栏中。床栏上应有固定的插销，安置在婴儿手伸不到之处。床架的接缝处应设计为圆角，以免刺伤婴儿。床的涂料必须无铅、无毒且不易脱落，不会使婴儿在啃咬时中毒。

儿童床的尺寸应采用大人床的尺寸，即长度要满足2000mm，宽度则不宜小于1200mm。儿童使用的床垫宜设计成较硬的结构，或者干脆使用硬板，这对孩子的背骨发育有好处。床的形式根据居室的大小有不同的设计，不同的组合方式占据的空间大小就不一样。例如将床做在上面，下面做书桌，或将床下面做成衣柜，既可以节省空间，又能扩大儿童居室的活动区域。

②书桌和椅子。对于幼儿来说，家具要轻巧，便于他们搬动，尤其是椅子。为适应幼儿的体力，椅子的质量应小于幼儿体重的1/10，为1.5 ~ 2kg。

儿童桌椅的设计以简单为好，高度与大小应根据儿童的人体尺度、使用特点及不同年龄儿童的正确坐姿等确定所需尺寸。除了根据实际的使用情况量身定制外，使用高度可调节的桌椅也是一个经济实用且有利于儿童健康的选择，同时还可以配合儿童急速变化的高度，延长家具的使用时间，节约费用。

③储物柜。储物柜的高度应适合孩子身高。沉重的大抽屉不适合孩子使用，最好选用轻巧便捷的浅抽屉柜。

（7）软装饰的处理。通过变换居室内织物与装饰品的方法，可以使儿童居室和家具变得历久常新。织物的色泽要鲜明、亮丽，装饰图案应以儿童喜爱的动物图案、卡通形象、动感曲线图案等为主，以适应儿童活泼的天性，创造具有儿童特色的个性空间。形形色色的鲜艳色彩和生动活泼的布艺，会使儿童居室充满特色。儿童使用的床单、被褥以天然材料棉织品、毛织品为宜，这类织物对儿童的健康较为有益，而化纤产品，尤其是毛多、易掉毛的产品，会使儿童因吸入较多的化纤、细毛而导致咳嗽或过敏性鼻炎。

（8）灯光的处理。

①婴儿室的特殊照明。婴儿室的设计要格外注意夜间照明的问题。由于婴儿容易在夜间哭闹，家长们常需在两间房间中奔波，所以照明设计相当重要。房间内最好具备直接式与间接式光源，父母可依其需要打开适合的灯光，婴儿也不会因灯光太强或太弱而感到不舒服。

②儿童房的照明。儿童房内应有合适且充足的照明，能让房间温暖、有安全感，有助于消除儿童独处时的恐惧感。除整体照明之外，床头须置一盏亮度足够的灯，以满足大一点的孩子在入睡前翻阅读物的需求；同时备一盏低照度、夜间长明的灯，防止孩子起夜时撞倒；在书桌前则必须有一个足够亮的光源，这样会有益于孩子游戏、阅读、画画或其他活动。此外，正确地选用灯具及光源，对儿童的视力健康十分重要。例如接近自然光的白炽灯、黄色日光灯比银色日光灯好，可调节光亮度、角度、高低的灯具也大大方便

了使用，可根据不同的需要加以调节。

③学习区域的照明。学习区域的照明尤其要注意整体照明与局部照明的合理设计。人的眼睛不只注视桌上，也会看四周，所以明暗的差别不能太大。通常学习区域的整体照明强度在100勒克斯（照度的单位）以上，最理想则在200勒克斯以上。桌面台灯的亮度在小学到中学期间需要300勒克斯以上，高中到大学期间，因为文字较小，故需要500勒克斯以上。用室内整体的照明来取得这种亮度是很不经济的，所以应采用局部重点照明进行补充。如果台灯的亮度有300勒克斯，整体照明有100勒克斯，那么桌上的亮度就有400勒克斯，可以为学习提供一个良好的照明环境。学习用的台灯最好灯罩内层为白色，外层是绿色，这样可以较好地解决照明与视力之间的矛盾。

（三）残疾人室内设计

如果我们仔细观察身边的日常生活，便会发现不少建筑的内部空间都存在这样或那样的问题，如窗开关够不着、储藏架太高、楼梯转弯抹角、找不到电器开关、电插座位置不当、门把手握不住、厕位太低……这些问题对于健康人而言可能仅仅带来一些麻烦，但对于残疾人而言就可能是个挫折，有时甚至对他们的安全构成了直接的威胁。因此消除和减轻室内环境中的种种障碍就成为研究“残疾人室内设计”的主要目的。

1. 各类功能障碍的残疾人对室内环境的要求

根据残疾人伤残情况的不同，室内环境对残疾人的生活及活动构成的障碍主要包括以下三大类型：

（1）行动障碍。残疾人因为身体器官的一部分或几部分残缺，使得其肢体活动存在不同程度的障碍。因此室内设计能否确保残疾人在水平方向和垂直方向的行动（包括行走及辅助器具的运用等）都能自由而安全，就成为残疾人室内设计的主要内容之一。通常，在这方面碰到困难最多的肢体残疾人有：①轮椅使用者。②步行困难者。步行困难者是指那些行走起来困难或者有危险的人，他们行走时需要依靠拐杖、平衡器、连接装置或其他辅助装置。③上肢残疾者。上肢残疾者是指一只手或者两只手以及手臂功能有障碍的人。

除了肢体残疾人之外，视力残疾者由于其视觉感知能力的缺失导致其在行动上同样面临很多障碍。

（2）定位障碍。视觉残疾、听力残疾及智力残疾中的智障者或某种辨识障碍都会导致残疾人缺乏或丧失方向感、空间感或辨认房间名称和指示牌的能力。

（3）交换信息障碍。这一类障碍主要出现在听觉和语言障碍的人群中。完全丧失听觉的人为数不多，除了在噪声很大的情况下，大多数听觉和语言障碍者利用辅助手段就可以听见声音。此外，还可以通过手语或文字等辅助手段进行信息传递。

2. 残疾人的人体尺度

残疾人的人体尺度和活动空间是残疾人室内设计的主要依据。在过去的建筑设计和室内设计中，都是依据健全成年人的使用需要和人体尺度为标准来确定人的活动模式和活动空间，其中许多数据都不适合残疾人使用，所以室内设计师还应该了解残疾人的尺度，全方位考虑不同人的行为特点、人体尺度和活动空间，真正遵循“以人为本”的设计原则。

在我国，1989 年 7 月 1 日开始实施的国家标准《中国成年人人体尺寸》（GB 10000-1988）中没有关于残疾人的人体测量数据，所以目前仍需借鉴国外资料，在使用时根据中国人的特征对尺度做适当的调整。由于日本人的人体尺度与我国比较接近，所以这里将主要参考日本的人体测量数据对我国残疾人人体尺度和活动空间提出建议。

3. 无障碍设计

（1）室内常用空间的无障碍设计。建筑中的空间类型变化多端，但是有些功能空间是最基本的，在不同类型的建筑中都会存在，这些室内空间的无障碍设计是室内设计师需要认真考虑的。由于使用轮椅在移动时需要占用更多的空间，因此这里所涉及的残疾人室内设计的基本尺度参数以轮椅使用者为基准，这个数值对于其他残疾人的使用一般也是有效的。

①出入口。出入口的设计主要包括以下几方面：

a. 公共建筑入口大厅。当残疾人由入口进入大厅时，应该保证他们能够看到建筑物内的主要部分及电梯、自动扶梯和楼梯等位置，设计时应充分考虑如何使残疾人更容易地到达垂直交通的联系部分，使他们能够快速地辨认自己所处的位置，并对去往目的地的途径进行选择和判断。这些设计包括以下四点：

（a）出入口。供残疾人进出建筑物的出入口应该是主要出入口。对于整个建筑物来说，包括应急出入口在内的所有出入口都应该能让残疾人使用。出入口的有效净宽应该在800mm以上，小于这个尺度的出入口不利于轮椅通过。坐轮椅者开关或通过大门的时候，需要在门的前后左右留有一定的平坦地面。

（b）轮椅换乘、停放。轮椅分室外用和室内用（各部分的尺寸都较小，可以通过狭小的空间）两种。在国外，有些公共建筑需要在进入室内后换车。换车时，需要考虑两辆车的回转空间和扶手等必备设施。

（c）入口大厅指示。入口大厅的指示非常重要，因此服务问询台应设置在明显的位置，并且应该为视觉障碍者提供可以直接到达的盲道等诱导设施。在建筑物内设置明确的指示牌时，要增加标志和指示牌本身自带的照明亮度，使内容更容易读看。此外，指示牌的高度、文字的大小等也应该仔细考虑，精心设计。

（d）邮政信箱、公用电话等。公共建筑入口大厅内的邮政信箱、公用电话等设施，应考虑到残疾人的使用，需要设置在无障碍通行的位置。

b. 住宅出入口空间。住宅出入口空间设计包括以下两点：

（a）户门周围。残疾人居住的住宅入口处要有不小于1500mm×1500mm的轮椅活动面积。在开启户门把手一侧墙面的宽度要达到500mm，以便乘轮椅者靠近门把手将门打开。门口松散搁放的擦鞋垫可能妨碍残疾人，因此擦鞋垫应与地面固结，不凸出地面，以利于手杖、拐杖和轮椅的通行。现在，大多数居住建筑中信箱总是集中设置，但是对于残疾人，尤其是轮椅使用者和行动困难者来说，信箱最好能够设在自家门口，以方便他们取阅。门外近旁还可以设置一个搁板，以供残疾人在开门前暂时搁放物品，这对于手部有残障的病人及其他行动不便的人也是很需要的。门内也可以设一搁板，同样能使日常的活动更加方便。

（b）门厅。门厅是残疾人在户内活动的枢纽地带，除需要配备更衣、换鞋、坐凳外，其净宽要在1500mm以上，在门厅顶部和地面上方200～400mm处要有充足的照明和夜间照明设施。从门厅通向居室、餐厅、厨房、浴室、厕所的地面要平坦、没有高差，而且不要过于光滑。

②走廊和通道。残疾人居住的室内空间中，走廊和通道应尽可能设计成直角形式。像迷宫一样或者由曲线构成的室内走廊和通道，对于视觉残疾者

来说，使用起来将非常困难。同样，在考虑逃生通道的时候，也应尽可能设计成最短、最直接的路线，因为残疾人在发生紧急事件逃生时需要更多外界的帮助。

a. 公共建筑中的走廊和通道。公共建筑中的走廊和通道的设计包括以下三点：

（a）形状。在较长的走廊中，步行困难者、高龄老人需要在中途休息，所以需要设置不影响通行而且可以进行休息的场所。走廊和通道内的柱子、灭火器、消防箱、陈列橱窗等的设置都应该以不影响通行为前提；作为备用而设在墙上的物品，必须在墙壁上设置凹进去的壁龛来放置。另外，还可以考虑局部加宽走廊的宽度，实在无法避免的障碍物前应设置安全护栏。

当在通道屋顶或者墙壁上安装照明设施和标志牌时，应注意不能妨碍通行；当门扇向走廊内开启时，为了不影响通行和避免发生碰撞，应设置凹室，将门设在凹室内，凹室的深度应不小于 900mm，长度不小于 1300mm。

此外，由于轮椅在走道上行驶的速度有时比健全人步行的速度要快，所以为了防止碰撞，需要开阔走廊转弯处的视野，可以将走廊转弯处的阳角墙面做圆弧或者切角处理，这样也便于轮椅车左右转弯，减少对墙面的破坏。

（b）宽度。供残疾人使用的公共建筑内部走廊和通道的宽度是按照人流的通行量和轮椅的宽度来决定的。一辆轮椅通行的净宽为 900mm，一股人流通行的净宽为 550mm，因此走道的宽度不得小于 1200mm，这是供一辆轮椅和一个人侧身而过的最小宽度。当走道宽度为 1500mm 时，就可以满足一辆轮椅和一个人正面相互通过，还可以让轮椅进行 180° 的回转。如果要能够同时通过两辆轮椅，则走廊宽度需要在 1800mm 以上，这种情况下，还可以满足一辆轮椅和拄双拐者在对行时对走道宽度的最低要求。因此大型公共建筑物的走道净宽不得小于 1800mm，中型公共建筑走道净宽不应小于 1500mm，小型公共建筑的走道净宽不应小于 1200mm。

（c）高差。走廊或者通道不应有高差变化，这是因为残疾人不容易注意到地面上的高差变化，会发生绊脚、踏空的危险。即便有时高差不可避免，也需要采用经防滑处理的坡道，以方便残疾人使用。

b. 住宅中的走廊。在步行困难者生活的住宅里，内走廊或者通道的最小宽度为 900mm；在供轮椅使用者生活的住宅里，走廊或通道的宽度则必须不小于 1200mm；走廊两侧的墙壁上应该安装高度为 850mm 的扶手。面对通道的门，在门把手一侧的墙面宽度不宜小于 500mm，以便轮椅靠近将门开启；通道转角处建议做成弧形，并在自地面向上高 350mm 的地方安装护墙板。

③坡道。建筑物一般都会设有台阶，但是对于乘坐轮椅的人来说，哪怕是一级台阶的高差也会给他们的行动造成极大的障碍。为了避免这一问题，很多建筑物设置了坡道。坡道不仅对于坐轮椅的人适用，而且对于高龄者及推着婴儿车的母亲来说也十分方便。当然，坡道有时也会给正常人和步行困难者的行走带来一些困难和不便，因此建筑中往往台阶与坡道并用。坡道设计主要包括以下四点：

a. 坡度。坐轮椅者靠自己的力量沿着坡道上升时需要相当大的腕力。下坡时，变成前倾的姿态，如果不习惯的话，会产生一种恐惧感而无法沿着坡道下降，还会因为速度过快而发生与墙壁的冲撞甚至翻倒的危险。因此坡道纵断面的坡度最好在 1/14（高度和长度之比）以下，一般也应该在 1/12 以下。

坡道的横断面不宜有坡度，如果有坡度的话，轮椅会偏向低处，给直行带来困难。同样的道理，螺旋形、曲线形的坡道均不利于轮椅通过，应在设计中尽量避免。

b. 坡道净宽。坡道与走廊净宽的确定方法相同。一般来说，坐轮椅的人与使用拐杖的人交叉行走时的净宽应该为 1500mm。当条件允许或坡道距离较长时，净宽应该达到 1800mm，以便两辆轮椅可以交错行驶。

c. 停留空间。在较长且坡度较大的坡道上，下坡时的速度不容易控制，有一定的危险性。一般来说，大多数轮椅使用者不是利用刹车来控制速度，而是利用手进行调节的，手被磨破的情况时有发生。所以，按照无障碍建筑设计规范中对坡度的控制要求，在较长的坡道上每隔 9 ～ 10m 就应该设置一处休息用的停留空间。轮椅在坡道途中做回转也是非常困难的事情，在转弯处需要设置水平的停留空间。坡道的上下端也需要设置加速、休息、前方的安全确认等功能空间。这些停留空间必须满足轮椅的回转要求，因此最小尺寸为 1500mm × 1500mm。当停留空间与房间出入口直接连接时，还需要增加开关门的必要面积。

d. 坡道安全挡台。在没有侧墙的情况下，为了防止轮椅的车轮滑出或步行困难者的拐杖滑落，应该在坡道的地面两侧设置高 50mm 以上的坡道安全挡台。

④楼梯。楼梯是满足垂直交通的重要设施。楼梯的设计不仅要考虑健全人的使用需要，同时更要考虑残疾人和老年人的使用需求。楼梯的设计主要包括以下五点：

a. 位置。公共建筑中主要楼梯的位置应该易于发现，楼梯间的光线要明亮。由于视觉障碍者不容易发现楼梯的起始和终点，所以在踏步起点和终点300mm处，应设置宽400 ~ 600mm的提示盲道，告诉视觉残疾者楼梯所在的位置和踏步的起点及终点。另外，如果楼梯下部能够通行的话，应该保持2200mm的净空高度；高度不够时，应在周围设置安全栏杆，阻止人进入，以免产生撞头事故。

b. 形状。楼梯的形式以每层两跑或者三跑直线形梯段最为适宜，应该避免采用单跑式楼梯、弧形楼梯和旋转楼梯。一方面旋转楼梯会使视觉残疾者失去方向感，另一方面踏步内侧与外侧的水平宽度都不一样，发生踏空危险的可能性很大，因此从无障碍设计角度而言不宜采用。

c. 尺寸。住宅中楼梯的有效幅宽为1200mm，公共建筑中梯段的净宽和休息平台的深度一般不应小于1500mm，以保障拄拐杖的残疾人和健全人对行通过。每步台阶的高度最好在100 ~ 160mm之间，宽度在300 ~ 350mm之间，连续踏步的宽度和高度必须保持一致。

d. 踏步。踏步的面应采用不易打滑的材料，并在前缘设置防滑条。设计中应避免只有踏面而没有踢面的漏空踏步，因为这种形式会给下肢不自由的人们或依靠辅助装置行走的人们带来麻烦，容易造成拐杖向前滑出而摔倒致伤的事故。此外，在楼梯的休息平台中设置踏步也会发生踏空或绊脚的危险，应尽量避免。

e. 踏步安全挡台。和坡道一样，楼梯两侧扶手的下方也需设置高50mm的踏步安全挡台，以防止拐杖向侧面滑出而造成摔伤。

⑤电梯、自动扶梯和其他升降设备。

a. 电梯。电梯是现代生活中使用最为频繁的理想垂直通行设施，对于残疾人、老年人和幼儿来说，通过电梯可以方便地到达每一层楼，十分方便。其设计主要包括以下三点：

（a）电梯厅。乘轮椅者到达电梯厅后，一般要进行回旋和等候，因此公共建筑的电梯厅深度不应小于1800mm。正对电梯门的电梯厅为了使大家容易发现它的位置，最好加强色彩或者材料的对比。在电梯的入口地面，还应设置盲道提示标志，告知视觉障碍者电梯的准确位置和等候地点。电梯厅中显示电梯运行层数的标示应大小适中，以方便弱视者了解电梯的运行情况。而专供乘坐轮椅的人使用的电梯，通常要在电梯厅的显著位置安装国际无障碍通用标志。

（b）电梯的尺寸。为了方便轮椅进入电梯，电梯门开启后的有效净宽不应小于800mm，电梯轿厢的宽度要在1100mm以上，进深要不小于1400mm。但是，在这样的电梯轿厢内轮椅不能进行180° 的回转。为了使轮椅容易向后移动，还需要在电梯间的背面安装镜子，以便乘轮椅者能从镜子里看到电梯的运行情况，为退出轿厢做好准备。如果要使轮椅在轿厢内进行180° 的回转，其尺寸必须满足宽1400mm、深1700mm的要求，这样轮椅正面进入后可以直接旋转180° ，再正面驶出电梯。

（c）电梯厅和电梯轿厢按钮。电梯厅和电梯轿厢内的按钮应设置在轮椅使用者的手能触及的范围之内。一般在距离地面800 ~ 1100mm高的电梯门扇的一侧或者轿厢靠近内部的位置，轮椅使用者专用电梯轿厢的控制按钮最好横向排列。按钮的表面上应有凸出的阿拉伯数字或盲文数字标明层数，按钮装上内藏灯，使其容易判别，视觉障碍者也容易使用。此外，在公共建筑中，最好每层都有直接广播。

b. 自动扶梯。众所周知，自动扶梯对步行困难者、高龄者和行动不便者是一种有效的移动手段。自动扶梯在当今的商业建筑、交通建筑中已得到广泛使用。但是很少有人知道，如果轮椅使用者接受一定的自动扶梯搭乘训练，那么他们就能够单独乘坐自动扶梯；如果同时还能得到接受过这方面训练的照看者的帮助，那么轮椅使用者利用自动扶梯的频率会更高。

⑥厕所、洗脸间。残疾人外出时碰到较多的一个困难就是能够使用的厕所太少。在各类建筑物中，至少应该设置一处可供轮椅使用者使用的厕所。

可供轮椅使用者使用的厕所，需要在通道、入口、厕位等处加上标志，最好是视觉障碍者也能够理解的盲文或用对比色彩做成的标志。这些标志一般在离地面1400 ~ 1600mm处设置。此外，为了避免视觉障碍者判断错误而误入他室，建筑物内各层的厕所最好都在同一位置，而且男女厕所的位置也不要变化。

厕所、洗脸间的出入口处应该有轮椅使用者能够通行的净宽，不应设置有高差的台阶，最好不要设门遮挡外部视线的遮挡墙，也需要考虑轮椅通行的方便。

在厕所中，各种设施都应该是视觉障碍者容易发现、易于使用的，并保证其安全性。地面、墙面及卫生设施等可以采用对比色彩，以便于弱视者区分。一些发光的材料会给弱视者带来不安，尽量不要使用。地面应采用防滑且易清洁的材料。

a. 轮椅使用者的厕位。从轮椅移坐到便器座面上，一般是从轮椅的侧面或前方进行的。为了完成这一动作，便器的两侧需要附加扶手，并确保厕位内有足够的轮椅回转空间（直径 1500mm）左右，当然这样一来，就需要相当宽敞的空间，如果不能够保证有这么大的空间，就应该考虑在轮椅能够移动的最小净宽 900mm 的厕位两侧或一侧安装扶手，这样轮椅使用者就能够从轮椅的前方移坐到便器座面上。这一措施对于步行困难的人来说也十分方便。

（a）厕位的出入口。厕位的出入口需要保证轮椅使用者能够通行的净宽，不能设置有高差的台阶。厕位的门最好采用轮椅使用者容易操作的形式，横拉门、折叠门、外向开门都可以。

（b）坐便器。坐便器的高度最好在 420 ~ 450mm。当轮椅的座高与坐便器同高时，较易移动，所以在座便器上加上辅助座板会使利用者更加方便，同时还能起到增加坐便器高度的作用。轮椅使用者最好采用坐便器靠墙或者底部凹进去的形式，这样可以避免与轮椅脚踏板发生碰撞。

（c）扶手。因为残疾人全身的重量都有可能靠压在扶手上，所以扶手的安装一定要坚固。水平扶手的高度与轮椅扶手同高是最为合理的；竖向扶手是供步行困难者站立时使用的。地面固定式扶手需要考虑不妨碍轮椅脚踏板移动的位置和形式。扶手的直径通常为 320 ~ 380mm。

b. 小便器及其周围的无障碍设计。因为考虑到男性轻度残疾者可能站立不稳，所以在普通的小便器上仍需安装便于抓握的扶手。同时，为了使上肢行动不便的使用者便于操作，最好使用按压式、感应式等冲洗装置。

小便器周围安装上扶手可以方便大多数人使用。小便器前方的扶手是让胸部靠在上面的，高度在 1200mm 左右较为合适；小便器两侧的扶手是让使用者扶着使用的，最好间隔 600mm、高 830mm 左右。扶手下部的形状要充分考虑轮椅使用者通行的畅通。

c. 洗脸间。洗脸及洗手池需要考虑为轮椅及行动不便的人分别设置一个以上的洗脸盆，具体要求如下：

（a）安装尺寸。轮椅使用者一般要求洗脸盆的上部高度为 800mm 左右，盆底高度为 750mm 左右，进深 550 ~ 600mm，这样使用较为方便。另外，也可以采用高度可调的洗脸盆。行动不便的人使用的洗脸盆与一般人使用的高度一样。

（b）扶手。如果行动不便者使用洗脸盆，则需要在洗脸盆的周边安装扶手。扶手的高度要求高出洗脸盆上端 30mm 左右，横向间隔 600mm 左右。洗脸盆前端与扶手间隔 100 ~ 150mm。扶手的下部形状最好考虑到不妨碍轮椅的通行。

（c）水龙头开关与镜子。上肢行动不便的人最好采用把手式、脚踏式或者自动式开关。如果是热水开关，需要标明水温标志和调节方式，热水管应采用隔热材料进行保护，以免烫伤。轮椅使用者的视点较低，因此镜子的下部应距离地面 900mm 左右，或者将镜子向前倾斜。

⑦浴室、淋浴间。浴室、淋浴间的具体设计包括以下四点：

a. 浴池、淋浴。为了便于残疾人使用，浴池应该出入方便，高度要与轮椅座高相同，并设有相同高度的冲洗台，在浴池的周边要装上扶手，这样从轮椅到冲洗台会更加容易，同时从冲洗台也可以直接进入浴池。残疾者在淋浴时，最简单的方法就是利用带有车轮的淋浴用椅子直接进入没有门槛的淋浴间。

b. 材料、铺装。浴池内及浴室的地面容易打滑，要在铺装材料上多加注意。擦洗场所应采用防滑材料，同时应该考虑排水沟和排水口的位置，尽量避免肥皂水在地面上漫流。

c. 扶手。浴室及淋浴室不同方向的扶手有着不同的功能，一般来说，水平扶手是用来起支撑作用的；而垂直扶手是用来起牵引作用的；弯曲或倾斜的扶手具有支撑及牵引两种功能。在进出浴池时，最好是用水平和垂直两种形式组合的扶手。较大的淋浴室最好在四周墙面上都安装扶手。

d. 淋浴器。根据残疾人的不同情况，可以使用可动式或固定式淋浴器。为了方便上肢行动不便的残疾者，宜设置把手式的供水开关。

⑧厨房。现在的厨房有越来越向机械化和电子化发展的趋势，由于残疾

人不能使用复杂的器具并常常因误用而引发一些事故，所以厨房最好有大小合适的空间，在设计时尽可能选择安全的、使用方便的设备。

a. 平面形式。由于轮椅不能横向移动，所以对于使用拐杖或行走不便的人来说，最好能利用两侧的操作台支撑身体。因此在配置厨房设施时，最好采用 L 形或者 U 形，并在空间上保证轮椅的旋转余地。

b. 操作台高度。为了使轮椅使用者坐在轮椅上也能方便地进行操作，操作台的高度应在 750 ～ 850mm 之间。

c. 水池与灶台。底部可以插入双腿的浅水池能够让轮椅使用者靠近并使用它，而行走困难的人在水池前放上椅子也可以坐着洗涤。温水和排水管应加上保护材料，使那些脚部感觉不很敏感的人碰到发热的管子时也不至于受伤。

灶台的高度对轮椅使用者来说 750mm 左右最为合适。灶台的控制开关宜放在前面，各种控制开关按功能分类配置，调节开关应有刻度并能标明强度。对视觉障碍者来说，最好是通过温度鸣响来提示。为避免被溢出来的汤烫伤的危险，在灶台的下方应避免设置可让轮椅使用者腿部伸入灶台下的空间。

d. 储藏空间。平开门的柜子打开时容易与人体发生碰撞，因此在狭窄的空间里宜采用推拉门。特别是在容易碰到头部的范围，必须安装推拉门。

⑨起居室和用餐空间。

a. 起居室。起居室是人们居家生活使用时间最多的空间之一，在进行残疾人家庭起居室设计时，需要安排好轮椅的通行与回旋。因此空间规模要略大于一般标准，使用面积达到 $18m^2$ 较为合适。起居室通往阳台的门，在门扇开启后的净宽要达到 800mm，门的内外地面高差不应大于 15mm。阳台的深度不应小于 1500mm，阳台栏板和栏杆的形式和高度要考虑轮椅使用者的观景效果。

b. 用餐空间。住宅内的用餐空间最好在厨房或者临近厨房位置，使用空间最小应能容纳四人进餐的餐桌，宽度为 900mm。如果要保证轮椅使用者横向驶近餐桌时，地面要有至少 1000mm 的净宽。座位后如果有人走动，则需要预留 1300 ～ 1400mm 净宽；如座位后有轮椅推过，座后需留 1600mm 的净宽。

⑩卧室。残疾人使用的卧室考虑到轮椅的活动，其空间大小在 14 ～ $16m^2$ 较为实用。考虑到在床端要有允许轮椅自由通过的必要空间，矩

形卧室的短边净尺寸应不小于 3200mm。

为了避免不舒适的眩光，床与窗平行安置为宜，不要垂直于窗的平面。卧室床下的空间要便于轮椅脚踏板的活动，封闭的下部是不利于轮椅靠近的。对于轮椅使用者来说，床垫的高度要与轮椅座高平齐，为 450 ~ 480mm。较高的床垫则有利于步行困难者从床上站起来。

⑪客房。供残疾人使用的客房一般宜设在客房区的较低楼层，靠近楼层服务台、公共活动区及安全出口的地方，以利于残疾人到达客房、参加各种活动及安全疏散。

客房的室内通道是残疾人开门、关门及通行、活动的枢纽，其宽度不应小于 1500mm，以方便轮椅使用者从房间内开门，在通道内取衣物和从通道进入卫生间。客房内还要有直径不小于 1500mm 的轮椅回转空间。客房床面的高度、坐便器的高度应与标准轮椅的座高一致，即 450mm，可方便残疾人进行转移。

为节省卫生间的使用面积，卫生间的门宜向外开启，开启后的净宽应达到 800mm。在座便器的一侧或两侧安装安全抓杆，在浴缸的一端宜设宽 400mm 的洗浴座台，便于残疾人从轮椅上转移到座台上进行洗浴。在座台墙面和浴盆内侧墙面上要安装安全抓杆。洗脸盆如果设计为台式，在洗脸池的下方应方便轮椅的靠近。此外，在卫生间和客房的适当位置，要安装紧急呼叫按钮。

⑫轮椅座席。在大型公共建筑内，如图书馆、影剧院、音乐厅、体育场馆、会议中心的观众厅和阅览室等地，应设置方便残疾人到达和使用的轮椅座席。轮椅座席应该设在这些场所中出入方便的地段，如靠近入口处或者安全出口处，同时轮椅座席也不应影响到其他观众的视线，不应对走道产生妨碍，其通行的线路要便捷，能够方便地到达休息厅和厕所。

轮椅席的深度一般为 1100mm，与标准轮椅的长度基本一致。一个轮椅席的宽度为 800mm，是轮椅使用者的手臂推动轮椅时所需要的最小宽度。两个轮椅席位的宽度约为三个观众固定座椅的宽度。将这些轮椅席位并置，以便残疾人能够结伴和服务人员的集中照顾。当轮椅席空闲时，服务人员可以安排活动座椅供其他观众或工作人员就座，保证空间的利用率。为了防止轮椅使用者和其他观众席座椅的碰撞，在轮椅席的周围宜设高 400 ~ 800mm 的栏杆或栏板。在轮椅席旁和地面上，应设有无障碍通用标志，以指引轮椅使用者方便就位。

（2）室内细部的无障碍设计。随着越来越多的人认识到无障碍室内设计的重要作用，室内设计师还需要关注残疾人使用的室内空间中的细部设计和细部处理，并从全局观点考虑这些细微之处的人性化设计。

①门。供残疾人使用的门，设计时要注意门的宽度，门的形式，开闭时是否费力，门扇的内开或外开，铰链、门锁及手柄的位置等，必须从残疾人特别是轮椅使用者对门的要求出发进行考虑。

门的形式多种多样，各有优缺点，需要根据不同情况合理地加以选择。从使用难易程度来看，最受欢迎的是自动推拉门，其次是手动推拉门，最后是手动平开门。折叠门的构造复杂，不容易把门关紧；自动式平开门存在着突然打开门而发生碰撞的危险，通常是沿着行走方向向前开门，需要区分出口和入口的不同；而旋转门不适用于轮椅使用者，对视觉障碍者或步行困难者也比较容易造成危险，如必须设置的话，则应在其两侧另外再设平开门。

公共建筑中使用频繁的走廊和通道中，需经常开启的门扇最好装上自动闭门装置，以此避免视觉障碍者碰上开着的门。

对于门的净宽而言，残疾人使用的门的净宽最低为 800mm 以上，但最好能保持在 850mm 以上。坐轮椅的人开关或者通过大门时，需要在门的前后左右留有一定的平坦地面。根据安装方式的不同，需要的空间大小也不一样。

对于门的防护而言，通常来说，轮椅的脚踏板最容易撞在门上，为了避免门被轮椅或助行器碰撞而受损，残疾人住宅、残疾儿童的特殊学校、老年人中心、残疾人活动中心等处的门，要在距离地面 350mm 以下安装保护板。

②窗。对不能去外面活动的残疾人来说，窗户是他们了解外界情况的重要途径，他们可以通过窗外传来的声音和气味等感受外面的世界。因此窗户应该尽可能容易操作，并且安全。

窗台的高度是根据坐在椅子上的人的视线高度决定的，最好在 1000mm 以下，高层建筑物需要设置防护扶手或栏杆等防止坠落的设施。

对于离不开轮椅的人独立使用的住宅中，窗的启闭器不能高出地面 150mm，虽然坐轮椅的人伸手摸高超出此值，但由于窗前可能有盆花或其他阻挡，所以最高为 1350mm，最适宜的值为 1200mm。

③扶手。扶手是为步行困难的人提供身体支撑的一种辅助设施，也有避免发生危险的保护作用，连续的扶手还可以起到把人们引导到目的地的作用。

在楼梯、坡道、走廊等有侧墙的情况下，原则上应该在两侧设置扶手。同时尽可能比梯段两端的起始点延长一段，这样可以起到调整步行困难者的步幅和身体重心的作用。在净宽超过3000mm的楼梯或者坡道上，在距一侧1200mm的位置处应加设扶手，使两手都能够有支撑。扶手应该是连续的，柱子的周边、楼梯休息平台处、走廊上的停留空间等处也应该设置。此外，视觉障碍者不容易分辨台阶及坡道的起始点，所以也需要将扶手的端部再水平延长300～400mm。扶手的颜色要明快而且显著，让弱视者比较容易识别。

扶手要做成既容易扶握又容易握牢的形状，扶手的尺寸应该以能被残疾人握紧为宜，供抓握的部分应采用圆形或椭圆形的断面。考虑坐轮椅的人能方便地使用扶手，其高度应在800～850mm之间。扶手与墙面要保持40mm的距离，以保证突然失去平衡要摔倒的人们不会因为有扶手而发生夹手现象，同时也能保证其很容易地抓住扶手。

④墙面。轮椅通常不易保持直行，为避免轮椅的车轮及脚踏板碰到墙壁上，或者手指被夹在轮椅和墙壁之间的事发生，墙面应设置保护板或缓冲壁条。这些设施在转弯处设计时要考虑做成圆弧曲面的形式，或通过诸如金属、木材、复合材料等进行转角保护，避免墙面损伤和人身伤害。

⑤地面。大部分公共建筑和高层住宅的入口大厅地面最好是采用弄湿后也不容易打滑的材料，如塑胶地板、卷材等。在走廊和通道地面材料的选择上，也应该使用不易打滑、行人或轮椅翻倒时不会造成很大冲击的地面材料。当在高档酒店、商业空间等地面使用地毯时，以满铺为好，面层与基层也应固结，防止起翘皱折。另外，表层较厚的地毯对靠步行器、轮椅和拐杖行走的人们来说，会导致其行走不便或引起绊脚等危险，应慎重选择。

⑥控制开关、电灯开关、中央空调调节装置、电动脚踏开关、火灾报警器、紧急呼叫装置、窗口的关闭装置、窗帘开关等所有的控制系统都需要做成容易操作的形状和构造（如大键面板或搬把式开关），并设置在距离地面1200mm的高度以下。电器插座的高度也要适宜，便于使用。

⑦家具。家具的设计主要包括以下五点：

a. 服务台。服务台一般需要满足对话、传递物品、填表登记等要求。对于轮椅使用者来说，服务台的高度如果不在800mm左右，下部不能插入轮椅脚踏板的话，使用起来会很不方便。对于使用拐杖的人来说，也需要设置座椅及拐杖靠放的场所。

b. 桌子。桌子的下部要求留有轮椅使用者脚踏板插入的必要空间。为了使桌子起到支撑身体的作用，最好做成固定式或不易移动式，以免残疾人不慎碰撞后因桌子的移动而摔倒。

c. 橱柜类家具。残疾人使用的橱柜类家具要做得大一些，要有一定的备用空间，所有东西的存放位置应该相对固定，这样即使是视觉障碍者寻找起来也会方便许多。橱柜的高度、深度需要根据轮椅使用者、步行困难者及健康人的各种情况来综合考虑，以适应不同人的使用。

d. 公用电话。公共建筑物内至少应该有一个公用电话可以让轮椅使用者使用。对于轮椅使用者来说，电话机的中心就应设置在距离地面 900 ~ 1000mm 的高度，电话台的前方要有确保轮椅可以接近的空间。对于行动不便的人来说，为了站立时的安全，两侧要设置扶手，并提供拐杖靠放的场所。

e. 饮水器。在国外的公共场所，饮水器是常见的室内设施。为了使轮椅使用者喝水更加容易，饮水机的下方要求留出能插入脚踏板的空间，通常在离开主要通行路线的凹壁处设置从墙壁中突出的饮水器。开关统一设置在前方，最好是既可用手又可用脚来操作的，高度通常在 700 ~ 800mm 之间。

无论是处于婴儿期的人们，还是因为一时的原因出现暂时行动障碍的人们，抑或是步入老年的人们，都需要环境能给予充分的支持，以保证在任何时候任何人都能生活在一个安全与舒适的环境之中，得到环境与社会的尊重，并享有各自在生存权上的平等。只有这样，才能保证社会的和谐与可持续发展。

第二节　环境心理学与室内设计

环境是围绕在人们周围的外界事物。人们可以通过自己的行为使外界事物产生变化，而这些变化了的外界事物（即所形成的人工环境）又会反过来对作为行为主体的人产生影响，在这一相互影响的过程中伴随着一定的人的心理活动变化。

环境心理学的研究是用心理学的方法来对环境进行探讨，在人与环境之间以人为本，从人的心理特征的角度出发来考虑研究环境问题，从而使我们对人与环境的关系、对怎样创造室内人工环境都产生新的更为深刻的认识。因此环境心理学对于室内设计具有非常重要的意义。

一、环境心理学的含义与基本研究内容

环境心理学（Environmental Psychology）是研究环境与人的行为之间相互关系的学科，它着重从心理学和行为的角度探讨人与环境的最优化关系。

环境心理学是一门新兴的综合性学科，于20世纪60年代末在北美兴起，此后先在英语语言区，继而在全欧洲和世界其他地区迅速传播和发展。环境心理学的内容涉及医学、心理学、社会学、人类学、生态学、环境保护学及城市规划学、建筑学、室内环境学等诸多学科。

就室内设计而言，在考虑如何组织空间，设计好界面、色彩和光照，处理好室内环境各要素的时候，就必须要注意使设计出的室内环境符合人们的行为特点，能够与人们的心愿相符合。

二、室内环境中人的心理与行为

室内环境中人的心理与行为尽管存在个体之间的差异，但从总体上分析仍然具有一定的共性，仍然具有以相同或类似的方式做出反应的特点，而这恰恰也正是人们进行设计的基础依据。

（一）个人空间、领域性与人际距离

1. 个人空间

在公共场所中，一般人不愿意夹坐在两个陌生人中间，而且公园长椅上坐着的两个陌生人之间会自然地保持一定的距离，心理学家针对这一类现象提出了“个人空间”的概念。一般认为，个人空间像一个围绕着人体的看不见的气泡，这一气泡会随着人体的移动而移动，依据个人所意识到的不同情境而胀缩，是个人心理上所需要的最小的空间范围，他人对这一空间的侵犯与干扰会引起个人的焦虑与不安。

2. 领域性

对于人来说，领域性是个人或群体为满足某种需要，拥有或占用一个场

所或一个区域，并对其加以人格化和防卫的行为模式。人在室内环境中进行各种活动时，总是力求其活动不被外界干扰或妨碍。不同的活动有其必需的生理和心理范围与领域，人们不希望轻易地被外来的人与物（指非本人意愿、非从事活动必须参与的人与物）所打破。

3. 人际距离

室内环境中的个人空间常常需要与人际交流、接触时所需的距离一起进行通盘考虑。人际接触根据不同的接触对象和不同的场合，在距离上各有差异。人类学家霍尔（E.Hall）以对动物的环境和行为的研究经验为基础，提出了“人际距离”的概念，并根据人际关系的密切程度、行为特征来确定人际距离的不同层次，将其分为密切距离、个人距离、社会距离和公众距离四大类。每类距离中，根据不同的行为性质再分为近区与远区。例如，在密切距离（0 ~ 450mm）中，亲密、对对方有嗅觉和辐射热感觉的距离为近区（0 ~ 150mm）；可与对方接触握手的距离为远区（150 ~ 450mm）。由于受到不同民族、宗教信仰、性别、职业和文化程度等因素的影响，人际距离的表现也会有些差异。

（二）私密性与尽端趋向

如果说领域性主要讨论的是有关空间范围的问题，那么私密性更多涉及的是在相应的空间范围内人的视线、声音等方面的隔绝要求。私密性在居住类的室内空间中要求尤为突出。

日常生活中人们会非常明显地观察到，集体宿舍里先进入宿舍的人，如果允许自己挑选床位的话，那么他们总是愿意挑选在房间尽端的床铺，而不愿意选择离门近的床铺，这可能是出于生活、就寝时能相对较少地受干扰的考虑。同样的情况也可见于餐厅中就餐者对餐桌座位的挑选。

相对来说，人们最不愿意选择近门处及人流频繁通过处的座位。餐厅中靠墙卡座的设置，由于在室内空间中形成受干扰较小的“尽端”，更符合客人就餐时“尽端趋向”的心理要求，所以很受客人欢迎。

（三）依托的安全感

在室内空间中活动的人们，从心理感受上来说，并不是空间越开阔、越宽广越好，人们通常在大型室内空间中更愿意靠近能让人感觉有所“依托”

的物体。在火车站和地铁车站的候车厅或站台上，如果仔细观察会发现，在没有休息座位的情况下，人们并不是较多地停留在最容易上车的地方，而是更愿意待在柱子边上，人群相对散落地汇集在候车厅内、站台上的柱子附近，适当地与人流通道保持距离。在柱边，人们感到有了“依托”，更具安全感。

（四）从众与趋光心理

在紧急情况时，人们往往会盲目跟着人群中领头的几个急速跑动的人的去向，而不管其去向是不是安全疏散口。当火警发生，烟雾开始弥漫时，人们无心注视标识及文字的内容，往往是更为直觉地跟着领头的几个人跑动，以致形成整个人群的流向。上述情况即属于从众心理。另外，人们在室内空间中流动时，具有从暗处往较明亮处流动的趋向。在紧急情况时，语音的提示引导会优于文字的引导。这些心理和行为现象提示设计者在创造公共场所室内环境时，首先要注意空间与照明等的导向，标识与文字的引导固然也很重要，但从发生紧急情况时人的心理与行为来看，对空间、照明、音响等更需要予以高度重视。

（五）好奇心理与室内设计

好奇心理是人类普遍具有的一种心理状态，能够导致相应的行为，尤其是其中探索新环境的行为，对于室内设计具有很重要的影响。如果室内环境设计能够别出心裁，诱发人们的好奇心，则不但可以满足人们的心理需要，而且还能加深人们对该室内环境的印象。对于商业空间来说，则有利于吸引新老顾客，同时由于探索新环境的行为导致人们在室内行进和停留的时间延长，因此有利于出现商场经营者所希望发生的诸如选物、购物等行为。心理学家伯利内（Berlyne）通过大量实验分析指出，不规则性、重复性、多样性、复杂性和新奇性五个因素比较容易诱发人们的好奇心理。

1. 不规则性

不规则性主要是指空间布局的不规则。规则的布局使人一目了然，很容易就能了解它的全局情况，也就难以激起人们的好奇心。于是，设计师就试图用不规则的布局来激发人们的好奇心。一般用对结构没有影响的物体（如柜台、绿化、家具、织物等）进行不规则的布置，以打破结构构件的规则布局，营造活泼氛围。

2. 重复性

重复性并不仅指建筑材料或装饰材料数目的增多，而且也指事物本身重复出现的次数。当事物的数目不多或出现的次数不多时，往往不会引起人们的注意，容易一晃而过，只有事物反复出现不规则的空间布局，才容易被人注意和引起好奇，常利用大量相同的构件（如柜台、货架、桌椅、照明灯具、地面铺地等）来加强吸引力。

3. 多样性

多样性是指形状或形体的多样性，另外也指处理方式的多种多样。加拿大多伦多伊顿购物中心的室内中庭的设计就很好地体现了多样性，透明的垂直升降梯和错位分布的多部自动扶梯统一布置在巨大的椭圆形玻璃天棚下，椭圆形回廊内分布着诸多立面各异的商店，加上多种形式色彩的灯光照明，构成了丰富多彩、多种多样的室内形象，充分调动了人们的好奇心，从而引起人们浓厚的观光兴趣。这些细部手法丰富和完善了室内形象，在考虑人们购物的同时，也考虑了人在其中的休息、交往。

4. 复杂性

运用事物的复杂性来增加人们的好奇心理是设计的一种常见手法。特别是进入后工业社会以后，人们对于千篇一律、缺少人情味的大量机器生产的产品日益感到厌倦和不满，希望设计师们能创造出变化多端、丰富多彩的空间来满足人们不断变化的需要。

5. 新奇性

新奇性是指新颖奇特、出人意料、与众不同、令人耳目一新。在室内设计中，为了达到新奇的效果，常常运用以下三种表现手法：

（1）室内环境的整个空间造型或空间效果与众不同；

（2）把一些日常事务的尺寸放大或缩小，使人觉得新鲜好奇；

（3）运用一些形状比较奇特新颖的雕塑、装饰品、图像和景物等来诱发人们的好奇心理。

除了以上所说的五个因素外，诸如光线、照明、镜面、特殊装饰材料甚至特有的声音和气味等，也常常被用来激发人们的好奇心理。

（六）空间形状给人的心理感受

室内空间的形状多种多样，其形状特征常会使活动于其中的人们产生不同的心理感受。不同的空间几何形状，通过视觉常常会给人们心理上带来不同的感受，设计时可以根据特定的要求加以选择运用。

三、环境心理学在室内设计中的运用

（一）室内环境设计应符合人们的行为模式和心理特征

不同类型的室内环境设计应该针对人们在该环境中的行为活动特点和心理需求进行合理的构思，以适合人的行为和心理需求。例如，现代大型商场的室内设计，考虑到顾客的消费行为已从单一的购物发展为购物—游览—休闲（包括饮食）—娱乐—信息（获得商品的新信息）—服务（问询、兑币、送货、邮寄……）等综合行为，人们在购物时要求尽可能接近商品，亲手挑选比较，因此自选及开架布局的商场应运而生，而且还结合了咖啡吧、快餐厅、游戏厅甚至电影院等各种各样的功能。

（二）环境认知模式和心理行为模式对组织室内空间的提示

人们依靠感觉器官从环境中接受初始刺激，再由大脑做出相应行为反应的判断，并对环境做出评价，因此可以说人们对环境的认知是由感觉器官和大脑一起完成的。对人们认知环境模式的了解，结合对前文所述心理行为模式种种表现的理解，能够使设计师在组织空间、确定其尺度范围和形状、选择其光照和色彩的时候，拥有比单纯地以使用功能、人体尺度等为起始的设计依据更为深刻的提示。

（三）室内环境设计应考虑使用者的个性与环境的相互关系

环境心理学既从总体上肯定了人们对外界环境的认知有相同或类似的反应，又十分重视作为环境使用者的人对环境设计提出的特殊要求，提倡充分理解使用者的行为、个性。一方面，在塑造具体环境时，应对此予以充分尊重；另一方面，也要注意环境对人的行为的引导及个性的影响，甚至一定程度意义上的制约，在设计中根据实际需要掌握合理的分寸。

第三节　建筑设备与室内设计

建筑设备指维持、维护建筑正常运作和使用所需要的各种设备，主要包括给水排水系统、暖通空调系统、电气系统等。

一、室内给水排水系统

给水是将给水管网或自备水源的水引入室内，经配水管送至生活、生产和消费用水设备，并满足水压、水质和水量的要求。排水是将建筑内部人们的生活用过的水和工业生产中用过的水收集起来排到室外。

（一）给水系统

输水管道不得腐蚀、生锈、漏水或是影响到水的品质，在输水过程中也不能发出噪声或降低压强。热水管长度应尽可能缩短以便降低能耗，如果过长则必须进行隔热处理。管道应尽可能集中安装，也就是说，厨房、浴室、盥洗室的位置应该平面相连或上下垂直。

塑料给水管道在室内明装敷设时易受碰撞而损坏，也易被人为割伤，因此提倡在室内暗装。给水管道因温度变化而引起的伸缩，必须予以补偿。金属管的线膨胀系数较小，在管道直线长度较小的情况下，因伸缩量较小而不被重视。而塑料管的线膨胀系数是金属管的 7 ~ 10 倍，因此必须予以重视。

给水管道不论管材是金属管还是塑料管，均不得直接埋设在建筑结构层内。如一定要埋设时，则必须在管外设置套管。直埋敷设的管道，除管内壁要求具有优良的防腐性能外，其外壁应具有抗水泥腐蚀的能力，以确保管道使用的耐久性。

（二）排水系统

在建筑物内宜把生活污水（大、小便污水）与生活废水（洗涤废水）分成两个排水系统，以防止串味。

由于生活污水特别是大便器排水是瞬时洪峰流态，在几秒内将 9L 冲洗水量形成 1.5 ~ 2.0L/S 的流量，所以容易在排水管道中造成较大的压力波动，并有可能在水封较为薄弱的环节造成破坏。污水处理系统依据重力原理，因此粪水管道必须粗一些，应绝对避免弯口角度过小，而且水平传输必须向下倾斜以防堵滞。入口垂直的管道要安装存水弯，以防止污水及臭气渗入屋内。相对来说，洗涤废水是连续流，排水平稳。在重新安装或增添一些固定设施或电器设备时，如洗涤槽、抽水马桶、洗衣机及洗碗机等，必须了解现有管道的走向、管道系统的功能等。

居住小区采用分流制排水系统，指生活排水系统与雨水排水系统分成两个排水系统。建筑物雨水管道是按当地暴雨强度公式和设计重现期设计，而生活污废水管道则按卫生设备的排水流量进行设计。若在建筑物内将雨水与生活废水或生活污水合流，将会影响生活排水系统的正常运行。

二、室内暖通空调系统

（一）暖通系统

1. 调风器

传递暖气炉散发的热气，能使房间的温度迅速升高，而且初装成本相对较低。经过净化和加湿处理的流动空气可以改善不通风的状况，调节空气湿度。调风器在不同的季节还可用来制冷，因此空气调节的成本进一步降低。调风器一般安装在天花板、墙壁或地面上，向室内散发热量并吸收房间的冷空气。调风器的安装位置可能会影响家具的布局和整面窗墙的处理。

老式壁炉在室内供暖中是效率最低的，90% 的热量会从烟囱流失。在壁炉内安置烧柴（或烧炭）炉是有效提高效率的选择。壁炉附近必须使用耐火材料，因为壁炉四周的温度通常会非常高。

壁炉及烧柴炉可装配导热管或输气管道，使热空气形成自然对流。

2. 护壁板散热器

护壁板散热器促使热水、蒸汽或电阻圈产生的热量进行循环，通过自然导热以及辐射提供相对均匀的温度。护壁板散热器通常安装在窗户下面，通常在老式建筑中可以见到，具有隐蔽、散热的功能。

3. 辐射板

辐射板是通过在暖气炉中加热的热水或蒸气，或将电能转化成热能的电线，形成大面积的受热表层，通常安装在天花板上，但有时也安装在地板或墙壁上。这些辐射板能保持居室所需的舒适均匀的温暖，也不会有外露的设备破坏居室设计，但气温上升的过程比较缓慢，若被地毯或其他覆盖物、家具阻隔，阻碍了热能抵达人体，人就会感觉寒冷。辐射板的价格较昂贵，运行成本也很高，而且不具备空气流通、冷却、净化和加湿的功能。

除了温度的调节以外，舒适的室内环境还应保持空气的流通、新鲜和洁净。良好的通风装置可以从房间排出不新鲜的热风，带入新鲜的空气，使气流平缓柔和。主要的通风装置包括可以打开的门窗、通风孔、排气扇、有鼓风机的暖气炉、空气调节装置和风扇等。通常新鲜空气由门窗流入居室，但通风孔更为有效。通风孔在大小、形状及位置上都比门窗更富于变化，私密性更好。卧室可以借助较高的窗户或两壁上的通风孔接受新鲜的空气。厨房、浴室需要最佳的通风条件，必须有排气扇辅助通风。起居室和餐厅通常是连在一起形成的较大的空间，容易有较好的空气流通。

（二）空调系统

空调是一种给房间（或封闭空间、区域）提供处理空气的机组。它的功能是对该房间（或封闭空间、区域）内空气的温度、湿度、洁净度和空气流速等参数进行调节，以满足人体舒适的要求。

1. 降温

在空调器设计与制造中，一般允许将温度控制在 16℃ ~ 32℃之间。一方面，若温度设定过低时，会增加不必要的电力消耗；另一方面，若造成室内外温差偏大时，人们进出房间不能很快适应温度变化，就容易感冒。

2. 除湿

空调器在制冷过程中伴有除湿作用。人们感觉舒适的环境的相对湿度应在 40% ~ 60%，当相对湿度过大，如在 90% 以上，即使温度在舒适范围内，人的感觉仍然不佳。

3. 升温

热泵型与电热型空调器都有升温功能。升温能力随室外环境温度下降逐步变小，若温度在 -5℃时，几乎不能满足供热要求。

4. 净化空气

空气中含一定量的有害气体，如二氧化硫等，以及各种汗臭、体臭和浴厕臭等臭气。空调净化空气的方法有换新风、光触媒吸附（收）、增加空气负离子浓度等。

（1）换新风。利用风机系统将室内潮湿空气排往室外，使室内形成一定程度负压，新鲜空气从四周门缝、窗缝进入室内，提高室内空气质量。

（2）光触媒吸附（收）。在光的照射下可以再生，将吸附（收）的氨气、尼古丁、醋酸、硫化氢等有害物质释放掉，可反复使用。

（3）增加空气负离子浓度。空气中带电微粒浓度大小，可以改善人体的舒适感。空调上安装负离子发生器可增加空气负离子度，使环境更加舒适。

三、室内电器系统

大多数住宅一般都为每户单相电源进线。随着社会的发展和生活水平的提高，高级住宅的冬季采暖与夏季降温已不完全是采用以往的分体式空调来完成，而是由家庭小型中央空调系统来完成。家庭小型中央空调系统一般由风机盘管和空调主机组成，风机盘管依然为220V电源，空调主机则为380V电源。此时，住宅电源应采用三相电源进线，出线回路也设一路三相断路器作空调主机电源。

一般方式是出线回路按照明、普通插座、空调插座、厨房插座、电热水器插座等回路设计。另一种方式是除了厨房和电热水器插座回路外，其余插座完全可以按房间分片区设置回路，且线路敷设方便，交叉少。

室内设计师要根据空间确定的用途、家具和各种设备的安排，把开关和插座安装在方便恰当的位置。每个房间都应安装足量的插座，在起居室、餐厅和卧室，其密度可能更高一些。在厨房，工作台上方和冰箱位置应安装一个接线盒。浴室要在浴缸上方或斜上方安装一个接地的插座。插座不应置于大面墙壁的中间，因为这里可能要安放大件家具，如床、沙发、书橱等。大部分的线路要求均有相关建筑法规的规定。

门厅和楼道都应该安装开关，具有多个通道的房间可安装双联或者多联开关，以便在进出时控制，无须摸索。每个房间内至少有一盏灯的开关应安装在靠门锁一侧，而不应安装在门后。

电话、内线、传真、电脑和各种其他设备共同构成了安装在住宅内的通信设施。这些设备的运行也依托于室内电气系统的完善。通信设备的安装工作应提前计划好，如有可能，线路系统应在建筑过程中由专业人员完成。

第四节　室内装修施工与室内设计

室内装修施工是有计划、有目标地达到某种特定效果的工艺过程，其主要任务是完成室内设计图纸中的各项内容，实现设计师在图纸上反映出来的意图。因此，对于学习室内设计的专业人员而言，除了掌握室内设计的专业知识外，还应该了解室内装修施工的特点，以确保所设计的内容最后能获得理想的效果。

一、室内装修施工的特点

从某种意义上说，室内装修施工的过程是一个再创作的过程，是一个施工与设计互动的过程，这是室内装修施工的重要特点。对于室内设计人员来说，应该注意以下两点：

（1）设计人员应对室内装修的工艺、构造及实际可选用的材料有充分的了解，只有这样才能创作出优秀的作品。在一些重大工程中，为了检验设计的效果和确保施工质量，往往采用试做样板间或标准间的方法。通过做实物样板间，可以检验设计的效果，发现设计中的问题，进而对原设计进行补充、修改和完善，也可以根据材料、工具等具体情况，通过试做来确定各部位的节点大样和具体构造，为大面积施工提供指导和标准。这种设计与施工的互动是室内装修工程的一大特点。

与传统的装修工艺相比，当代室内装修工艺的机械化、装配化程度大大提高。这是因为目前大量使用成品或半成品的装饰材料，导致施工中使用装配或半装配式的安装施工方法。同时，由于各种电动或气动装饰机具的普遍使用，导致机械化程度增高。伴随着机械化程度和装配化程度的提高，又使装修施工中的作业工作量逐年增高。这些特点使立体交叉施工和逐层施工、逐层交付使用等成为可能，因此对于设计师而言，有必要了解这种发展趋势，以便在设计中采用正确的构造与施工工艺。

（2）室内设计师应该充分注意与施工人员的沟通和配合。事实上，每一个成功的室内设计作品，不仅显示了设计师的才华，同时也凝聚了室内装修施工人员的智慧和劳动。离开了施工人员的积极参与，就难以产生优秀的室内设计作品。例如，室内设计中的大理石墙面，图纸上常常标注得比较简单，但是天然大理石板材往往具有无规律的自然纹理和有差异的色彩，如何处理好这个问题将直接影响到装修效果。因此，必须根据进场的板材情况，对大理石墙面进行细化处理。这种细化处理不可能事先做好，需要依靠现场施工人员的智慧和经验，在经过仔细的拼板、选板后，才能使镶贴完毕的大理石墙面的色彩和纹理获得自然、和谐的效果，使之充分表现大理石的装饰特征；反之，则会杂乱无章，毫无效果可言。当然，对于施工人员而言，他们也应对室内设计的一般知识有所了解，并对设计中所要求的材料的性质、来源、施工配方、施工方法等有清楚的认识。只有这样，才有可能使设计师的意图得到完善的反映。室内装修施工的过程是对设计质量的检验、完善的过程，它的每一步进程都检验着设计的合理性，因此室内装修施工人员不应简单地满足于照图施工，遇到问题时应该及时与设计人员联系，以期取得理想的效果。

二、室内装修施工的过程

室内装修工程施工是一个复杂的系统工程，为了保证工程质量，室内装修工程有严格的施工顺序。室内装修工程的一般施工顺序是：先里后外（如先基层处理，后做装饰构造，最后饰面）、先上后下（如先做顶部，再做墙面，最后装修地面）。从工种安排而言，先由瓦工对基层进行处理，清理顶、墙、地面，达到施工技术要求，同时进行电、水线路改造。基层处理达标后，木工进行吊顶作业。吊顶构造完工后，先不做饰面处理，而开始进行细木工作业，如制作木制暖气罩、门窗框套、木护墙等。当细木工装饰构造完成，并已涂刷一遍面漆进行保护后，才进行墙、顶饰面的装修（如墙面、顶面涂刷、裱糊等）。

在墙面装饰时，应预留空调等电器安装孔洞及线路。地面装修应在墙面施工完成后进行，如铺装地板、石材、地砖等，并安装踢脚板，铺装后应进行地面装修的养护。地面经养护期后，才开始进行细木工装饰的油漆饰面作业，饰面工程结束后，还要进一步安装、放置配套电器、设施、家具等，这时装修工程才算最后结束。

（一）前期设计

在前期设计中，必须要做一件事，那就是对空间进行一次详细的测量，测量的内容主要包括以下两个方面：

（1）明确装修过程涉及的面积，特别是贴砖面积、墙面漆面积、壁纸面积、地板面积；

（2）明确主要墙面尺寸，特别是以后需要设计摆放家具的墙面尺寸。

（二）主体拆改

进入施工阶段，主体拆改是最先做的一个项目，主要包括拆墙、砌墙、铲墙皮、拆暖气、换塑钢窗等。

（三）水电路改造

水电路改造之前，主体结构拆改应该基本完成了。就开发商预留的上水口、油烟机插座的位置提出一些相关建议，主要包括以下三个方面：

（1）油烟机插座的位置是否影响以后油烟机的安装；

（2）水表的位置是否合适；

（3）上水口的位置是否便于以后安装水槽。

水路改造完成之后，最好紧接着做卫生间的防水。厨房一般不需要做防水。

（四）木工、瓦工、油工

木工、瓦工、油工是施工环节的“三兄弟”，基本出场顺序是：木工—瓦工—油工。

其实，如包立管、做装饰吊顶、贴石膏线类的木工活，从某种意义上说，也可以作为主体拆改的一个细环节考虑，本身和水电路改造并不冲突，有时候还需要一些配合。

（五）贴砖

（1）过门石、大理石窗台的安装。过门石的安装可以和铺地砖一起完成，也可以在铺地砖之后；大理石窗台的安装一般在窗套做好之后。

（2）地漏的安装。地漏是家装五金件中第一个出场的，因为它要和地砖共同配合安装。

注意：在厨房墙地砖贴完并安装完油烟机之后，就可以进行橱柜测量。

（六）刷墙面漆

刷墙面漆环节主要完成墙面基层处理、刷面漆、给家具上漆等工作。

（七）厨卫吊顶

厨卫吊顶作为安装环节的第一步。在厨卫吊顶的同时，最好把厨卫吸顶灯、排风扇（浴霸）同时装好，或者留出线头和开孔。

（八）橱柜安装、木门安装

吊顶结束后，可以给橱柜上门安装了。装门的同时要安装合页、门锁、地吸。

（九）地板安装

地板安装之前，最好让厂家上门勘测一下地面是否需要找平或局部找平；铺装地板的地面要清扫干净，要保证地面的干燥。

（十）铺贴壁纸

铺贴壁纸的当天，地板应该做保护。

（十一）散热器安装

木门—地板—壁纸—散热器，这是一个被普遍认可的正确安装顺序，先装木门是为了保证地板的踢脚线能和木门的门套紧密接合；再装壁纸主要是因为地板的安装比较脏，粉尘多，对壁纸污染严重；最后装散热器是因为只有墙面壁纸铺好才能安装散热器。

（十二）开关插座安装、灯具安装、五金洁具安装

安装之前应该对开关插座数量、位置等问题有一个详细的了解或者记录。

（十三）保洁

保洁之前，不要装窗帘，不要有家具以及不必需的家电，要尽量保持更

多的“平面”，以便保洁能够彻底地清扫。

（十四）家具

关于家具的购买时间最早在水电路改造完成之后，这样我们心里才能对选择家具的基本尺寸范围大致有数。

（十五）家居配饰

家居配饰是家装的最后一步，而且已经由装修转为装饰了。家居配饰可以考虑买一些绿色植物、挂墙画、摆设工艺品等。

对于室内装修的这些施工顺序，室内设计时应该予以充分考虑，尽量做到施工与设计的完美结合，确保取得最佳的设计效果。

第三章　室内环境艺术设计基础

室内环境设计不是一件一蹴而就的事情，往往需要经历长时间的构思、出图、修改、施工、后期等一系列的步骤，其间任何一个环节处理得不好都难以称得上是一个好的设计。

室内环境设计要想做好，不仅需要设计者具备一定的专业素质，还需要其有艺术创意。

第一节　室内设计中的美学特征

室内环境设计是一门综合的设计学科，它涉及的学科范围极广，与建筑学、人体工程学、环境心理学、设计美学、史学、民俗学等学科关系极为密切，尤其与建筑学更是密不可分，从某种意义上说，建筑是整个室内环境设计的承载体，室内空间环境设计活动的发生都离不开建筑物。室内环境设计是在建筑设计完成原形空间的基础上进行的设计再创造。其目的是把这种原形内部空间，通过功能性与审美需求的设计创造，以获得更高质量的人性化空间。

一、室内环境设计的基本定义

所谓室内设计，是指将人们的环境意识与审美意识相互结合，从建筑内部把握空间的一项活动。具体地说，就是指根据室内的使用性质和所处环境，运用物质材料、工艺技术及艺术手段，创造出功能合理、舒适美观，符合人的生理、心理需求的内部空间；赋予使用者愉悦的，便于生活、工作、学习的，理想的居住与工作环境。从广义上说，室内设计便是改善人类生存环境的创造性活动。

室内装潢、室内装修、室内装饰、室内设计，通常是让人们互为混淆的几个概念，但实际上它们的含义是有区别的。

室内装潢侧重外表，是从视觉效果的角度来研究问题，如室内地面、墙面、顶棚等各界面的色彩处理，装饰材料的选用、配置效果等。室内装修着重于工程技术、施工工艺和构造做法等方面的研究。室内装饰则注重对室内家具、配饰、绿化等元素的搭配与选择。室内设计则是综合的室内环境设计，它既包括工程技术方面，即声、光、热等物理环境的问题，也包括视觉方面的设计，还包括氛围、意境等心理环境和个性特色等文化环境方面的营造，同时也包括对室内空间的再次改造利用和合理布局等，以满足不同群体对使用用途和个性审美与使用习惯的特殊要求。室内设计将实用性、功能性、审美性与符合人们内心情感的特征等有机结合起来，强调艺术设计的语言和艺术风格的体现，从心理、生理角度同时激发人们对美的感受、对自然的关爱与对生活质量的追求，使人在精神享受、心境舒畅中得到健康的心理平衡，这正是室内设计的价值和目的所在。

二、室内环境设计是文化艺术与科学技术的统一体

室内环境艺术设计从设计构思、结构工艺、构造材料到设备设施，都是与时代的社会物质生产水平、社会文化和精神生活状况相联系的，就艺术设计风格来说，室内环境艺术设计也与当时的哲学思想、美学观点、经济发展等直接相关。从微观的、个别的作品来看，设计水平的高低、施工工艺的优劣不仅与设计师的专业素质和文化修养等有关系，而且与具体的施工技术、管理、材料质量和设施配置等情况，以及各个方面（包括业主、建设者、决策者等）的协调关系密切相关。一个人的一生绝大部分生活在室内空间中，在这个与人朝夕相处的环境中，人的生理和心理都会通过室内环境的各种界面设计、空间规划、色彩设计、光影设计、装饰材料运用、家具陈设设计等具体的设计内容来获得审美与实用的满足。在整个室内环境的设计活动中，一步都离不开科学技术的支持，如光的照度舒适与否、材质的环保性能和指数、人体工学的科学测算数据等，一套优秀的设计方案最终是靠各种科学的施工程序展示出来的，所以室内环境设计不是纯欣赏的艺术，是服务于人类的实用设计艺术，是文化艺术与科学技术的统一体。

三、室内环境设计是理性的创造和设计审美的表现

室内环境设计是理性的创造和装饰审美设计的表现过程。室内环境设计是设计过程严谨、设计程序科学、设计内容涵盖面较大的一项设计活动。在设计的过程中，设计师不能只根据自己的审美情结和艺术形式与风格的喜好来设计创作，要冷静理性地根据特定室内环境和不同的功能要求进行科学的设计定位，时刻站在空间环境使用者的角度来把握设计的内容与审美形式。

室内环境设计方案的形成是将所有设计的内、外因素经过设计师的理性分析与整合，然后再通过人性化的设计理念、装饰形式语言的提炼、装饰材料的选择，把很多程式化的空间设计形态和观念根据建筑室内空间具体的功能要求进行调整、裁剪、重组，然后形成一套完整的、功能与形式相统一的设计方案，最终通过施工完成室内环境完美的表现景象。

室内环境设计的发展也是审美历程的发展，从一开始的以满足居住为主要功能的内部环境设计发展到今天人们要求设计一个对人的生理和心理都能带来审美愉悦的室内空间环境，其中的审美主体和客体发生的变化，正体现着社会的不断进步和人们对设计人性化的需求。所以，新世纪的室内环境设计要求设计师把握住功能与审美这两大主题。

室内环境设计中最重要的设计概念是要把握住设计方案的实用功能要求，形式追随功能永远是设计的基本原则，但是随着人们生活质量的提高，在当今社会生活中不同空间的人们对室内空间环境的各个方面，如空间的划分、色彩的运用、材质的环保与生态、灯光的舒适等都提到审美的高度来要求设计师给使用空间的人们带来生理和心理的审美愉悦。所以，现代室内环境设计不只是给人们设计一个居住和消费的机器空间，更重要的是设计一个实用与审美高度统一的室内空间，环境艺术设计师应该是建筑空间创造美感的使者，这一点正是室内设计区别于其他设计专业的美学特点。

四、室内环境设计的中心原则是“以人为本”

室内设计师应树立以“人”为中心的设计原则，要充分满足室内环境的使用者（审美主体）的审美要求。研究审美主体的意志、性格、趣味、审美心理等因素，应是室内环境设计的中心原则，也是室内环境设计的基本美学特征之一。

室内环境设计的目的是创造高品质的生活与工作空间、高品位的精神空间和高效能的功能空间。作为空间的使用者——人，便显得尤为重要，人的活动决定了空间的使用功能，空间的品质体现了人的需求和层次。

“以人为本”实际上就是提倡人性化的设计，因为现代社会每天都会出现新的知识、新的材料、新的施工工艺，设计的用户也会不断有新的要求，人类的精神关怀和审美要求也在不断地细腻化，所以人性化设计应该落实在具体的细节设计上，而不应该只停留在口号上。比如，室内空间环境使用的舒适程度、人体工程的把握、空间布局及材料的运用，包括色彩、光线等安排，都应按人的生理和心理要求来考虑。不同的空间也应根据不同的使用功能来设计，不能只看重形式是否美观，更重要的是要满足人的使用功能。

第二节　室内设计形式美原理

在现实生活中，人们的审美观念由于文化素质、思想风俗、生活理想、经济地位、价值观念等不同而存在着很大的差异。一般从形式上来评价某一事物的视觉形象时，在大多数人中间存在着一种基本相同的共识，这种共识就是从人们长期生产、生活实践中积累的，它的依据就是客观存在的美的形式法则，我们称之为形式美法则。室内环境设计中形式美法则的运用多种多样，它是人类从社会实践中总结出来的规律，是审美的积淀，反映着人类对事物的认识和情感理想。

一、“对比与统一”的控制律

目前，在室内环境设计领域中，设计师常常感到困惑，就是当众多的设计元素和形式美法则摆在面前时，如何适度地运用各种法则来构成设计的整体美是一个重要的问题。万事皆有“度”，实现“整体美”关键在于掌握“变化与统一”的“控制律”，即“大统一、小变化”的设计原理。

变化与统一是对立统一规律在艺术设计中的应用，是整个艺术门类创作的指导性原则。室内设计中，在运用各种设计形态语言进行设计时，到底变化元素的成分占得多，还是统一的元素成分占得多，两者的比例达到何种控制比率，才能达到室内空间的和谐美观，才能达到审美适度与恰到好处？这是室内环境设计要掌握的设计美学原理的核心问题。

二、室内环境设计的形式美表现

形式有两种属性：一种是事物的内在内容，一种是事物的外显方式。室内环境设计中所运用的形式美法则就属于第二种属性的体现。

（一）适度美

室内设计中，适度美有两个中心点：一是以审美主体的生理适度美感为研究中心，另一个是以审美主体的心理适度美感为研究中心。从人的生理方面来看，人类从远古时代缓慢地发展到文明时代，经验的积累使人们逐渐认识到人的直接需要便是度量的依据。室内环境中只有人的需要和具体活动范围及其方式得到满足，设计才有真正的意义。正因如此，才出现了“人体工程学”，该学科经过测量确定人与物体空间适度的科学数据法则，来实现审美主体的生理适度美感。从人的心理方面来看，室内环境设计主要研究心理感受对美的适度体验。比如，室内天棚设计的天窗开设，让阳光从天窗中照射进来，使跨度很深的建筑透过小的空间得到自然阳光的沐浴，使人们在心理上不仅不会感到自己被限制在封闭的空间里，其潜在的心理反应让人感到房间与室外的大自然同呼吸，于心理上有了默契。这种微妙的心理感受，正是设计师要格外认真研究的适度美感问题。适度美在室内环境设计形式美法则的运用中居核心地位。

（二）均衡美

室内设计运用均衡形式表现在四个方面：形、色、力、量。设计师在室内设计中对均衡形式的不同层次的整合性挖掘是创造均衡美感的关键。

形的均衡反映在设计各元素构件的外观形态的对比处理上，如室内空间中家具陈设异形同量的均衡设计。色彩的均衡重点还表现在色彩设置的量感上，如室内环境色调大面积采用浅灰色，而在局部陈设上选用纯度较高的色彩，即达到了视觉和心理上的均衡。力的均衡反映在室内装饰形式的重力性均衡上，如室内主体视感形象，其主倾向为竖向序列，一小部分倾向横向序列，那么整个视感形象立刻会让人感受到重力性均衡。量的均衡重点表现在视觉面积的大与小上，如内墙可看作面形，上面点缀一幅装饰小品可看作点形，这个点形在面形的衬托下成为审美者的视点，如果在同一内墙上再点缀上另外一个点形装饰物，这时两个点形由于人的视线不同会出现相互牵拉的视觉感受，暗示出一条神秘的隐线。这条隐线便是产生均衡美感的视觉元素。所以，设计师在室内环境设计中对均衡形式美的研究，将会使设计语言在室内各个界面组合表现中呈现动态的设计审美效应。

（三）节奏与韵律美

室内设计中的节奏与韵律美是指美感体验中生理与心理的高级需求。节奏就是有规律地重复，节奏的基础就是有规则地排列，室内设计中的各种形态元素，如门窗、楼梯、灯饰、柱体、天棚的图案分割等有规律地排列，即产生节奏美感。韵律的基础是节奏，是节奏形式的升华，是情调在节奏中的运用。韵侧重于变化，律侧重于统一，无变化不得其韵，无统一不得其律。节奏美通过室内设计语言形态的点、线、面的有规律的重复变化，在形的渐变、构图的意匠序列，色彩的由暖至冷、由明至暗、由纯至灰及不同材质肌理的层次对比等方面具体体现出来。这种体现直接反馈到审美主体的心理和视觉感受中。如果说节奏是单纯的、富于理性的话，那么韵律则是丰富的、充满感情色彩的。

（四）室内设计中的交叉美

1. 重复与渐变

重复，即以不分主次关系的相同形象、颜色、位置距离做反复并置排列，称为二方连续式。以一种形象做左右或上下反复并置，称为四方连续式。重复并置的特点有单纯、连续、平和、清晰、无限之感。但有时因为过分的统一，也会产生枯燥乏味的感觉。在室内环境设计中，用重复的形式可使陈设品均等放置，如家具的陈设，可把不同样式的家具做连续重复放置，使人们的视点集中在所放置的家具上。渐变，含有渐层变化的阶梯状特点，或渐次递增，或逐次减少，如在室内橱窗设计中，可对物品采用某种渐变的陈设形式。

2. 对称与均衡

对称，即在画面中心画一条直线，以这条直线为轴线，使其上下或左右对称，称为对称或均齐。对称具有一定的规律性，是统一的、正面的、偶数的和对生的。对称的形态在视觉上有整齐、自然、安定、均匀、协调、典雅庄重、完美的朴素美感，符合人们的视觉习惯。在空间环境设计中运用对称法，则要避免由于过分的绝对对称而产生单调、呆板的感觉。有时候，在整体对称的格局中加入少量不对称的因素，能够避免单调和呆板，增加构图版面的生动性和美感。

均衡，又称为非对称式平衡，即在无形轴的左右或上下，其各方的形象不是完全相同，但从两者形体的质与量等来看确有雷同的感觉。均衡富有变化，具有一种活泼感，是侧面的、奇数的、互生的和不规则的。在美学中，均衡是根据形象的大小、轻重、色彩及其他视觉要素的分布作用与视觉判断的平衡，主要是指空间构图中各要素之间的相对平衡关系。在空间环境设计中的均衡是指整个空间的构成效果，它和空间中物体设置的大小、形状、质地、色彩有关系；空间各种物体的重感是由其大小、形状、色彩、质地所决定的。大小相同的两个物体，深色的物体比浅色的物体感觉上要重一些，表面粗糙的物体比表面光滑的物体显得重一些。

第三节 室内设计的表达特征

室内环境设计是人为环境设计的一个主要部分，是指建筑内部空间的理性创造方法，是一种以科学为构造基础，以艺术为形式表现，为塑造一个精神与物质并重的室内生活环境而进行的理性创造活动。

一、目的性和功用性表达

室内环境设计的首要问题是正确地表达其空间的设计目的和其功用性。接手一个室内设计项目，首先要充分地了解该项目室内空间环境所承载的功用目的，如家居空间是家人用来生活团聚的，商场的室内空间是满足不同阶层人们消费购物的，酒店是满足用餐、住宿的，写字楼是提供办公工作环境的等，这些室内环境都有明确的功用目的和使用要求，设计师只有在设计方案开始创意构思时做好充分的调查研究，进行设计概念的宏观定位，才能为下一步的设计深化打下坚实的基础。

室内环境设计的目的是使建筑内部空间的功能和目的性得以合理体现和

利用，要满足人们对环境的使用要求，既包括基本的需求，从物质层面符合功能要求的需求，又包括对室内环境更高的审美要求，即从精神层面对心理要求、情感要求、个性要求的满足。为人们提供安全、舒适、美观的工作与生活环境是室内环境设计目的性和功用性的具体表达要求。一个设计方案的形成过程，也是设计师挖掘和表达室内特殊功能目的的心路历程。

二、室内环境设计语言的表达

设计师只有通过设计语言的熟练表达，才能具体体现出设计的创意与构思。设计语言的具体内容就是利用各种点、线、面设计元素，通过形式美法则的具体运用，将造型、材质、色彩、光影、陈设、家具等表达在各个室内空间的虚实界面中。

设计语言的表达就是在室内环境设计中把功能形式、结构形式和美学形式从大脑中的意念变为集成体的设计符号，通过一系列意象关联的多义而高度清晰的抽象或具象符号，在设计图上完整地表达出来。

一个设计师除了能够在室内空间的各个界面中熟练自如地打散与组合各种设计语言元素，来表现出自己的美妙构思外，重要的是要在艺术设计素养上多下功夫，在各种艺术设计门类中汲取营养。艺术形式语言是相通的。室内环境设计语言表达得越精练到位，室内空间环境的设计美感就越被审美者所感知。

三、技术性表达

室内环境设计总是根植于特定的社会环境，体现着特定的社会经济文化状况。科学的发展在影响了人们的价值观和审美观的同时，也为室内环境设计的技术革新提供了重要的保障。室内环境设计总是要以新材料、新施工工艺、新结构构成创造高品质物理环境的设施与设备，创造出满足人们生理和物质要求的高品质生活环境，以适应人们新的价值观与审美观。

我国科技的迅速发展使室内环境设计的创作处于前所未有的新局面，新技术极大地丰富了室内环境设计的表现力和感染力，创造出了各种新的设计与施工的表达形式，尤其是新型建筑装饰材料和室内结构建造技术以及国外室内智能设计的新发明，都丰富了室内环境设计的形式与内容的表现力。所以，作为环境艺术设计专业的学生应该以空前的热情，学习和掌握建筑室内设计的新技术、新方法、新工艺，并在设计方案中做出充分表达。

四、室内环境设计的人性化表达

人性化设计体现在以人的尺度为设计依据，协调人与室内的关系，彻底改变从前“人适应环境”的状况，使室内设计充分满足人们对室内环境实用、经济、舒适、美观的需求。

人性化的设计很多是体现在设计细节上的，室内空间使用的舒适程度、尺度的把握、空间布局及材料的运用，包括色彩、光线等安排都应按人的生理和心理来考虑。不同的空间也应根据不同的使用功能来设计。现在有些设计师不管商业空间还是家庭住宅空间都注重的是设计样式，看重形式是否美观，却忽略了人性的需求这一本质问题，没有真正区分什么是设计，什么是艺术，设计并不是艺术。实用、经济、美观是设计的三要素，它更重要的是满足人的使用功能，因此设计师要牢牢树立以“人”为中心的设计理念。这个“人”字，不仅是设计师自己理念上审美情结的表现与宣泄，更重要的是指满足室内环境的使用者的审美要求。可见，认真研究室内空间使用者的意志、性格、趣味、审美心理等因素，这一点应该规范和约束着室内设计创造的构思与完成。另外，设计师之所以表达不出人性化的设计，还与平时的实践有很大关系，如果没有亲身体会过卡拉 OK，就不会知道这个空间需要些什么东西，这些东西怎么放，放在哪儿对人更合适等。如果没有这些体会，就只有把别人做完的式样搬过来用，哪里还谈得上设计人性化的关怀与表达呢？

第四节　室内设计中的审美特质

当代室内设计美学最显著的特征之一就是审美思维的变化，它在现代哲学与科学思想的双重影响和推动下发生了历史性的变革，因而完全摆脱了总体性的、线型的和理性的思维惯性，迈向了一种更富有当代性的新思维之路。美学理论为当代室内设计提供了指导性的作用。

室内设计是建筑设计的继续和深化，是完善空间、传播文化、创造美的艺术，是运用现代工艺、技术将美学理念、文化内涵和功能因素融入人性化室内空间环境的艺术。完美的室内设计产生于高度的现代文明，成功的室内设计同时创造着先进的文化。作为美学分支的艺术与技术美学是指导室内设计的重要学科之一，是研究设计领域审美问题的一门新兴学科。

就本质而言，室内设计是将多种视觉的物质元素组合构成具有三维空间形态特征的造物活动，属造型艺术的范畴。然而，与其他纯粹欣赏艺术形式不同的是，室内设计同时具有实用的动能属性。从形态学的角度看，室内设计中的美学要素及内容任务主要分为以下几个方面。

一、空间要素

空间合理化并给人们以美的感受是设计的基本任务，因此设计者不能拘泥于过去形成的空间形象，要勇于探索发现时代技术与审美特点赋予空间的新形象。

二、美学色彩要求

室内色彩除对视觉环境产生影响外，还直接影响人们的情绪、心理。科学地运用色彩有利于工作，有助于健康，应做到色彩处理得当，既能符合功能要求，又能取得美的效果。室内色彩设计除了必须遵守一般的色彩规律外，还应随着时代审美观的变化而有所不同。

三、美学装饰要素

室内整体空间中的柱子等建筑构件以及墙、顶等各界面，对其符合功能需要的装饰，是构成完美的室内环境不可或缺的重要组成部分。充分利用不同装饰材料的质地和丰富多变的装饰形式，可以获得千变万化和不同风格的室内艺术审美效果，同时亦能体现不同地域的历史文化特征。

在所有的与视觉有关的艺术设计中，形态学提供了基本的部件构成形式和把它们组合在一起的准则，当然其中也包括设计中依附于形式的各美学要素的组合法则。不仅如此，形态学理论还被应用在甄别艺术设计风格流派及研究艺术设计的特征等方面。具体到室内设计操作过程中，首先需要考虑的就是如何把设计的个性从那种“压迫性的总体性”中解救出来，如何充分发展差异性和异质性。其实，这种把大叙述和小叙述对立起来，把总体性和差异性对立起来，就是室内设计中的对立元素。

第五节　室内设计中的功能性美学分析

功能性是设计之美的基础，功能本身就可以成为美，具有良好功能的产品在使用时其本身就能带给使用者美的感受。功能美是在满足功能的基础上，体现一些审美因素的作用，而随着人们对室内设计审美的逐步提高，在设计时也需要将功能性与审美性进行结合，达到实用性和艺术性的统一。

功能美是设计中最本质的审美要素，是技术产品的内在美，没有功能性，设计之美就失去了存在的基础。功能美主要体现在它能满足人们日常生活中衣、食、住、行的功能需要，在此基础上引发人们复杂的审美感受，在满足人们物质生活的基础上充实人们的精神生活。目前城市化的进程越来越快，人们对房子的不断需求导致房地产行业快速发展，房价也在不断抬升，大部分人群在选择住房面积的时候不得不考虑小户型，很多人就要求在住房面积受限的同时，还要有高质量的生活环境及居住环境，这就使功能美在室内设计中的运用也越来越突出，室内空间布局及室内设施设计除了能保证满足功能性需求之外，还要充分考虑到人们的审美需求。

一、功能美的内涵

设计中的功能美是展示物质生产领域中美与善的关系，产品的审美创造总是在一定功能性的基础上进行的，从而体现产品的功能性和审美性。20 世纪初期，现代设计对“形式追随功能”的倡导也反映出设计领域对功能美的追求。功能美是通过物的组合秩序，体现出合规律性与合目的性相统一的美，给人一种特有的场所感和对人类时空的独特记忆，使人在接触和使用时不会产生陌生感及恐惧心理。室内设计的功能美正是通过人与物的体验感来强化空间的场所精神和氛围，通过对空间合理规划，利用不同形式结构的组合，达到生活环境与人的生理、心理及社会的协调，成为人们审美心理的体现及生活方式的表现，为人们创造更加健康的生活方式。功能美作为设计的审美要素之一，其最显现的特征围绕三个方面展开：第一，功能美在于满足使用者的目的性原则；第二，功能美以设计作品为载体，传达着主体见之于客体的审美感应；第三，功能美在于设计者将意图巧妙地安排在作品中，引导用户进行审美体验。也就是说，一个功能合理、舒适的空间必定是功能性和审美性的完美结合，通过二者的有机统一，创造出更加理想的居住、生活环境，以激发人们对生活的热爱。室内设计作为人们生活环境的重要组成部分，空间的功能美是将其内在的功能性需求和外在的形式美结合，满足人们对空间基本功能的需求，在使用功能的同时拥有美的感受，给人们带来更多的愉悦感，减轻人们的生活负担，提高其生活质量。

二、功能美在室内设计中的体现

设计的目的是为人服务，室内设计则是依据不同建筑的使用功能，通过运用科学合理的技术手段和美学原理，将不同地域文化、生活方式、生活习惯等反映到设计中，为人们创造功能合理、环境优美的生活和工作环境。设计者始终需要将人们对室内环境的使用需求放在第一位，而这种需求就包括人们的物质需求和精神需求。因此室内设计也从单纯的功能性演变为功能性与审美性相均衡，证明了空间的审美价值与使用价值占有同等重要的地位。可以说，在室内设计中，功能是决定性因素，室内设计中的功能美也必须依靠特定的环境才能形成，它不仅影响着个体环境的美，还关系着空间整体的美。室内设计中的功能美主要体现在以下两个方面。

（一）从空间上谈功能美在室内设计中的体现

首先，功能是空间设计的基础，是室内设计最基本的设计要素。一个空间必然要有一定的功能性，如在居室空间设计中，必须考虑到客厅、餐厅、卧室、书房、厨房、卫生间等不同功能空间，用来满足使用者的不同功能需求。其次，空间的设计总是与一定的美学原理相适应。例如在家居空间中，可以分为不同的空间类型，同一个空间又可以是多种空间类型的组合，如客厅可以看作交流空间、礼仪空间和聚散空间。从交流空间来说，客厅要满足一定的人体工程学要求，具有相应的空间尺度和造型，而这些空间尺度及造型要适当考虑形式美法则的运用，避免形式单一、造型平淡；作为礼仪空间，这些家具和陈设就要具有一定的装饰性，能够让客人在客厅感受到与主人文化品位相等的待客氛围；作为聚散空间，要满足人们在这个区域的聚散功能，设有通往其他区域的通道及门。无论是哪种功能，均要围绕客厅作为功能中心进行设计，其空间形式和空间组合都要为功能进行服务，在家具造型、材料选择、色彩搭配、灯光配置上要考虑人们对美的需求，营造出与客厅相符的氛围，实现功能与审美的结合。

（二）从造型上谈功能美对室内设计的影响

在设计美学的特征中，造型美主要体现在物品的外在方面，在室内设计中的形式、材料、技术、风格等方面均有体现。首先在形式方面，合理的功能布置即美的形式，这意味着在注重空间功能和造型的同时可适当体现出形式美。其次在材料方面，材料对设计者而言，既是一种限制，也是一种启发。限制是因为没有一种材料可以随心所欲地被设计者设计成想要的外形，启发则是指在设计师充分了解材料特性的前提下，可以充分而完整地表现出材料的特性，创造出独有的材料美。再次在技术方面，设计是技术和艺术的结合，不断发展的技术已经成为设计的强大后台和支撑工具，解放了设计中物质功能对形式的约束，给设计带来了无穷的动力。例如在室内设计中，设计师可以用一块完整无缝的大理石去装饰墙面，还可以利用各种照明手段达到特殊的效果。最后在风格方面，因为时代的变迁和社会的发展，风格和品位以及美学上的偏好都是因人而异的。不同风格创造不同的造型效果及美感，如在风格的选择上，年轻人喜欢现代感较强的风格，而中老年人则钟情于带有一定韵味和内涵的风格。所以，无论是设计的形式、材料、技术还是风格，都是功能美对室内设计影响的体现。

三、功能美对室内设计的启示

在室内设计中，功能的划分影响着室内装饰的造型，也可以说造型是功能结构的体现。形式追随功能是设计的基本要求，但并不是只考虑功能性，也不等同于功能主义。室内设计通过人—物—环境之间的关系，营造和谐的空间环境，达到空间的合理化和审美性，使人们能够感受整个空间环境的场所精神和氛围，反映出人们的审美追求。在现代设计中，功能美对室内设计也有一定的启示，主要表现在以下几个方面。

（一）功能与审美的结合

满足人们对空间的基本功能需求是室内设计的基本原则和存在意义，因此功能与审美相结合的需求使得适用性成为室内设计的内在本质，也是功能美的重要内容。适用性体现在满足实用性的基础上，还考虑人与环境、人与空间的协调关系，是室内环境中的最基本形态和使用价值的表现。对室内设计而言，除了要求空间布局合理、家具设备完善，还要求室内造型的美感，以此达到功能与审美的结合。功能美的适用性反映出人们对空间环境更高的要求，包括环境的舒适性、安全性和审美性。室内设计就是设计者通过合理规划与设计，力求以功能结合为使用目的，利用美学原理，达到物质需求和精神需求的完美结合。室内空间环境是由各种构成要素组成的，如墙、棚、地、门窗、家具、陈设等，这些构成要素具有一定的形状、大小、色彩和质感，这就体现了这些形式要素之间要有普遍的组合规律。良好的室内设计，在充分体现使用功能的同时，还结合人们的审美心理和趋向，将设计的功能和形式的美感进行统一。也就是说，在室内设计中，如何使功能和审美进行完美统一，就要遵从形式美法则，就如尺度和比例这一原则，是设计中功能性和审美性必须考虑的基础。例如在进行居室空间设计时，首先要考虑空间本身的尺度条件，所有的家具陈设要在一定的空间尺寸内进行考虑，要充分考虑到空间的长度、宽度及高度，选择比例合适的家具陈设。此外，也可以借鉴其他形式美法则进行设计，如对比与和谐、对称与均衡、节奏与韵律等。

（二）科学性与艺术性的结合

随着科技进步和人们生活水平的提高，人们对室内设计的要求也越来越高，因此室内设计也产生了一个突出的特点：注重设计的科学性与艺术性的结合。科学性是指通过新材料、新技术等使整个空间更加舒适、合理、安全；艺术性是指通过空间的布置、家具、材料、结构工艺等创造出较强的艺术美感。科学性和艺术性的结合使得室内设计的物质功能更容易实现，能够在设计的艺术和技术之间寻找一种最佳的平衡，共同形成了室内设计的一个美学特征。为了更好地提高人们的生活质量，当代的室内设计不仅要有科学的设计方法，同时还应该充分考虑和利用相关的知识分析和确定室内物理和心理环境的优劣好坏，如在设计中考虑到多种学科的交叉，包括风水学、生理学、心理学、美学、环境学等学科。例如室内设计中运用心理学，使不同的人都能够享受到具有视觉愉悦感和文化内涵的室内环境，这就在符合功能的同时注重了人们的心理感受，达到科学性与艺术性的统一。除此之外，也更加重视空间的合理利用，在装修中也选用了更为健康、环保、卫生的材料，从而满足了生活主体的可持续发展要求和审美需要。人们价值观、审美观的不断变化，促使室内设计出现更多的风格和新技术的应用，包括新材料、新构造、新工艺、新设备等，如现在越来越流行的家居智能化设计，就是利用各种智能设备，结合良好的声、光、热环境进行设计，创造了更加宜人、舒适、智能的生活环境。

第四章　室内空间类型与设计原则

室内空间的划分形式比较多，按照多种依据可以划分成不同的类型，但考虑到室内设计的功能性，我们可以将室内空间的类型按照其使用性质进行划分。室内设计包含的内容比较广泛，本章主要探讨几种常见的室内空间。

第一节　住宅空间

住宅空间在室内空间类型中占有极其重要的地位，它是人类最重要的生活场所，关系到每个人最基本的居住需求，关系到每家每户的切身利益，还关系到整个城市与国家建设的发展。

人类的需求总是随着社会的发展而不断提高，因此住宅空间设计已由最初仅仅满足居住的需求变得越来越复杂和多样了。不仅要满足最基本的功能需求与社会属性，还有审美特性的要求；还要根据不同地、不同区民族的地理条件和社会环境，以及风俗习惯、生活习性、兴趣爱好的不同进行有针对性的设计。住宅空间设计首先要解决的问题是居住者对它的多方面要求。这种要求构成了住宅空间在设计上的某些共同属性，这种属性具体表现在以下几个方面：

第一，家是温馨的港湾，是个人的私密空间，可以给我们足够的安全感。因此私密性和安全感是住宅空间的共同属性。在住宅空间设计中，充分体现私密性的空间包含卧室、卫生间、浴室、书房等。在私密性的基础上，还应该强调通风、采光等要求。

第二，满足家人的生活需要。住宅空间设计归根到底是对生活方式的基本规划与安排，这在很大程度上取决于家庭成员的结构和各成员对室内空间的使用要求、生活习性及住宅的面积大小。它既涉及设计学的知识，也涉及社会学与心理学的知识。因此无论是哪种类型的住宅空间，无论住宅空间的面积大小，最基本的功能空间都包含起居室、餐厅、卧室、厨房和卫生间。面积较大的户型还可以设置玄关、工作室、衣帽间、保姆室、储藏室、影音厅、健身场所等。

第三，满足可持续性发展的需求。随着人们对环保的日益关注，在住宅空间设计中强调环保可持续的需求也越来越强烈，这就要求设计师必须考虑设计的环保性、安全性、可持续性。可持续性在住宅空间中的表现，主要是建筑材料的使用要符合国家环保标准，保障人们的健康。这也是随着社会与时代的发展，人们从最基本的住宅需求、心理需求到审美需求再到现在对环保需求的转变的体现。

第四，满足舒适性需求，创造良好的室内活动的物质环境和精神环境。根据国外家庭问题专家的分析，每个人在住宅中要度过一生的1/3时间。而家庭主妇和学龄前儿童在住宅中居留的时间更长，甚至达到95%，上学子女在住宅中消磨的时光也达1/2 ~ 3/4。因而，人在住宅中居留的时间比例越大，室内空间的舒适性就越重要。住宅的空间构成实质上是家庭活动的构成，可以归纳为三种基本空间，室内空间按照三大基本空间性质进行细化设计，空间的舒适感就会更强烈。

第一种是群体活动空间。群体活动空间主要包含家庭成员的一些主要活动，如聚会、聊天、阅读、用餐、游戏、饮茶等内容。在室内空间中划分出的起居室、餐厅、游戏室、家庭影院等也属于群体活动空间。

第二种是私密性空间。私密性空间是为单个家庭成员设计的，要按照家庭成员的个人需求进行设计，主要包含卧室、书房等。

第三种是家务活动空间。家务活动空间是人们日常生活工作的大本营。家务活动一般包括准备膳食、洗涤餐具、衣物清洁、环境整理等内容，因此家务活动空间主要是厨房、操作台、清洁机具，以及用于储存的设备。

衔接这三大基本空间的是交通联系空间，包括门厅、前室、小过厅和过道等。这部分是串联各个职能空间的，在设计上应起到承前启后的作用，不要过分花哨，关键是比例、尺度和色彩的对比调和。

随着人们对居住的舒适性要求不断提高，以及新技术、新材料、新设备进入现代居室当中，设计理念也在不断发生变化，住宅空间的舒适性也逐渐提高。目前，住宅空间的变化趋势主要有以下三种：

第一，根据基本的三大空间不断进行丰富，并且更加明确，更加细化。

第二，空间设计的多功能。这绝不是因为空间太小而不得不做的多功能，恰恰相反，它体现了一种技术的更新、空间的利用，是一种价值观念的转变。

第三，设计可变动空间。住宅空间并不是一成不变的，可以根据家庭成员结构的变化使空间功能产生灵活性的变动。

在进行住宅室内环境分区介绍之前，我们有必要明确住宅空间设计的要求：首先，安全性和私密性是住宅设计的前提；其次，室内的功能分区要满足使用者的要求，注意各活动区域之间的毗邻关系，要注重陈设的作用，适当淡化界面的装饰，还要注重厨房和卫生间的设计与装饰；最后，总体的设计风格要通盘考虑，这种通盘考虑并不是要求所有的空间分区都保持同一种风格，而是我们在设计具体的功能空间时可以采用不同的风格。

一、玄关

玄关是进入住宅的第一个空间，是室内与室外的过渡空间。它是人们进出住宅的必经之地，能够有效地指引和控制人们的出入。其美观性与功能性，在住宅空间设计中非常重要。从美观性的角度来说，它是给来访者留下初始印象的地方，能够让来访者领略到住宅的装修风格与特点，为随后进入居住空间打下基础。玄关空间更重要的是它的功能性，这对于日常收纳与生活便捷非常重要。

（一）玄关的行为活动需求

（1）物品存放。在玄关部分需要有一个空间进行物品存放，如鞋柜、台面等用来放置鞋、提包、帽子、钥匙等物品，以及雨伞、雨衣等潮湿物品，同时还需要设计买菜进门和带垃圾出门的暂存空间。

（2）换衣换鞋。由于玄关部分涉及进出，少不了脱鞋、换鞋，因此这个部分的设计需要对鞋子的收纳以及穿鞋、换鞋、取鞋等进行考虑。在玄关部分要设置坐凳，其位置应该方便从鞋柜中拿取鞋子；不仅要考虑一个人使用时的情况，还要考虑多人同时换鞋、整理服装的情况。

（3）鞋类物品储藏。玄关是人们进入居住空间的第一个空间，为了保证玄关部分鞋类物品摆放得整洁，有必要考虑鞋类物品的储藏设计。在玄关部分需要考虑家庭成员的鞋的总数、鞋的分类，按照鞋的高度、当季鞋或换季鞋等设计，保证收纳合理，使用方便。

（4）洁污分区。为了避免将室外的尘土带入室内，一般在玄关处会更换室内拖鞋，这就需要在玄关设计洁污分区。因此玄关的地板材料必须有足够的防滑性能、较好的耐污性能和较高的硬度。

（5）仪容、礼仪。在玄关部分可以设置穿衣镜，方便家庭成员出入时检查自己的仪表仪容。同时，玄关空间也是邻里、亲朋好友进行寒暄、短暂聊天、递送礼物的空间，涉及一个家庭的基本礼仪。

（6）设备需求。玄关部分往往会有一些基本设备，如门铃、电表箱等。门外门铃的高度应设置在小孩能够得到的位置，预留电灯接口时要考虑到门厅的整体照明和局部照明，并适当兼顾家具的摆放与设置，如鞋柜、穿衣镜等。电表箱应尽可能放在人的视线不容易看到的地方，盖板颜色应与最终的墙面颜色一致或接近。

（7）生活便捷需求。玄关部分还涉及我们日常生活中的抄表签字、快递接收、外卖接收等活动，需要设计写字和提取的空间。因此设计一个台面是很有必要的。

（8）心理需求。设置玄关还应该保证一定的私密性，防止室内空间被一览无余。玄关处设计隔断，阻挡视线，既实现了私密性，又形成了玄关的空间划分。

（二）玄关的家具及尺寸设计

玄关必须优先考虑放置鞋柜和坐凳，方便人们入室、出行时脱鞋、穿鞋、储藏鞋等一系列的活动。

第一种形式是一字式，即坐凳和鞋柜并排放置。这种形式比较适合过道较窄，两侧墙面较长的玄关空间。在设计时应考虑鞋柜的内部净尺寸为330 ~ 360mm，加上门套线所需的50mm，靠鞋柜的墙垛应大于400mm，最好为450mm。当玄关过道较宽时，可以考虑设立衣柜，衣柜的深度一般是600mm，加上门套线所需的50mm，靠鞋柜的墙垛应大于等于650mm。

第二种形式是双排式，即坐凳和鞋柜双排放置，适合过道较宽的玄关。玄关的坐凳与入户门的距离应大于门扇宽度，避免开门时相碰。当入户门为双开门时，玄关应适当加大宽度，保证放置鞋柜的400mm的墙垛。玄关净宽不足时，如果入户门要采用双开门，玄关的墙垛可能不足 400mm，这时宜在鞋柜和墙之间放置伞立，且玄关宜较长，以提供足够的放置鞋柜的空间。

第三种形式是 L 式，即坐凳和鞋柜呈 L 形摆放，鞋柜与坐凳或墙体（隔断）以 L 形布局，其中一面墙体或鞋柜可以作为入户对景，避免客厅被一览无余。

（三）玄关设计的注意事项

（1）调整户型，设置玄关。若原方案没有考虑玄关空间的设置，在修改方案中，通过改变厨房开门的方式，为入口处增加鞋柜和坐凳的位置；也可以通过对厨房和卫生间的调整，增加厨房的实际利用面积，对卫生间进行干湿分区，使入口处多了可以放置鞋柜的空间。

（2）玄关面积可大可小。在玄关面积较小的情况下，要保证主要的通道功能及最基本的收纳需求。在玄光空间稍微大点的情况下，可以满足人们的视觉审美和心理需求，如可以在过渡部分设置屏风进行隔断，既可以美化空间，同时也能够保证住宅内部的私密性。玄关的陈设可以营造一定的氛围，也是提升家庭居住品质的手段。在灯光照明方面，玄关的灯光照明不要太耀眼，柔和的灯光有助于引导客人进门，营造温馨的氛围。入户处的地面铺装需要以耐用、清洁为主，在此基础上可以进行适当的装饰图案美化。

二、起居室

起居室的造型和使用功能设计是住宅空间设计的重点，往往也是整个家居空间的核心所在。因此过去很多人会不遗余力地打造电视背景墙。现在，人们逐渐开始开发起居空间，将它的功能拓展以符合自己的生活需求，如将起居空间设计为亲子空间，也可以设置成兼带书房功能的空间。起居空间往往能够反映主人的生活方式、兴趣爱好、文化程度、修养和审美品位，因此也是住宅空间设计的一个高潮部分，是住宅室内设计的重点。起居室的设计除了要考虑职能家具和造型外，还应考虑起居空间与私密性空间之间的分隔和联系。具体而言，就是既要保持起居空间与其他空间之间的交通联系性，又要在视觉和听觉上保持公共空间与私密性空间的分离感。由于起居室的职能特性，导致起居空间的设计往往是住宅室内空间设计的重中之重。

（一）起居室的设计风格

起居室位于住宅空间的核心位置，它的风格与特征主导着整个住宅空间的风格。对于起居空间的风格选择与特征表现，需要按照使用者的意愿进行设计。设计师应结合现代工艺技术材料元素及设计潮流给使用者提供合理的建议，与使用者沟通好设计意愿并将这种意愿转化为现实。起居室风格应与住宅整体风格一致，有工业风起居室、日式风起居室、北欧风起居室和新中式风起居室等。

（二）起居室的空间形态和平面功能布局

起居室的空间形态主要是由建筑设计的空间组织、空间形体的结构构件等因素决定的，设计师可以根据功能上的要求通过界面的处理和家具的摆放进行改变。起居室是家庭的多功能场所，可以通过移动木板门将起居室分作两个空间，一个是会客休闲空间，一个是书房空间。又或者将起居室与儿童游戏空间相结合，功能更加丰富。起居室是一家人在非睡眠状态下的活动中心，也是室内交通流线与其他空间相联系的枢纽，家具的摆放方式影响人在房间内的活动路线。

（三）起居室的家具布置

起居室的家具主要包括会谈和休息所需的沙发、茶几，满足视听需求的视听组合家具及设备，满足聚会和消遣所用的酒水柜及书报架等。其设计常常是以沙发为中心而进行的扩展设计，如通过 L 形沙发将空间分为会客区与餐饮区两个区域，或者通过沙发围合形成一个会客交流休闲区域。在布置时应注意以下几点：

（1）客厅家具尺寸应符合空间要求，家具尺寸与空间尺度相适合。起居室空间较小应选择尺寸较小的沙发和茶几，沙发布局不要呈 L 式，会占用较多空间，可以尽量靠墙摆放，避免占用过道，一字形靠墙摆放会显得空间较大，可以选择灵活组合的茶几。

（2）整体空间风格和环境氛围相协调。家具的选择要与整体空间风格相适宜，现代风格室内设计应选择现代式家具，款式与色彩保持与室内氛围相协调。

（四）起居室的装饰材料选择

在起居室的装饰材料方面，可以分为地面和墙面两个部分。在地面材料选择上，可以选择石材、瓷砖、木材和地毯铺设。设计师在地砖选择方面应该考虑整体地砖色彩，不使用过于强烈的对比色，局部可以拼贴搭配；在选择地毯时，颜色应该与整体装饰协调；墙面可用乳胶漆、壁纸、饰面板等进行装修，可以搭配使用一些石材、玻璃、镜面或织物，但不宜过多使用石材、玻璃和金属，不仅是因为这些材料过硬、过冷，更是因为它们反射声音的能力太强，容易影响电视、音响的效果，甚至会影响日常会话的效果。

在面积较小的起居室中，不宜使用图案复杂的地面装饰和进行较多的地砖图案拼贴，尽量以整体的色彩与简洁的图案为主；墙面上也不适合做墙裙，这样容易使本就不大的空间，由于增加了一次水平划分而显得更加狭小。在面积较大的起居室中，可以在地面进行局部的拼贴，以增加变化感；也可以在墙面上进行墙裙设计，以增加装饰性。

（五）起居室的陈设设计

起居室的陈设设计主要通过灯具、艺术品和植物进行呈现。在进行起居室的陈设设计时，一定要注意“一个中心，多个层次”的基本原则，注重体现功能性、层次性和交叉性。市场上灯具繁多，在灯具的选择上一定要考虑灯具造型和风格与整体空间相一致，同时要搭配好灯具和射灯的光源，注意光源色彩的搭配；也要注意不同的灯具，如射灯、筒灯、吊灯、台灯的相互搭配，以实现新颖独特的效果。

艺术品陈设有较强的装饰和点缀作用。艺术品包含的内容较多，在起居室中进行装饰与点缀的常见艺术品有绘画、工艺品、雕塑、瓷器、剪纸等。艺术品陈设不仅能够起到渲染空间氛围，增加室内趣味性的作用，同时也可以陶冶情操，增加室内空间品位。在起居室的陈设部分，虽然说艺术品的选择多，但是也要结合室内空间的风格特点来选择适宜的艺术品，从而达到较好的效果。

在起居室进行植物搭配是一个不错的陈设选择，可以选择常见的常绿植物，如在电视机柜及沙发两侧摆放落地花瓶或常绿植物，如龟背竹等；在桌面上也可以摆放一些盆栽植物和花卉。

（六）起居室的顶棚设计

起居室的顶棚很少全部做吊顶，否则会降低空间的高度。如果采用跌级吊顶，级数不宜过多，因为若在其内暗藏灯槽（级高应以不超过250mm为宜），连续跌落两级时，空间高度就已减少约半米了。多数情况下，起居室顶棚设计都优先采用局部吊顶，或直接采用石膏浮雕等装饰。只有当起居室的净高较高时，才可以设计较为复杂的天花和装饰，但也有别于公共空间，设计不宜太过复杂。

（七）起居室的照明设计

起居室的照明设计可以采用多种不同的照明组合。例如，可以在中心位置使用相对华丽的吊灯或吸顶灯；陈列柜架的上方或内部，可以采用强调展品的投光灯；钢琴上方，可以采用装饰性强的装饰灯；酒吧台的上方，可以采用吊杆筒灯或镶嵌灯；也可将某些灯具安装在壁饰的后面，从而使壁饰更加突出，甚至给人以飘浮的感觉；还可以在阅读功能要求不强的起居室安排装饰灯作为基础照明。照明开关可以分组设置，这样在进行不同活动时，使用不同的灯具可以形成不同的氛围。在灯具的选择上，要注意灯具外形与其所在空间的协调关系。

灯光对营造氛围必不可少，起居室照明重点要考虑视听设备，自然采光为首选，人工光源应灵活设置，照度与光源色温应有助于创造宽松、舒适的氛围。在会客时，采用一般照明；看电视时，可采用局部照明；听音乐时，可采用间接光。起居室的灯具装饰性强，同时要确保坚固耐用，风格与室内整体装饰相协调，最好配合调光器使用，可在沙发靠背的墙面装壁灯。起居室的照明色彩宜选用中基调色，采光不好的起居室宜使用明亮色调。

三、餐厅

餐厅是住宅空间中非常重要的一个场所，民以食为天，一日三餐都少不了在餐厅空间中进行。当然，餐厅的空间功能也不是单一的，它还是家庭成员进行情感沟通、交流信息的重要场所，是全家人聚在一起的日常活动空间之一。

餐厅的位置往往靠近厨房。根据大多数家庭的生活方式，餐厅的主要家具有餐桌椅、餐边柜、酒柜等。有的餐厅靠近出入口区域，还会进行一定的装饰与隔断设计。餐厅的设计同样要根据整体住宅空间的大小及居住者的需求进行设计，其功能形式在组合上有多种变化，最常用的有以下几种形式：

（1）独立式餐厅适用于住宅空间较大的家庭。

（2）餐厅＋起居室是目前一般家庭采用最多的方式，餐厅和起居室共处于一个较大的空间中，使得视觉和活动的空间都得以增大，有的设计在两者之间设有屏风、活动门等。

（3）餐厅＋厨房的形式在现代社会中被愈来愈多的公寓式小家庭所采用。这种看起来时髦、新鲜，也是人类最原始的“边煮边吃”的方式，既精简了室内空间，又别具一番情趣。这类设计形式多样，可以延伸工作台，也可以设置独立小餐桌。

（4）餐厅＋厨房＋起居室是快节奏都市生活的产物，小型的居住空间、家庭成员的简单化、烹饪设备的更新和餐饮习惯的改变，使得以前脏乱的厨房和住宅中最体面的起居室与餐厅合并在同一个空间成为可能。

餐厅需要营造一个稳定、安全、温馨和放松的就餐环境。如果餐厅处于独立空间中，这就给了设计师较大的发挥空间，在与总体风格相协调的情况下，自由营造出餐厅应有的氛围。如果餐厅和起居室没有绝对分隔，一般情况下要求与起居室的设计风格一致，在布置上往往也是起居室的延伸。有时候为了显示两个分区的差别，餐厅可以采用与起居室不同的地面高差和材料，采用不同的照明设计或将顶棚高度进行差异处理。

（一）餐厅的布局设计

餐厅的布局主要考虑空间的大小，然后进行餐厅家具尺寸选择、家具位置安排以及立面造型设计。在餐厅与起居室没有明显分界的空间里，如果将餐厅安放在起居室的一头，能够通过家具围合形成一个就餐区域。这样不仅可以划分出一个空间，也不占地方，还能够与墙面形成呼应。独立的就餐区域可以设置餐边柜及酒柜等；也可以将餐桌居中摆放，这样有利于家人进行交流，但是在空间有限的住宅里不宜这样摆放。

独立式餐厅里空间界限较明显，一般根据房间形状及总体风格进行餐桌椅的选择，可以选择长方形或椭圆形的餐桌进行摆放。选择合适的餐桌椅是很重要的，总的原则是餐桌大小、餐厅大小和就餐人数多少相匹配。餐桌应该高 760mm，每个用餐的人需要有宽 460mm 的空间，要保证餐桌边缘至墙面距离不小于 1120mm，如果过道要摆放餐柜，则要留出宽 1370mm 以上的空间。餐桌离餐柜的距离应该有 910mm，这样才能方便用餐的人拉出椅子坐下。如果餐厅不是很大，可以选择小巧的餐柜，餐柜上可以摆放一些别致的艺术品，如一件雕塑、一个装饰性的盘子或一盆绿色植物等。

（二）餐厅的灯光照明

餐厅的灯光照明主要指餐桌上方的照明，可以选择利用吊灯照亮餐桌，也可以安装壁灯照亮坐在餐桌边用餐的人。吊灯的风格可以和餐厅的家具风格相统一，也可以形成强烈的对比。吊灯的尺寸不能过大，最好选择较小的灯，一般吊灯的直径最好是餐桌宽度的一半，并且悬挂在离餐桌 760 ~ 910mm 的正上方；壁灯一般固定在离地面 1520mm 以上的地方；餐柜上可放置台灯，提供与就餐者视线相平行的灯光照明，也可以选择放置漂亮的烛台，蜡烛柔和的光线会使餐厅的气氛更温暖。

（三）餐厅的细节设计

餐厅空间较为狭小时，墙面的处理可以为餐厅增加几分活力，将餐厅墙面进行亮色处理，能让人食欲大增。当然，在墙面上装饰艺术品，或者设计一个小书架，再放上几本书，都是非常合适的做法；选择一些色彩、图案丰富的桌椅、椅垫、窗帘和桌布，也能让人心情愉悦。布置餐厅家具时，不一定要选择成套的家具，可以用不同风格的桌椅混搭在一起，相互补充；还可以选择褪色的旧家具，搭配一些旧瓷器，营造一种怀旧的生活情境，同样意趣十足。

四、厨房

厨房是住宅空间的“动力车间”，是提供日常饮食及家人共同劳动和交谈的重要场所，也是住宅中细节元素最多的地方，除了煤气、水电等基础设施之外，还需要考虑到防火、防电、防污、耐腐蚀等性能的设计。

（一）厨房的布局设计

厨房的布局主要有封闭式和开放式两种。封闭式厨房在烹饪时所产生的油烟不会影响其他空间，也便于厨房的清洁，但不利于家人相互交流。开放式厨房的优点是能够将劳动与生活相衔接，形成一个活泼生动的空间，有利于空间的节约与家庭共享，缺点是不利于中式的烹饪，油烟容易影响其他空间。

根据日常操作程序可以在厨房设计三个工作中心：储藏与调配中心（冰箱）、清洗与准备中心（水槽）、烹调中心（炉灶）。厨房布局最基本的概念是“三角形工作空间”，是指冰箱、水槽、炉灶之间连线构成工作三角区，即所谓工作三角法。利用工作三角法，可形成U形、L形、走廊式（双墙式）、一字形（单墙式）、半岛式、岛式等常见的布局形式。

1. U 形厨房

工作区共有两处转角，空间要求较大。水槽最好放在U形底部，将配膳区和烹饪区分设两旁，使水槽、冰箱和炉灶连成一个正三角形。U形两边的距离以 1200 ~ 1500mm 为宜。

2. L 形厨房

将三大工作中心依次配置于L形空间中，最好不要将L形的一边设计得太长，以免降低工作效率。L形的厨房空间运用比较普遍、经济。

3. 走廊式厨房

走廊式厨房是将工作区沿着两面墙布置。在工作中心分配上，常将清洗与准备中心和储藏与调配中心安排在一起，而烹调中心独居一处。走廊式厨房适合狭长的空间，要避免有过大的交通量穿越工作三角区，否则会造成不便。

4. 一字形厨房

一字形厨房是指把所有的工作中心都安排在一边，通常在空间不大、走廊狭窄的情况下采用。所有工作都在一条直线上完成，节省空间。但要注意避免“战线”太长，否则容易降低效率。在不妨碍通行的情况下，可安排一块能伸缩调整或可折叠的面板，以备不时之需。

5. 半岛式厨房

半岛式厨房与U形厨房类似，但有一条边不贴墙，烹调中心常常布置在半岛上，而且一般是用半岛把厨房与餐厅或家庭活动室相连接。

6. 岛式厨房

岛式厨房是将台面独立为岛形，是一款新颖别致的设计，台面可灵活运用于早餐、熨衣服、插花、调酒等活动。这个“岛”充当了厨房里几个不同区域的分隔物，同时其他区域都可就近使用它。

（二）厨房的储藏量设计

厨房的储藏量一般是指炊具储藏与食材储藏。在炊具储藏中，有炊具储藏、餐具储藏和辅助器具储藏。通过日常调研可以得出：一个普通家庭在炊具储藏方面，锅会有 6 个左右，一般 2 个置于炉灶上，其他的会进行储藏，以备随时拿出来使用，其使用空间大约为 0.1 立方米。餐具储藏指的是碗盘等的存放，在一个四口之家中，大概会使用 30 个餐具，另外再加上玻璃杯、酒杯、茶杯等杯具，大约会占用 0.05 立方米。辅助器具储藏指的是一些小工具、刀具、洗涤用品、纸袋、保鲜袋、围裙等物件的存放，大约占 0.02 立方米的空间。

在设计炊具储藏空间时，可以根据炊具的形状、大小以及不同炊具的使用频率进行设计，也可以把不同的炊具按照使用顺序放在高低不同的位置。调料类的物品应该根据使用习惯放在右边或左边，如调料和一些汤勺等物品，应该放置在顺手可以拿到的位置。常用的砧板、刀、毛巾等物品比较容易受潮而滋生细菌，因此这些物品应该放置在通风防潮的位置。对于餐具的储存，应该把餐具分为常用餐具、不常用餐具、实用性餐具和观赏性餐具，根据使用频率，把常用的盘、碗、筷子、勺子、刀叉等放在容易取放的柜子中。

对于食材储藏，可以将食材分为易坏食材和不易坏食材进行储藏，一般厨房的储藏空间是冰箱和柜子，柜子主要存放日常的一些粮食、干货、饼干、调料等，而新鲜蔬菜、水果、奶类等需要低温储藏，一般放置在冰箱里，因此在设计厨房时要留有冰箱的空间和简易置物架的小空间。

（三）厨房的工作流程与人体工程学设计

在使用厨房的过程中，一般包含食物的储藏、食物的清理和准备以及烹饪等几个环节。这一系列的工作流程要按照人体工程学进行分析并设计，厨房操作中所涉及的炉灶、餐具、垃圾桶、餐桌、碗柜、案板、杂物柜、冰箱、洗涤池的布置要有一定的考究。因此在厨房空间布局中，首先采用的是一字形、L形、U形，还有岛式等形式，在此基础上再进行具体的工作流程安排，以保障使用的方便、合理。

根据人体动作和使用者对舒适性及方便性的需求，在厨房设计中往往按照空间高度划分为上部、中部、下部三个区域。中部区域以人体中线为轴，上肢半径为主要活动范围，是使用频率最高，也是视线最容易看到的区域，是储存物品最方便的地方，一般高度设置为600 ~ 1800mm。中部区域一般设置中柜，位于操作台和吊柜之间，进深以250mm为宜。下部区域一般存放不常用的物品或者是较重的物品，这个区域的高度是600mm以下。下部区域一般设置低柜位于操作台的下方，一般由操作台的尺寸来决定低柜的尺寸。上部区域是不宜拿取物品的高区域，一般存放不常用的物品。上部区域一般设置吊柜，即在1.8m以上到顶面的柜子。吊柜也是操作台上方的区域，当低柜进深为600mm时，吊柜进深280 ~ 350mm为宜，吊柜进深可随低柜进深的加大而适当增加吊柜门，但不易过大，进深以350 ~ 400mm比较合适。

（四）厨房的细节设计

1. 采光通风

阳光的照射使厨房舒爽又节约能源，更能使人心情开朗。但要避免阳光的直射，防止室内储藏的粮食、干货、调味品因受光受热而变质。另外，必须要注意通风设计。但在灶台上方切不可有窗户，否则燃气灶具的火焰受风影响，会不稳定，甚至会酿成大祸。

2. 电器设备

电器设备应考虑嵌在橱柜中，把烤箱、微波炉、洗碗机等布置在橱柜中的适当位置，方便开启和使用。每个工作中心都应设有电源插座，还应考虑厨房电器应与电源处于同一侧。

3. 安全防护

厨房地面不宜选择抛光瓷砖，宜采用防滑、易清洗的材料；要注意防水防潮，厨房地面要低于餐厅地面，做好防水防潮处理，避免因渗漏造成麻烦。厨房的顶面、墙面宜选用防火、抗热、易清洗的材料，如釉面瓷砖墙面、铝板吊顶等。同时，严禁移动煤气表，煤气管道不得做暗管，同时应考虑抄表方便。另外，厨房设计要考虑到安全防护问题，如炉灶上设置必要的护栏，防止锅碗掉落；各种洗涤制品应放在矮柜里，尖刀等危险器具应放在儿童不易开启的抽屉里。

五、卧室

卧室是供人们睡眠的场所，是家居环境中的一个核心空间。据调查统计，人的一生当中有 1/3 的时间是在睡眠中度过的，睡眠是人类生活中一个非常重要的部分。家是温馨的港湾，是我们恢复体力与精力的重要场所，因此卧室是家居环境中必不可少的部分。对于卧室设计来说，私密性与舒适性是基本原则。在舒适性方面，首先要考虑空间的合理划分，在卧室空间中，功能分区比较清晰，主要是睡眠空间、储藏空间、阅读空间、休闲空间和通行空间。

功能分区要合理，并且保证家具尺寸适宜，如床一般长 2000mm、高 430mm，床与墙边要留 760mm 的距离以保证过道的宽敞性。卧室的光线要求比较高，睡眠空间的光线要以暖色为主，避免直线照射。卧室的灯光需要柔和浪漫，摆放台灯或安装壁灯可以增加照明区域，要选择适当的色温及光照度，保证睡眠质量。同时，要注意卧室墙壁的隔音与保温效果。卧室的装饰风格可以根据整体家居的风格进行不同的设计，根据主题选择不同色彩、不同图案的窗帘、床上用品、墙纸、地毯等进行软装饰搭配，进而营造别样的家居风格，产生别具一格的效果。

卧室中最主要的家具构成是床、衣橱、梳妆台、音响组合柜及休息椅等。床是卧室中最大的家具，其布局要考虑整个房间的环境要求和私密性要求，同时要考虑与周围家具的活动空间尺寸。在卧室中，其他家具都必须围绕着床进行安排，因此床的位置是整个卧室流动线的主导因素。在具体设计时，一定要考虑床与其他家具的尺寸关系，如床与床头柜的距离，床与衣橱的距离，床与梳妆台的距离。另外，还要考虑不同居住者的具体需求。

衣橱是卧室中存放衣物的家具，是储存空间中非常重要的组成部分。衣橱设计的重点是衣物的存放形式和操作的方便性。在存放量方面，一定要统计一下居住者的衣物大小、数量、形式，确保衣橱空间的合理使用。梳妆台是卧室内女性色彩较重的家具，设计重点是与卧室的整体风格协调一致。

主卧是保障主人私密性的个人生活空间。在家居空间允许的范围内，可以配置着衣区、娱乐区、简单工作区、小型健身区、餐饮区。着衣区决定着卧室的实用性和秩序性，设计合理使居家生活极为方便，空间较大的情况下可以设计单独的衣帽间。餐饮区是在卧室空间较大的情况下安排小型的沙发座椅，作为轻松谈心或餐饮休闲的一个场所。简单工作区是在空间允许的范围内设置便捷的办公桌椅，方便处理一些应急的工作。小型健身区是在空间足够大的情况下放置小型健身器材，作为短时间灵活健身的一个补充空间。

当然，在卧室空间里，还是以休息为主。在主卧的装饰设计方面，不论采用哪种设计风格，主要还是使用木地板和地毯，墙面多采用乳胶漆、壁纸或软包织物进行装饰，以营造恬静温馨的氛围为主，尽量避免偏冷的瓷砖、石材等材料，以免给人带来冷漠生硬的不舒适感。卧室的色彩应该尽量保持淡雅柔和的格调，通常不宜采用明度特别高、颜色特别鲜艳的色彩，否则会对人的大脑产生过度刺激，不利于休息。色彩主要体现在窗帘、地毯等装饰物上，因此在选择软装饰搭配时，一定要考虑色彩搭配，尽量以舒适温馨为主。

儿童房的设计会随着儿童生理和心理上的变化而改变，有较多的预测性考虑。在儿童年龄较小的阶段可以选择无尖锐性棱角的弧线家具，室内空间以温馨活泼、趣味性为主。在儿童房的布置上，首先考虑功能分区，儿童房的分区主要有睡眠区、学习区、活动区、储藏区等，在布置的时候要充分利用空间，展现孩子成长的足迹。考虑到孩子各个成长阶段的需求，尽可能地提高房间的实用性与灵活性。其次，儿童房的设计还应考虑安全性，在材料的选择上应该尽量减少使用大面积玻璃及镜面材料，避免使用有棱角的家具，避免存在用电的安全隐患。儿童床不宜靠近窗边，床头上方不宜设置物品架，不放置易碎的物品。儿童房的窗户应该设有防护措施。另外，儿童房的设计要考虑儿童的身体尺寸，应该以儿童的身体尺寸作为重要参考依据进行设计。比如，儿童房门把手设置应该符合儿童使用习惯，衣柜、书桌等的尺寸也要符合儿童的身体尺寸。再次，儿童房的装饰性设计，在图案和色彩方面可以鲜艳活泼一些。房间的挂饰玩具等要符合儿童的兴趣爱好和个性特征，要有利于全面提高儿童的素质。最后，儿童房收纳设计。儿童房容易乱，做好儿童房收纳设计能够培养孩子自主收纳的良好习惯。儿童房的衣柜要根据儿童身高来设计尺寸，尽量在儿童可及的高度设置收纳箱，可以在衣柜偏下的地方设置抽屉，方便儿童使用。在储物柜的下方可以设计开放格，方便孩子随拿随放物品，培养孩子主动收拾玩具和衣服的习惯。同时，学习区也可以进行收纳设计，书桌上方和下方都可以进行文具收纳设计。

老人使用的家居用品尺寸要合适，家具不能太高，宜选用低矮柜子。在家具造型方面，最好选用全封闭式的家具，避免落灰尘；家具上半部分尽量少放置日常用品，储物空间和抽屉数量可适当增多；抽屉的设置上，最下面一层不要过低和过深，要让老人使用时感到舒适，抽屉把手位置尽可能提高。同时，还要考虑家具的稳固性，建议选择实木家具、固定式家具。给老人选择家具时要从老人的生活习惯出发，突出功能性和个性，可配置带按摩功能的产品、舒适沙发椅、具有磁疗功能的产品等；家具的静音设置不容忽视，睡眠质量对老人很重要。工艺品搭配设计要与老人进行交流，为老人选择合适的工艺品和装饰品，可将书法、绘画、摄影作品等作为主要装饰物。如果老人喜欢练习书法，可选择条案、砚台等物件进行装饰。

六、书房

书房的设计能够体现居住者的爱好、情趣及个人修养。书房是阅读、书写、学习和工作的空间。随着社会的发展及个人自我提高的需求，人们在家学习和办公的趋势也越来越明显。因此现代书房的功能更加丰富。传统的书房主要以写作、阅读为主，配套的家具主要是书柜与书桌。由于现在人们在家学习与办公的需求，因此书房也参照办公室进行布置，会配备打印机、电脑、传真机、投影仪等工作设备。除了家庭式办公之外，现代书房还是一个亲子共享空间，将儿童的学习与家庭的共同兴趣爱好进行完美结合，将书房作为家庭手工区、影视厅和游戏室来使用。同时，在现代人的书房中，灵活性也体现得非常透彻，有的书房还可以作为临时客房。

书房的布局应该根据书房的面积来选择适合的书桌、书柜和书架等进行空间组合，或者定制家具。在书房的色彩方面，应该尽量选择偏冷的色调，如蓝色、绿色、灰色等，营造宁静素雅的空间氛围，有利于人们在书房空间里进行阅读、书写和休息等活动，避免使用对比过于强烈的色彩。

七、卫生间

卫生间是管道设施比较多的地方，是现代住宅设计中非常重要的空间。虽然卫生间在整个住宅空间中所占的面积最小，但是一个干净美观的卫生间可以满足人们洗漱、沐浴、保健、美容休闲、缓解疲劳等多种需求。

（一）卫生间的布局设计

在面积较大的卫生间里，可以按照人的活动形式进行分类布置，可以分成洗漱间、淋浴间等不同功能区，这样的分区被称为浴厕分离，符合人们的生活习惯，因此受到很多人的欢迎。一般情况下，卫生间的器具主要包含面盆、便器、浴缸或淋浴器、毛巾架和储物柜。卫生间的便器、浴缸、洗漱池等有一定的尺寸，在布局时一定要注意这些器具与墙体之间以及器具之间的距离，要符合人的使用习惯。比如，便器的前端线至墙的间距不少于 460mm；洗漱池前端线至墙的间距不小于 700mm；浴缸纵向边缘至墙至少要留出 900mm 间距。

（二）卫生间的装饰材料选择

随着时代的发展，卫生间的器具除传统的陶瓷洁具外，材料越来越多样，款式也越来越新颖，有大理石、塑料、玻璃、不锈钢、玻璃钢等材料制作的洁具，而且它们的功能随着现代技术的发展也越来越完善，由原来单一的功能向自动化功能发展。比如，有些洁具已经具备自动加温、自动冲洗、热风烘干等功能。其他器具也发展成高精度加工的高档配件，主要表现为美观、节能、节水、静音等特点。比如坐便器，由原来普通的坐便器发展成温水洗净式、自动供应坐便纸、电动升降的坐便器；浴缸分两种形式，一种是坐浴缸，一种是躺浴缸，不少家庭开始使用按摩浴缸，它的特点是水流成漩涡状，躺在浴缸中可以享受按摩与休闲，提高生活舒适度；淋浴间也可以进行成品定制，通过现场测量，工厂加工，现场拼装完成。

卫生间的地面和墙面材料多用石材、瓷砖、镜面和玻璃拼贴，通常以防滑和易于清洁为原则进行选材。吊顶常采用铝塑板或金属板制作，吊顶上方管线较多，在设计时通常要保证卫生间的通风性，保证卫浴空间的干爽，因此应十分注意卫生间的通风和换气设备的安装，同时也要配备一些必要的附件，如毛巾挂件和洁具的存放架等。

（三）卫生间的灯光照明

卫生间的灯光照明以自然光为主，人工灯光为辅，两者共同作用。卫生间的灯光尽量以柔和为主，不宜直接照射。在面积较大的卫生间里，除了安装主灯之外，还可以安装镜前灯、壁灯等。卫生间的灯具一定要注意防水，卫生间的防水通风是十分必要的，因此需要安装换气扇以方便空气流通，同时要注意开窗通风。

第二节　办公空间

从工业化社会进入信息化社会之后，办公空间设计飞速发展着。办公空间的设计形式随着时代发展而不断产生变化，现代化的办公空间通常设置有行政区、商务区或企业区、以若干人员为一个单元共事的工作区、休闲区等。人性化的办公形式是未来办公空间发展的一大趋势。这一趋势会导致大公司组织管理的变化，将办公空间分散成若干规模不大、方便管理的工作单元，以保证员工的个性发挥和自主性，而中央商务区也将变成信息交流和形象展示的区域。办公空间由原来处理事务的地方变成了员工交流的场所，随着技术的提升和个性化需求的增加，办公空间设计对设计师的要求也逐渐提高，除了要具备美学知识外，还需要具备环境心理学、生态学、高级人类工程学等知识，利用交叉学科知识进行综合设计。

一、现代办公空间设计的基本要素

现代办公空间的设计主要由人与机、人与人、人与环境三大基本关系要素组成。

（一）人与机的关系

在人性化的办公空间中，要协调人与机器的关系，实现人能够利用机器便捷地工作，创造高效、舒适的工作环境。人与机的关系具体表现在三个方面:

首先，在办公空间设计中一定要注意办公设备的配置。网络时代技术的迅猛发展，大力提高了工作效率和生产力，因此要在办公空间中精心配置办公设备。办公设备的配置应首先了解设备的功能和实用性，而不是只看外在，应做到实在化的设计。

其次，办公家具。办公空间的家具造型和色彩可以反映整体空间的风格，在选择办公家具时，还要注意人体工程学原理，充分考虑使用者的工作性质。

最后，信息管理。办公空间是信息产生、处理和归档的场所，因此在设计时必须考虑整个信息生产系统在空间中的管理，要求设计师综合考虑科学的工作空间和设施，为办公人员的资料检索和储存系统准备充足的空间，方便他们进行资料的检索、收集和归档。

（二）人与人的关系

办公空间是重要的交流场所，是同事之间碰面、汇集信息、进行协作必不可少的空间。在办公空间中，人与人要经常接触、交流才能产生互动，因此办公空间既要保证一定的私密性，同时也要创造更多的同事接触的机会。这样才能营造出良好的工作环境和团队合作的气氛，形成有效的企业文化精神。

（三）人与环境的关系

办公空间中人与环境的关系具体表现在人对环境的感知，这种感知主要表现在环境的空间形态、尺度、色彩、质感、光照等给人带来的不同感受，环境会对人的工作效率和人与人之间的交流与协作产生一定的影响。

二、办公空间的设计原则

（一）灵活性原则

现代化的办公空间不同于以往的办公空间，以往办公空间的使用可以维持 20 年左右。随着时代的发展与进步，办公空间的使用周期越来越短，形式也越来越丰富。经济的繁荣发展促使大量公司的出现，为了适应时代的发展要求，办公空间必须具备灵活的设计形式，这就要求设计师在设计办公空间时必须考虑灵活性和适应性的原则，根据员工工作性质、休闲需求的不同进行不同的办公空间设计。

（二）人性化原则

当今社会越来越重视人的个性体验。办公空间为人们提供了一个良好的工作环境，工作环境的好坏影响着员工的工作心情和工作效率。在追求人性化的大背景之下，人性化的办公空间设计所隐含的经济价值难以估量。在进行办公空间人性化设计时，要符合人体工程学、环境心理学、审美心理学等要求，注重人的生理感觉和心理需求。在空间的造型、色彩、陈设、照明、视听条件、办公设备等方面要符合工作的标准，形成舒适的、高效的，具有艺术感染力的工作场所，使人感到舒适。在工作区域的设计中，需要注意挡板的布置，要考虑到个人隐私问题，同时也要注意到员工之间的人际交往问题，应掌握适当的领域范围，注重心理距离，安排合理的环境，给办公人员带来愉悦的心情。

（三）文化需求原则

办公空间不仅是员工交流、工作的场所，同时也是展示公司形象、与客户洽谈交流的地方，具备展示公司形象和宣传公司的重要职能。因此办公空间设计要注意对内外空间的处理与安排。对内的设计需要在空间中重视企业文化需求，以增进企业员工的团结协作；对外的设计应考虑对客户进行宣传，以展示企业精神和企业实力。

三、办公空间的组合形式

（一）独立式办公空间

独立式办公空间的特点就是各个空间相互不干扰，具有高度的私密性。这样的空间一般是提供给公司的高级职员或特殊工作类型的员工使用。独立式办公空间的缺点是缺乏员工之间的联系性与交流性。

（二）开敞式办公空间

开敞式办公空间是将每个工作空间通过矮格板进行分隔，形成相对独立的工作区域，既便于员工的相互交流协作，同时也能进行功能分区。功能分区有两种形式：一种是将同类工作性质的员工统一安排在一个开放的空间中进行自由划分；另一种是将不同工作性质或部门混合在同一空间进行统一划分。不管是哪种功能分区形式，都能够便于员工之间的交流，以及管理部门直接参与管理，同时信息的传递也更加高效快捷，是现代化的典型办公空间设计模式。在设计时需要注意空间组合的形式，也要注意私密性和员工的心理感受。

（三）综合式办公空间

综合式办公空间就是将独立式办公空间与开敞式办公空间相结合的一种

模式。这种办公空间是现代办公空间设计的发展趋势，它能够有效利用空间面积，创造和谐统一、富有变化性和个性化的空间环境。在空间布局上，将员工区域布置在开敞式办公空间，将高级管理部门安排在独立式办公空间。在总体布局中，将开敞式办公空间放置在中心位置，四周分布着独立式办公空间，或者采取错位的形式，在一侧设置开敞式办公空间，错位再设置独立式办公空间。

四、办公空间的设计要点

（一）掌握工作流程及功能空间的需求

办公空间是一个既独立又相互关联的空间，不同的公司工作流程不尽相同。因此在设计时，除掌握办公空间的基本功能之外，设计师还要充分了解公司的工作流程、各个空间的使用需求及常规设备的要求，再结合现场进行因地制宜的有效设计。

（二）确定各类空间的平面布局和面积分配

在确定办公空间平面布局和面积分配时，应该根据办公空间的使用性质、建筑规模和相应标准来确定。既要考虑现实需求，也要考虑办公空间随着企业发展变化而进行调整的可能性。

平面布局应该以办公空间的功能为首要条件。根据各类空间的功能及对外联系的密切程度来确定空间的数量和位置，如门厅、会客室等对外性质的办公区域，适合设置在出入口的地方。员工工作区域是办公空间的主体部分，可以采取多种形式进行有效组合，做到既保证员工的工作交流，又保证员工的私密性需求。同时，在工作区域可以设置员工休息区，方便员工缓解工作压力，增加员工之间的沟通交流，方便员工调整情绪以更加轻松愉快的心情高效工作。最后，还要考虑卫生间、服务用房、设备用房的布局安排。

（三）确定出入口和门厅设计

根据办公空间的序列组织关系，办公空间的出入口是办公空间的“前奏曲”，是一个起始阶段，因此出入口的设计是尤为重要的。一般来说，对外联系较为密切的部分应设计在靠近出入口或主通道的位置，既作为主要的功能区，同时又可以展示办公空间形象，常常涉及传达、收发、会客、问询、展示等功能，布置有门禁系统、保安室、办公楼内各空间的信息牌。确定好出入口之后，开始组织办公空间的交通流线，使不同职能的人员有序流动，将几大分区有序地组织串联起来。

门厅是进行接待、洽谈、客户等待的地方，也是集中展示公司形象和企业文化及规模实力的场所。在进行门厅设计时，需要注意以下几点：

第一，简洁化设计。门厅的人流量较大，在进行设计时，力求简洁独特，不宜设计得太复杂。在满足主要的功能，如接待、等候、内部员工打卡出行等功能的基础之上，尽量做到易于人流疏散和简洁大气。

第二，公司视觉形象设计。门厅还有一个重要的功能，就是展现企业形象，因此在门厅的接待台与形象墙方面要进行视觉重点打造。在形象墙上要体现公司标志、标准色、标准字体等视觉元素，再配上独特的灯光照明，给来访者留下深刻的印象。

第三，接待台等家具选择。接待台的大小要根据门厅接待处的面积形状来决定。通常应考虑两个尺寸，一是来访者采取坐姿的台面高度，一般为 700 ~ 780mm；二是来访客采取站姿的台面高度，一般为 1070 ~ 1100mm。挑选家具时还应考虑家具的风格与整体空间的协调搭配。最后还要在门厅部分进行适当的陈设及绿化布置。

（四）把握空间尺度及界面设计

办公空间的尺度分为两种类型：一种是整体尺度，即室内空间各要素之间的比例关系；另一种是人体尺度，主要是人体尺度与空间的比例关系。在办公空间设计中，不仅要考虑材料、结构、技术、经济、社会文化等问题，还要考虑人与空间的关系。一个比例和尺度适合的办公空间，会给人带来愉快的感觉。空间尺度不仅体现在办公空间的划分上，还体现在空间的造型关系及很多细节方面，如室内构件的大小，空间的色彩、图案，开窗的大小、位置，家具的选择，等等。

在办公空间的界面设计中，主要包括顶面设计和立面设计。办公空间的界面设计一般要以简洁的形式为主。在体现企业形象及会客较多的地方，可以设置造型别致的吊顶，以烘托办公空间的主题及氛围。除了顶面的造型设计外，还需要考虑顶面的照明设计，照明设计可以起到烘托环境氛围的作用，可以采用普通照明、局部照明及重点照明相结合的方式进行具体设计。

办公空间的立面设计同样要注意简洁大方，形式不宜复杂，与空间的整体风格、造型与色彩相协调。局部需要体现企业形象的地方，如接待台的形象墙等可以适当采取设计新颖、造型复杂的立面设计，突出企业视觉形象。

第三节　餐饮空间

一、餐饮空间的类型

餐厅、宴会厅、咖啡厅、酒吧及厨房可以统称为餐饮空间。餐饮空间的类型比较多，按照餐饮空间的营业内容，可以划分为餐馆和饮食店两种类型。餐馆包括饭庄、饭店、酒店、酒楼、风味餐厅、旅游餐馆、快餐店及自助餐厅等，以经营正餐为主，可附带一些小吃、饮料等营业内容。餐馆也可以按照等级划分为一级餐馆、二级餐馆和三级餐馆，是由宴请空间较大的高级餐馆到中级餐馆再到零食餐馆的等级变化。餐馆按照其经营主食的类别又可以分为中餐厅、西餐厅、日式餐厅等多种类型。

除了餐馆之外，餐饮空间还有咖啡厅、茶馆、茶厅、酒馆、酒吧及风味小吃店等，这些统称为饮食店。饮食店主要是以外卖、小吃、点心、饮料等为营业内容，不经营正餐。相对于餐馆来说，饮食店的空间较小。

二、餐饮空间的设计部分

（一）入口区

入口区是餐饮空间的第一个空间，是由室外进入室内的过渡空间。在餐饮空间的入口区，一般会设置车辆停放、迎宾接待、等候、观赏等区域。入口区涉及迎宾接待、引导服务、休闲等候等功能，往往是反映餐饮空间服务标准的重要窗口，能够起到良好的宣传作用。好的入口区设计可以给顾客带来放松、愉快、舒适的心情，因此在入口区需要考虑设计风格、照明、陈设、通风等各方面的细节设计。

（二）收银区

收银区一般紧挨着餐饮空间的入口区，是结账、收银、寄存衣帽的地方。收银区是餐饮空间入口处的一大形象标志，往往会给顾客留下深刻的印象。同时，收银区的良好服务也能够减少顾客的等候时间，加快人员流动，给顾客以良好的体验。收银台应该根据收银区的面积进行设置，在收银台处放有多种设施，如电脑、收银机、电话、保险柜、收银专用箱、银行 POS 机等，因此在细化设计时需合理安排。同时，在小型餐饮空间的收银区还会存放一些酒水，为顾客提供烟酒、水果、茶水饮料等。收银区还可以兼做临时衣帽寄存处，在较大的餐饮空间里，可以考虑设置兼做衣帽行李寄存的空间，有的顾客购物完之后就去就餐，手里会提很多物品，如果能够给他们安排临时的物品储存处，会给顾客以人性化的关怀。当然，小型餐饮店和快餐厅出于空间面积的考虑，可以不设置寄存区。

（三）候餐区

候餐区根据餐饮空间经营规模和服务档次的不同，在设计时有所区别。候餐区的设计务必根据上座率进行功能布局，放置座椅数量。同时，在候餐区可以放置一些酒水、饮料、茶点、游戏玩具等给顾客以良好的体验。

（四）就餐区

就餐区是餐饮空间的重要场所。根据顾客需求及空间形式，就餐区可以分为散座区域、卡座区域、雅座区域和包间区域几种形式。就餐区在整个餐饮空间中所占面积最大，涉及的人员最多，在设计时务必要考虑它的整体布局、功能划分、交通流线设计、座位及家具的摆放等。在交通流线设计上，要避免顾客活动流线和服务员服务流线交叉，以免发生碰撞。在座位的选择上，要符合人体工程学尺寸，以舒适的体验感为目的。同时，在就餐区还要注意环境氛围的营造，以体现不同餐饮空间的档次和空间特色。

（五）厨房区

厨房区是餐饮空间中生产加工的空间，一般会占到整个餐饮空间 1/3 的面积。厨房区的功能性很强，在进行设计时，务必要将厨房区的各功能区分析清楚。根据生产流程，厨房区可以分为验收区、储藏区、加工区、烹饪区、洗涤区和备餐区等多个功能区域。要遵循食品安全及操作流程进行合理布局，按照厨房生产流线要求，将主食、副食两大加工流线分开，按照初加工、热加工、备餐的流线进行设计，使操作流线顺畅，可以避免迂回倒流，这也是厨房区平面布局的主要形式之一。原材料的储藏空间应该接近主副食的初加工区域，这样能够方便材料的存取。厨房区务必要注意干净卫生，需要进行洁污分流设计，对原材料、成品、生食、熟食等进行分开存放；注意洗手盆设置及废弃物清理运输等问题。厨房区的工作人员需要进行更衣再进入操作间，还会涉及洗手、如厕等问题，因此工作人员的更衣室、厕所等应该在厨房区工作人员入口附近进行设置。工作人员及服务人员的出入口，应该与餐饮空间的顾客出入口分开，交通流线也要分开设计。最后还要考虑厨房的通风、消防、噪声等各方面的因素。对于饮食店，如一些风味小吃店、快餐店、冷热饮加工店等，厨房区面积相对较小，因此要根据空间大小及经营内容进行因地制宜的设计。

厨房的布局形式可以分为封闭式、半封闭式和开放式三种。封闭式厨房是最常见的一种形式，封闭式厨房将就餐区和厨房区完全分隔，顾客看不到厨房的内部状况，也不会受到厨房的影响，使餐饮空间显得整洁高档。半封闭式厨房往往是露出厨房的某一部分，使顾客看到厨房的内部状况，进行有特色的烹饪和加工技艺的宣传，活跃顾客与厨房的交流。这主要是从经营角度出发，让顾客对厨房的卫生及操作更加放心，也是餐饮空间的经营特色。半封闭式厨房虽然局部开放，但整体上还是呈封闭状态。开放式厨房是将烹饪过程全部呈现在顾客面前，厨房区与就餐区合二为一，气氛亲切，在一些小吃店如大排档、馄饨店、面馆等常常采取这种形式。

（六）后勤区

后勤区是餐饮空间的辅助功能区，往往由办公室、员工内部食堂、员工更衣室、仓库与卫生间等功能区域组成。在具体设计时，设计师可以根据不同餐厅的特点及实际面积进行空间的灵活划分，实现合理的后勤区设计。

（七）通道区

通道区是餐饮空间中连接各个功能区的一个重要空间，起到交通连接和引导的作用。在设计时务必要保证通道区的交通流线流畅，通道不宜过窄，宽度适中，避免迂回曲折的交通流线，避免顾客与员工交通流线的碰撞。良好的通道区设计可以让顾客有一个良好的体验，并保持愉快舒畅的心情进餐。

三、餐饮空间的设计要点

（一）前期调研

在餐饮空间设计的前期，需要进行客户调研、现场调研、市场调研。

首先是客户调研。要了解客户的经营角度和经营理念，明确客户对餐厅的设计要求、功能需求、风格定位、个性喜好、预算投资等；了解餐饮空间的员工人数及工作情况；完成调研表的统计工作；与客户进行沟通，表达初步的设计想法。

其次是现场调研。要了解室内空间尺寸与各空间之间的关系，了解建筑结构及建筑设备，确定出入口、承重墙、烟道、窗户等的具体位置，检查消防设计、原电压负荷及电缆数量等具体情况。基本情况了解之后，开始进行现场测绘。现场测绘是前期调研工作中十分重要的环节。查看现场尺寸与客户提供的图纸是否吻合，对原有图纸进行细化。在测绘时要使用卷尺、水平仪、量角器、激光测量仪、相机等工具，绘制出室内平面尺寸、各房间净高等细节；特别要记录管道设施设备的安装位置和尺寸，如坐便器的坑口位置及排水的管道位置、水表和气表的安装位置、柱网轴线位置的间距、室内空间的净高等，为下一步的方案设计做好前期准备。

最后进行市场调研。根据与客户沟通的设计风格查找相关的细节资料，根据当地风土人情、文化传统和意识形态偏好来确定设计主题。同时要进行同行调研，了解同类型餐厅的经营规模、经营状况及菜品品种、价位，室内环境及服务特色等。同行调研有利于餐厅的设计定位，以便开展后期设计。

（二）功能分区设计

1. 满足盈利需求

餐饮空间的总体布局要考虑盈利需求，设计之初就必须考虑投资预算等，根据预算来决定座位数量，预估就餐人数及每天的营业利润，并以此为依据划分餐饮空间的前厅、吧台、餐厅、厨房、库房和职工区域的面积。越高档的餐厅，顾客的人均活动占有面积越大。在高档餐厅中，候餐区、就餐区、通道区的面积相比中低档餐厅的面积要大得多。

2. 满足服务需求

餐饮空间的类型多种多样，提供的服务也不尽相同。不管是哪种类型的餐饮空间，都应该根据顾客的需求、行为活动规律和人体工程学原理进行合理的空间设计，并考虑到不同人群的需求进行不同的空间服务设计。比如，某些餐厅会提供儿童的游戏空间，有的音乐餐厅会设置舞台区域。这些服务设计不仅满足了顾客的需求，同时也形成了餐厅的一大特色。

3. 满足员工需求

餐饮空间满足员工的需求主要是通过规划良好的操作区域来方便员工工作，提高工作效率。比如合理的后勤区设计，要设计单独的员工通道、物流通道，避免与顾客通道相碰撞。同时，员工通道不宜过窄，否则服务员在上菜的时候容易发生碰撞，餐车及人员通过时也容易发生拥挤。

（三）就餐区设计

就餐区是餐饮空间的主体，不同类型的餐饮空间其经营方式不同，因此座位的布置形式也不同。常见的座位布置形式主要有包间、雅座、散座等。

就餐区的装修设计决定了餐饮空间的整体风格，在色彩方面，就餐区的色彩主要采取暖色调以达到增进顾客食欲的目的。当然，不同风格的餐饮空间，其色彩搭配也不尽相同。比如西式餐厅的色彩搭配，常常以淡黄、粉紫、褐色和白色为主；有些高档的西餐厅，还会进行描金设计，营造出浪漫优雅的气氛；中餐厅的色彩搭配往往采取白色、褐色、红色，营造出稳重、大方、儒雅的氛围，配合整体空间风格，还会选择一定的陈设品进行布置，如选择雕塑、字画等进行精心设计，营造出一定的文化氛围，烘托空间的主题风格，增加顾客就餐的情趣。

（四）常用的装饰材料

餐饮空间的装饰材料，既要体现装饰的档次、效果，也要注意总体的成本造价，减少前期的投入，有利于尽快实现盈利。不管是哪种风格的餐饮空间，都要遵循环保、经济、实用的设计原则。

餐饮空间的地面往往会选择水泥、地砖、大理石、红砖、青石、鹅卵石、片石等材料，不仅能够装饰出别样的效果，同时还耐磨、耐用；不宜使用地毯，因为汤水洒到地毯上难以清洁，还容易堆积污垢和灰尘。餐饮空间的墙面材料往往采用乳胶漆，色彩上采用偏暖的米白色、象牙白等，使空间呈现出温暖舒适的效果。除了乳胶漆之外，还可以采用墙纸、木板、硅藻泥等材料进行装饰。局部需要做特色设计，在完成主题风格化的设计时，也可以采用其他材质进行造型塑造，以烘托不同的格调和氛围。

餐饮空间的顶面材料常常以石膏板、纤维板、夹板为基础材料，在此基础上做造型，局部可以使用玻璃、木材、不锈钢等材料进行装饰。如果不做基础造型，可以直接在裸露的钢筋混凝土结构上刷漆，保持建筑的原始结构。

（五）照明设计

良好的照明设计可以营造出宜人的室内氛围，也能提高人们的就餐兴致，增加食欲。不同颜色光线下的空间和物体，不但外观颜色会发生变化，所产生的环境气氛和效果也会大不相同，会直接影响顾客的空间体验。

1. 自然光照明

人们在自然光下工作、生活和休闲，心理和生理上都会感到舒适愉快。自然光具有多变性，产生的光影变化更丰富，让室内空间效果更加生动。因此设计师可以充分利用自然光营造餐饮空间的光照效果。

2. 人工光照明

人工光相比自然光来说更加稳定可靠，受地点、季节、时间和天气条件的限制较小，比自然光更容易控制，而且能满足各种特殊环境的需要。对于餐饮空间而言，人工光照明不仅是为了照亮空间，更重要的是营造氛围，如柔和清静的茶馆、浪漫温馨的西餐厅或充满活力的中餐厅等不同类型的餐饮空间，都需要利用人工光照明设计来营造氛围，突出设计主题。

以中餐厅为例，中餐厅常用的灯具种类有吊灯、吸顶灯、筒灯、格栅灯、壁灯、宫灯、台灯、地灯、发光顶棚和发光灯槽等；常用的照明方式有整体照明、局部照明和特殊照明等。整体照明是使餐饮空间各个角落的照度大致均匀的照明方式，散座就餐常采用这种形式。局部照明也称重点照明，是指在工作需要的地方或需要强调、引人注意的局部才布置光源的形式。特殊照明是指用于指示、应急、警卫、引导人流或注明空间功能分区的照明。

（六）外观设计

与众不同的餐饮空间外观设计会给顾客留下深刻的印象，外观设计包括门头、外墙、大门、外窗和户外照明系统等部分。外观设计首先要和原有的建筑风格保持一致，最好能结合原建筑的结构进行设计。外观装饰要注意大门的选择，大门的样式与门头风格要相融。如果餐厅外墙足够长，可以设计比较大的玻璃窗，靠窗的位子往往最受顾客的喜欢。然而，玻璃窗虽然有很好的采光和装饰作用，但是安全性能却不好，如果使用钢化玻璃则会增加成本，保温性能也较差，冬冷夏热。

餐饮空间的户外广告及招牌设计要注意色彩、形状和外观的不同效果，招牌作为餐饮空间的标志最能吸引人们的注意力，招牌的设计宜突出餐饮空间的特点，字体应该容易识别，突出餐饮空间的特色。

餐饮空间周边的景观环境也要仔细设计，尽管很多餐饮空间的周边环境因受到场地限制而无法进行更多的园林景观设计，但在店外设置一些绿化造景或别致的陈设品会吸引路过的人群，让人们觉得这是一家高档、有品位的餐厅。

如果要在夜晚吸引顾客就餐，就需要选择合适的光源作为户外照明，主要选择射灯、透光型灯箱、字形灯箱和霓虹灯等照明系统。但是霓虹灯处理不当的话，容易使店面花哨，降低店面档次，因此使用霓虹灯照明的餐厅并不多见。

第四节　商业空间

商业空间是指为商业活动服务的各类空间环境，相应的空间设计具有广义和狭义之分。从狭义上讲，现代商业空间的综合功能和规模不断扩大，出现各类商业用途的空间设计，如商场、超市、娱乐休闲场所、专卖店等空间均属于其设计范畴。人们不再只是满足于商业空间的物质功能，对商业空间的环境及其对人的精神影响提出了更高的要求，以满足经济社会发展的需要。

经济发展导致消费模式及购物场所的转变，简单的交易模式已经无法满足现代商业发展的需求。城市化建设过程中，商业空间的配套设施不断完善，商业交易需要的各种条件（如交通、货运、通讯）和服务性行业（如酒店、餐馆、休闲娱乐等）也随着商业发展的需要而产生。新科技、新材料不断应用于商业空间设计，伴随发展的商业空间设计理念促进人们的消费，在消费环境的影响下人们对商业空间环境的要求也不断提升，产品的更新换代加速，商业空间的美化得到了更多的重视，以满足消费者的需要，促进商业的不断发展。

现代商业空间的设计概念应该以满足商业发展需求为前提，搭建商业活动平台，创新与时代感相结合，营造满足各类商业活动的空间环境。

一、商业空间的构成

商业空间可以说是由人、物及空间三者之间的相对关系构成的。人与空间的关系，在于空间提供了人的活动所需，包括物质获取、精神感受与文化需求。人与物的关系，则体现为人与物的交流机能。空间与物的关系是指空间提供了物的放置机能，“物”的组合构成了空间，而大小不同的空间构成了机能不同的物的空间。人是流动的，空间是固定的，因此以“人”为中心来审视“物”与“空间”，因诉求的不同而产生了商业空间的多元化。

（一）商业空间的功能性分类

（1）展示性：除了一般意义上的商品陈列，商业空间还可以为动态的表演、各种形式广告的发布及附加信息的传达等提供平台。

（2）服务性：商业空间提供各种有形或无形的服务，包括购物、休闲、咨询、汇兑、寄存、修理、餐饮、美容等。

（3）娱乐性：商业空间可以提供儿童游乐、电子游戏、运动休闲等调剂身心的活动。

（4）文化性：无论是商品陈列还是休闲娱乐活动，都可以作为文化活动，包括各类流行时尚也是一种社会文化。

（二）消费心理

顾客的消费心理是设计师必须了解的内容。人们的消费心理过程大致可分为以下三个阶段：

（1）认知阶段：认识商品、了解服务是产生消费行为的前提。商品的包装、陈列及商业空间的装饰等，对消费者的进一步行动起重要作用。在这个阶段，商品本身和空间环境起诱导作用，如舒适、美观的空间装饰，以人为本的服务体系，生动别致的橱窗展示、商品的陈列，品牌及广告宣传等都应使消费者感到身心愉悦，从而产生消费欲望。

（2）情感阶段：在认知的基础上，消费者经过一系列的比较、分析、思考，直到做出判断的心理过程。

（3）意志阶段：经过认知和情感的心理过程，消费者有了明确的购买目的，最终实现购买的心理决定过程。

（三）购物环境

消费者会有各种购物行为，但对环境的要求大致相同。

1. 舒适性和美观性

购物环境的舒适性和美观性能增加消费者光顾次数和停留时间，也就增加了接触商品的机会。创造美观舒适的购物环境，主要体现在视觉的愉悦感、身体的舒适感、优雅的声光效果等方面。

2. 安全性

商业空间设计在追求舒适性的基础上还要保证商业空间的安全性，国家对公共建筑的室内环境有明确的规范和要求。首先，要考虑设备安装设计的安全性；其次，要避免可能对消费者造成伤害的设计；最后，要避免让消费者使用时产生心理恐惧和不安全的因素。

3. 方便性

就近购物、方便快捷、省时省钱的商业空间是消费者的最佳选择。因此交通便利和人口密集的区域往往是商场业主的首选。此外，商业空间内部交通流线设计的合理性决定了购物环境的方便性。随着商品经济及科技的发展，现代商业空间在规模、功能和种类等方面都远超过去，而且商品交易的双方（销售商和消费者）都对商业空间的环境提出了进一步的要求。这些要求除了功能方面的设施和条件外，还包括各类心理需求和精神需求。因此商业空间的设计应当为满足这些要求提供方便。

4. 可选择性

“货比三家”不上当是众所周知的道理，说明消费者在消费过程中存在着比较、选择的过程，也说明购物环境可选择性的重要性。所以，大型的购物环境中往往具备多家商店、多方面信息，产生商业聚集效应。

5. 标识性

在同一个区域，经营同一类商品的商店，只有设计独特的标识和门面，营造富有创意的购物环境，才会给消费者留下深刻的记忆。同时，正因为每个商店的独特性、新颖性和可识别性，才形成了商业街丰富的商业氛围。

（四）商业空间的形态分类

随着时代的发展，商业空间的主要形态先后出现，包括百货店、邮购、连锁店、超级市场、购物中心、商业街、大型综合超市、便利店、专卖店、虚拟商店（网店）等商业空间形态。

1. 百货店

百货店是指在一个建筑物内，按照不同商品设置销售区，开展进货、管理、运营等活动，满足消费者多样化选择需求的零售业态。

百货店产生的背景：欧洲进入工业化社会，城市人口急增，大众消费能力、生产能力都有明显的提高，在这一背景下现代大规模的百货业应运而生。

老佛爷百货公司曾是巴黎最大的百货店，拜占庭风格的巨型镂金彩绘雕花圆顶，至今已有一百多年的历史，在华美绚丽的穹顶下，集合了超过三百个国际知名的奢侈品牌。除了购物，老佛爷百货公司还设有欧陆风情美食天地和名酒窖、家居生活艺术商场和时装表演区等。值得一提的是，在这里购物，无须担心语言不通的问题，因为这里为中国游客提供了中文服务人员接待。

巴黎春天百货的建筑本身就是历史文化遗产，让消费者一边购物，一边领略法国历史文化。其外墙装饰更是美艳，让整条奥斯曼大道都为之动容；1881 年修建的装饰着彩色马赛克和玻璃天窗的角楼现在已经是举世闻名的游览地点。登上福楼咖啡厅的七楼，观赏由 3185 块彩画玻璃组成的春天百货屋顶，绝对是一种精神的享受。难怪春天百货建筑群被评为历史古迹，其宏伟华丽的“新艺术风格”穹顶令人惊叹。

2. 邮购

邮购是一种有别于其他商业空间形态的特殊的商业形态，产生于 19 世纪末的美国，因美国幅员辽阔，农村人口分散、购物不便，善于经营的商人以商品目录和价格标识的方式，使消费者有机会参考选购，风行一时，是当时零售业的新形态。

3. 连锁店

连锁店缘起于20世纪20年代的美国，借助于日趋完备的通信与运输系统，小型商店利用自身的经营经验，在各地设立分店，并建立企业形象，推广业务。连锁店的大批量采购、相对统一的设计风格和服务标准，使消费者对连锁店形成一致的印象，同一商店的服务空间范围得到延伸。企业形象设计更是连锁店经营的重要特征。

4. 超级市场

超级市场指采取自选销售方式，以销售生鲜食品、副食品和生活用品为主，满足消费者每日生活需求的零售业态。

超级市场亦是美国的产物，起源于20世纪20年代末的经济大恐慌时期。超级市场以不需要高成本的门面装饰、店内货物由顾客自取而降低经营的成本，低廉的货物受到经济不景气市场下的消费者的欢迎。超级市场风行的因素还包括以下几种：

（1）汽车的普及使一般家庭能够到较远的超级市场一次性采购较多的生活用品，有运输的便利性。

（2）冰箱的普及延长了食品和饮料的保存时间，使得超级市场的大量销售成为可能。

（3）包装技术的进步、真空包装和防腐技术，以及各种工业产品的包装技术使得食品包装更加完善，保质期更长，适合在超级市场批量销售。

最初的超级市场以销售食品为主，多设置在郊区。近年来，已由郊区进入城市中心，货物也由食品扩展到日用品、家用电器等，应有尽有，发展为综合性商场。

5. 购物中心

购物中心是指有计划地开发、管理、运营的各类零售业态、服务设施的集合体。由发起者有计划地开设、统一规划布局，店铺独立经营，选址多在中心商业区或城乡结合部的交通要道。内部由百货店或超级市场作为核心店，与各类专卖店、快餐店等组合，设施豪华、店堂典雅、宽敞明亮，实行卖场租赁制，核心店的面积一般不超过购物中心面积的80%。购物中心的服务功能齐全，集零售、餐饮、娱乐为一体，还会根据销售面积，设置相应规模的停车场。

20 世纪 60 年代是世界经济起飞的时期，也是欧美等国大量生产、大量消费的时期，购物中心的出现正是顺应了这一时代的需求。它集百货、超市、餐厅和娱乐于一体，并规划设置了步行区、休息区等公共设施，方便人们购物与休闲。购物中心可分为两大类：

（1）单体型：在单建筑内不同楼层区域中规划不同的商品种类，并设置了休息、娱乐设施。

（2）复合型：由多个建筑组成，各自经营不同的项目，由天桥、地下通道等设施联系各单体建筑；整个区域规划了停车、休息、步道、景观等空间。

6. **商业街**

商业街是指有拱廊的商业街道，在一个区域内（平面或立体）集合不同类别的商店，构成综合性的商业空间。所有公共设施，如街道、店铺门面和招牌、休息设施等均按统一的标准设计，而且有统一管理的组织。

7. **大型综合超市**

大型综合超市是指采取自选销售方式，以销售大众化实用品为主，满足消费者一次性购足商品的需求的零售业态，选址多在城乡结合部、住宅区、交通要道，营业面积大于 2500 平方米；商品构成齐全，重视企业的品牌开发；设置与营业面积相适应的停车场。

大型综合超市亦称仓储式超市，采用顾客自助式选购的连锁店方式经营，20 世纪 60 年代末出现在美国，以货物种类多、批量批发销售、低价为主要特点，利用连锁经营的优势，大批采购商品亦自行开发自己的品牌。

8. **便利店**

便利店是以满足消费者便利性需求为主要目的的零售业态，选址多在居民住宅区、主干线公路边，车站、医院、娱乐场所、企事业所在地；营业面积在 100 平方米左右，营业面积利用率高，居民徒步购物 5 ~ 7 分钟可到达，80% 的消费者为有目的的购买；商品结构以速食食品、饮料、小百货为主，有即时消费性、小容量、应急性等特点，营业时间长，一般在 10 小时以上，甚至 24 小时营业，终年无休；以开架自选为主，结算在收银台统一进行。这是一种20世纪80年代后出现的新型零售业，在巨型化和连锁化经营的超市的缝隙中，以24小时营业的方式方便了居民生活，并为夜间工作者提供服务，这种以食品、饮料为主的小型商店也兼售报刊、日用百货、文具、药品，并经营一些社区服务项目，如代缴水电费等，给消费者带来便利。

9. 专卖店

专卖店是近几十年出现的销售某品牌商品或某一类商品的专业性零售店，以其对某类商品完善的服务和销售，针对特定的消费者群体获得相对稳定的客源。大多数企业的专卖店还具备企业形象和产品品牌形象的传达功能。

10. 虚拟商店（网店）

网店这种商业空间形态是科技发展的必然产物，衍生出众多的O2O商业模式，是目前为止中间环节最少的一种销售模式。

二、商业空间设计的基本元素

（一）商业空间的基本需求

1. 功能需求

商业建筑的功能主要体现在室内空间的使用上，即空间的适用性。不同的建筑性质具有不同的使用要求，室内设计在满足物质功能和精神功能两方面的侧重点也是不同的。商业空间的基本功能需求包含两方面的内容：

（1）各类人员在其中活动的基本空间要求和人流动线组织。

（2）商店的营业需求，尽可能提升室内空间的有效利用率。

2. 精神需求

除了功能需求外，商业空间还有精神需求，如西餐厅需要一种柔和、静谧的就餐氛围，给人以美好的精神享受。而快餐厅则相反，多采用鲜艳、明快的色彩以及快节奏的音乐来加速顾客的就餐速度。

（二）界面与色彩

构成空间的物质因素主要是界面。商业空间的界面不仅起到分隔空间的作用，也是空间陈列布置的延续。由于界面的面积大，对室内气氛的烘托起重要作用。界面作为商业空间的主要陈设面，设计应大胆，色彩对比强烈，但休息或过道部分的界面不宜太夺目。

1. **商业空间的色彩设计**

（1）色彩的基本语言。

色彩是千变万化的，不同的色彩代表不同的情感特征，给人带来不同的心理感受，也能营造出不同的生活情调。在商业空间设计中，色彩的语言表达也是通过不同的色调以调和空间情调。色彩语言经过不同的搭配后，在语言的表达方式和情感的表现方式上更加变幻无穷。

同类色的调和：同一色相的色彩进行变化统一，形成不同明暗层次的色彩，明暗变化的配色给人以亲切感。

类似色的调和：色相环上相邻色的变化统一，如红和橙、蓝和绿等，给人以融合感，可以构成平静调和而又有一些变化的色彩效果。

对比色的调和：补色及接近补色的对比色配合，明度与纯度相差较大，给人以强烈鲜明的感觉，如红与绿、黄与紫、蓝与橙等的搭配。

色彩是商业空间设计中最具表现力和感染力的因素，它通过刺激人们的视觉感受产生一系列的生理和心理效应，形成丰富的联想、深刻的寓意和象征。在商业空间设计中，色彩主要满足功能和精神需求，目的在于使人们心理舒适、情感活跃。色彩本身具有一些特性，在商业空间设计中充分发挥和利用这些特性，将会赋予设计以迷人的魅力，使空间大放异彩。

（2）色彩带来的心理感受及其运用。

①色彩的冷暖感。

在商业空间设计中，可以运用色彩的冷暖感来设定空间氛围，如酒吧、KTV 的设计可以大量运用暖色调来烘托其热烈的气氛。

餐厅的色彩一般宜采用干净、明快的色系，常用偏黄的暖色系为主调，以刺激人的食欲。但一些特殊定位的餐厅，如海鲜餐厅，也会用蓝色为主色调突出其经营特色；冷饮店的色彩也常用蓝、蓝绿、蓝紫等冷色系为主调，使人在炎热的夏天产生凉爽的感觉。

商业空间的休息室应营造一种平和、舒适的氛围，不宜采用冷暖或明度对比过强的色彩，明度适中的色调能使人心情放松、精神舒缓，更适合于休息室的色彩运用。

②色彩的距离感。

不同的色彩可以给人进退、远近、凹凸的感觉，根据人们对色彩的感受，可以把色彩分为前进色和后退色。一般情况下，暖色系和明度低的色彩给人后退凹进的感觉，利用色彩的距离感可改变室内空间不理想的比例尺度。对层高较低的商业空间，顶棚造型除了不宜太烦琐外，在色彩的处理上可以用白色或比墙面浅的高明度色彩来提升顶棚的视觉高度；层高较高的商业空间，可以用暖色和比墙面颜色更深的色彩来装饰顶棚，减弱空旷感，降低顶棚的视觉高度。

在商业空间设计中，可以利用色彩的距离感强调和突出重点，如可以用鲜艳的颜色和其他前进色作为主体背景和展示物的色彩。

③色彩的分量感。

色彩明度的高低直接影响色彩的分量感，色彩纯度的高低也会影响色彩的分量感。物体的质感给色彩的分量感带来的影响也是不容忽视的，同样的色彩，物体有光泽、质感细密坚硬，给人的感觉重；物体表面结构松软，给人的感觉就轻。

在商业空间设计中，应注意色彩轻重的搭配，把握“上轻下重”的设计原则，给人以视觉上的平衡感。

④色彩的尺度感。

暖色和明度高的色彩有扩散和膨胀的作用，使人感觉物体较大；而冷色与明度低的色彩有收缩和内聚作用，会使人感觉物体相对较小。恰当地运用色彩的这种尺度感可以改善室内空间的设计效果。

室内空间相对较小时，墙面装修适宜用明度较高的浅色材料，使空间显得开阔。商业空间中柱子过粗时，宜用深色来减弱体量感；柱子太细时，宜用浅色来增加体量感。

同样的空间，室内色彩协调统一，会使空间显得开阔；室内色彩对比强烈，会使空间显得拥挤。

⑤色彩的华丽感和朴素感。

从色相上看，暖色给人以华丽感，冷色给人以朴素感。从明度上看，明度高的色彩给人的感觉华丽，而明度低的色彩给人的感觉朴素。从纯度上看，纯度高的色彩给人的感觉华丽，纯度低的色彩给人的感觉朴素。同一色彩，不同的质感给人的感觉也是不同的。一般来说，质地细密而有光泽的材质会给人华丽的感觉；反之，质地疏松无光泽的材质给人朴素的感觉。色彩的华丽感与朴素感是相对而言的，在设计中要灵活运用。

⑥色彩的积极感。

从色相上看，红、橙、黄等暖色比蓝、绿、紫等冷色给人的感觉更兴奋和积极；从纯度上看，高纯度的色彩比低纯度的色彩感觉更积极，且刺激性强；从明度上看，同纯度不同明度的色彩，一般是明度高的色彩刺激性比明度低的色彩大。

例如，舞厅、KTV 等娱乐场所，婚宴、节日庆典等宴会厅的色彩应多用积极的色彩进行装饰。

2. 商业空间色彩设计的基本原则

（1）充分考虑不同商业空间的功能和性质要求。

（2）利用色彩改善空间效果。

（3）色彩的配置（运用）应符合人的审美需求。

（4）应注意不同民族、地域对色彩的审美差异。

不同的色彩产生不同的联想和象征，甚至还会有爱憎的效果。商业空间设计的步骤应该是形式—材料—色彩，各部分的色彩变化服从于基本色调，需要强调的商品陈列处运用一些对比色彩，以取得醒目活跃的效果。如果运用两到三种调和的颜色，色彩有轻微的变化，整个环境就会比较柔和、舒适，稍加点缀色以烘托中心。

（三）照明设计

商业空间照明设计的重要性是不言而喻的，正是灯光打造了商业空间璀璨的建筑立面表现，使得商业空间成为吸引市民消费购物的首选之地。

商业空间中照明设计具有指引、识别、突出、聚焦的实用功能，更是兴奋、冷暖、热情、朦胧等情感的表达因素。光弥漫在环境中，形成多种多样的变化，并形成一定的质感，由此展现出商业空间的多样性和丰富性。

商业空间大体上划分为公共活动空间，包含入口、电梯间、步梯流线、休闲中庭、走廊、休息处、咨询处、结算处、卫生间等；半开放的公共空间，包含品牌店、咖啡室、零售区域、餐饮业、娱乐区域；还有商业附属配套设施空间，包含办公室、配电室、财务中心、物流通道、员工通道、设备间、仓库等。不同的功能空间需要不同的照明设计，如公共交通流线需要具有一定指引性、均匀度良好的泛光照明灯具，还要配备相应的悬挂、立柱式导识系统照明。

商业空间的照明分为一般功能照明、展示重点照明、装饰性照明、广告类照明、应急照明、灯光装置等几大类。在照明设计手法上更是多种形式结合，反射照明、隐蔽照明、轮廓照明、发光板照明、重点照明等不一而足。不管是艺术化处理光的表达还是功能化讲述光的存在，都不能忽略和室内设计的充分结合。灯光的照明载体是室内的墙体形态、装置货架、地面材料、顶棚结构，但更重要的是室内活动中的人。所以，在商业空间照明设计中，不同功能场合的照度、亮度及显色性都有不同的要求，仅仅符合国家照明规范中简单的照度标准值要求是远远不够的，艺术美的表现才是衡量商业空间照明设计最终成败的标准。

商业空间照明的具体功能可概括为以下几点：

（1）吸引、引诱消费者进入；

（2）吸引消费者的注意力；

（3）创造合适的环境氛围，完善和强化商店的品牌形象；

（4）创造购物的氛围和情绪，刺激消费行为的产生；

（5）使商品更加生动鲜明。

商业空间的照明能够帮助商店强化消费者的购买行为，促成“驻足”“吸引”“引诱”的“三部曲”，这三部曲是最终完成购买的前奏。现代社会，人们已经由计划购物向随机的冲动购物转移，由必要消费向奢侈消费（超出必要程度的消费）转变。这种转变是因经济富足和未来学家奈斯比特所说的作为高技术的代偿，而产生的“只要我喜欢就买回家去”的“高情感”。在这样的购买心理下，用照明“吸引”和“引诱”消费者，创造良好的购物氛围，就变得非常重要了。

商业空间照明首先要满足功能上的照明需求，主要借助于功能照明灯具的设置，如吸顶灯、日光灯、白炽灯等。以装饰性为主的灯具为装饰性灯具，如各式吊灯、壁灯等。不太引人注目的功能灯具设置在大厅中，主要作用是保证大厅内的照度，重点的地方或小空间可用装饰性灯具。设计师应根据特定环境，材料的纹理、形式、质感以及家具所形成的统一格调进行照明设计，使整个环境和谐统一，营造别样的气氛。

现代商业空间的照明方式主要包括以下几种：

（1）普通照明，这种照明方式是指灯具提供基本的空间照明，用来照亮整个空间，它要求照明灯具和照明灯光的均匀性。

（2）商品照明，是对货架或货柜上的商品的照明，保证商品在色、形、质三个方面都有很好的表现。

（3）重点照明，也叫物体照明，它是针对商店的某个重要物品或重要空间的照明。比如，橱窗的照明属于商店的重点照明，通常是有方向的、光束比较窄的高亮度的针对性照明，采用点式光源并配合投光灯具。

（4）局部照明，这种方式通常是装饰性照明，用来营造特殊的氛围。

（5）作业照明，主要是指对柜台或收银台的照明。

（6）建筑照明，用来勾勒商店所在建筑的轮廓并提供基本的导向，营造热闹的气氛。

（四）音响设计

在现代商业空间设计中，满足人们在听觉方面的需要与满足视觉方面的需要是同等重要的，音响设计的内容主要是造就商业空间的良好音质及噪声的控制。

（1）强调语言清晰度的室内空间，如会堂、报告厅、多功能厅等，混响时间一般应控制在 1.1 秒以内。

（2）强调声音丰满度的室内空间，如歌剧院、音乐厅、交响乐厅等，混响时间一般不应低于 1.5 秒。

（3）语言清晰度和声音丰满度二者兼顾时，可取适中并偏语言清晰度要求的混响时间，必要时可辅之以电声。

对于室内产生的噪声，可利用吸声材料降低噪声。现在有一些既有吸声性能，又有装饰性能的材料，为设计师设计既满足声学要求又有一定装饰效果的室内环境提供了很大的方便。

第五章　室内设计的常用风格

第一节　古典风格

一、古典风格的特点及分类

最早的古典主义是指古典欧式风格，包含英式古典、法式古典等；从历史时期看，又有文艺复兴式、巴洛克式、洛可可式等；发展到现在，已经有了欧式古典、新古典及中式古典这些不同的分类。

（一）欧式古典风格

欧式古典风格是一种追求华丽、高雅的古典风格，其设计风格直接对欧洲建筑、家具、文学、绘画甚至音乐艺术产生了极其重大的影响。欧式古典风格具体可以分为六种：罗马风格、哥特式风格、文艺复兴风格、巴洛克风格、洛可可风格和新古典主义风格。欧式古典风格的家具最为完整地继承和表达了欧式古典风格的精髓，也最为后世所熟知，尤其是以塞特维那皇室家具为代表的欧式古典家具完整地保存了欧式古典风格，在传承、发扬欧式古典文化方面起到了重要作用。

（二）新古典风格

新古典风格从简单到繁杂、从整体到局部，精雕细琢，镶花刻金，都给人一丝不苟的印象。一方面保留了材质、色彩的大致风格，让人仍然可以很强烈地感受传统的历史痕迹与浑厚的文化底蕴；另一方面又摒弃了过于复杂的肌理和装饰，简化了线条。

（三）中式古典风格

中式古典风格的室内设计，在室内布置、线形、色调及家具、陈设的造型等方面吸取了传统装饰“形”“神”的特征。例如，吸取我国传统木构架建筑室内的藻井、天棚、挂落、雀替的构成和装饰特征，吸取明、清家具的造型和款式特征等。

中式古典风格的主要特征是以木材为主要建材，充分发挥木材的物理性能，创造出独特的木结构或穿斗式结构，讲究构架制的原则，建筑构件规格化，重视横向布局，利用庭院组织空间，用装修构件分合空间，注重环境与建筑的协调，善于用环境创造气氛。

中式古典风格的民族气息很浓，特别是在色调上，以朱红色、绛红色、咖啡色等为主要色，显得尤为庄重。

二、典型案例分析

案例一：欧式古典风格，如图 5-1 至图 5-5 所示。

图 5–1　欧式古典风格案例——入口玄关

图 5–2　欧式古典风格案例——餐厅

本案例是位于北京市昌平区的一幢别墅，面积为 394 平方米，设计为欧式古典风格中的巴洛克式。这种样式雄浑厚实，在运用直线的同时也强调线形流动变化的特点，这种样式具有许多的装饰和华美的效果。在室内将绘画、雕塑、工艺集中于装饰和陈设上，墙面装饰以展示精美画作为主，有时也会展示法国壁毯、大型镜面或大理石，色彩华丽且用金色予以协调，构成室内庄重豪华的气氛。

图 5–3　欧式古典风格案例——书房

图 5–4　欧式古典风格案例——二层走道

图 5–5　欧式古典风格案例——卧室

本案例设计伴随着灵动的金色花纹壁纸、餐厅中造型独特的黄色落地灯、会客室的红色法兰绒沙发、客厅的黑色亮光漆壁炉，搭配上精美的相框、高雅透亮的水晶灯饰品，又将设计考究的家具穿插在其中，形成光彩照人、绚丽夺目的效果，让人总有目不暇接的惊喜。

案例二：中式古典风格，如图 5-6 至图 5-9 所示。

这套房子的结构改造使得整个空间更加开阔，色调上运用了配合外环境黑瓦白墙的颜色，让整个空间更加干净、清爽，极具现代感。沙发和桌椅延续了黑白灰的简约，暖灰色的地砖和餐厅的红色装饰物，使得整个空间跳跃、灵动起来，现代气息更加浓烈。楼上走廊的木地板和门套用的是暖色调，这和黑白灰所构成的空间刚好三七分，形成视觉上的黄金分割。随意飘洒的红色花瓣，墙上的古老照片，一种旧上海的情调涌现出来。阳光透过窗户照射进来，悠闲而安静，配上自然的防腐木，让人觉得这阳台更加温馨贴切。

图 5–6　中式古典风格案例——入口与客厅

图 5–7　中式古典风格案例——二楼家庭室与阳台

图 5–8　中式古典风格案例——客厅一角　图 5–9　中式古典风格案例——餐厅

第二节　田园风格

一、田园风格的特点及分类

（一）美式田园风格

美式田园风格非常重视生活的自然舒适性，充分显示出乡村的朴实风味。它摒弃了烦琐与奢华，兼具古典主义的优美造型与新古典主义的完备功能，既简洁明快，又便于打理，自然更适合现代人日常使用。

美式田园风格讲究的是一种切身体验，是人们从家居中所感受到的那份日出而作、日落而息的宁静与闲适。如果非要用几个字来概括，那么“摒弃奢华，回归乡村”应该最为恰当。

（二）泰式田园风格

泰式田园风格营造的是一种清雅、休闲的气氛，佛像、纱幔、香薰灯等经典配饰将泰式田园风格演绎到极致。高大的宽叶植物点缀，使得这类家居更显热带风情。泰式田园风格家具显得粗犷，但平和且容易接近，多采用做旧工艺，不同样式的雕花使得家具充满异域风情。家具的油漆通常以单一色为主，强调实用性，同时也非常重视家具的装饰性，适当的金属点缀也使得家具更添迷人色彩。家具的材质多为柚木，光亮感强，也有椰壳、藤等材质的家具。色调以咖啡色、深褐色和暗红色为主。

（三）英式田园风格

英式田园风格以英国 20 世纪三四十年代的郊野风光为原型，勾勒出返璞归真的自然景色及古朴实在的温馨情怀。保持木、藤、铁的本色，结构简约明了，图案搭配清爽简洁，叶片、葡萄、花朵只是起到点缀的作用，跃然成为家具上田园景色的浮光掠影。

（四）法式田园风格

法式田园风格强调优雅柔美的线条，体现了法国深厚的历史背景和法国人高雅与浪漫的气质。法国田园风格家具多以原色松木和灵巧的樱桃木为主要材质，并经常运用洗白处理及大胆的配色进行后期的加工处理。家具的洗白处理使家具呈现出古典美，而红色、黄色、蓝色三色的搭配则显露出土地肥沃的景象，椅脚被简化的卷曲弧线及精美的纹饰也是法式优雅乡村生活的体现。

二、典型案例分析

案例一：美式田园风格，如图 5-10 至图 5-13 所示。

本案例带着一种淳朴、自然的味道，空间的功能划分合理明确。在家居配饰上，牛皮的家居带着大自然的野性，再配以大气的雕花家具，自然粗糙的外形不乏细节上的精雕细琢，通过木材的纹理、节疤来表现材质的粗犷美，更增强了室内的自然气氛。不难看出，每一件家具都是为这个房间量身定制的，尺寸、色彩和造型与空间都很和谐。用花朵图案和各种纹路作为装饰的布艺是美式田园风格中非常重要的元素。不论是感觉笨重的家具，还是带有岁月沧桑感的配饰，都在向人们展示生活的舒适和自由。

图 5-10 美式田园风格案例——客厅一角

图 5-11 美式田园风格案例——客厅与餐厅

图 5-12 美式田园风格案例——卧室一角

图 5–13　美式田园风格案例——室内公共休闲空间

案例二：英式田园风格，如图 5-14 至图 5-19 所示。

本案例中，英式手工制作的沙发线条流畅柔美，布面花色秀丽，注重布面的配色及其对称之美，越是浓烈的花卉图案或条纹格子就越能传达出英式田园风格的味道。

手绘工艺也是英式田园风格里具有代表性的工艺手法。手绘家具和手绘工艺品是其中的代表。手绘家具是田间劳作休憩时的涂鸦之作，不同的田间劳作产生了不同风格的绘画主题。手绘方法有轻色手绘和重色手绘，轻色手绘多用于英式田园风格，适合大件家具，如床、大衣柜、酒柜等家具的制作，与趋向于简约风格的现代家具也很容易搭配。

图 5-14　英式田园风格案例——电视背景墙

图 5-15　英式田园风格案例——餐厅

图 5-16　英式田园风格案例——客厅一角

图 5-17　英式田园风格案例——书房一角一图

图 5-18 英式田园风格案例——书房一角二图 5-19 英式田园风格案例——主卧卫生间

第三节 现代简约风格

一、现代简约风格的起源和特点

（一）现代简约风格的起源

简约主义源于 20 世纪初期的西方现代主义，早期的现代室内设计中简约主义设计理论来源于西方，现代主义建筑大师密斯·凡·德·罗（Mies van der Rohe）高度强调和提倡“少即是多”的设计原则，讲究功能主义，无装饰，简单却不单调。

（二）现代简约风格的特点

装饰要素：金属灯罩、玻璃灯 + 高纯度色彩 + 线条简洁的家具 + 到位的软装。金属是工业化社会的产物，也是体现简约风格最有力的素材。

空间简约，色彩就要跳跃出来。苹果绿、深蓝、大红、纯黄等高纯度色彩大量运用，大胆而灵活，不单是对简约风格的遵循，也是对个性的展示。

强调功能性设计，线条简约流畅，色彩对比强烈，这是现代风格家具的特点。此外，大量使用钢化玻璃、不锈钢等新型材料作为辅材，也是现代风格家具的常见装饰手法，能给人带来前卫、不受拘束的感觉。由于线条简单、装饰元素少，现代风格家具需要完美的软装配合才能显示出美感。

二、典型案例分析

案例：本方案是一处 132 平方米现代简约风格的三房两厅住宅，如图 5-20 至图 5-25 所示。

图 5-20　现代简约风格案例——客厅一角

图 5-21　现代简约风格案例——餐厅

图 5-22　现代简约风格案例——主卧一角

图 5-23　现代简约风格案例——主卧与书房

图 5-24　现代简约风格案例——客卧

图 5-25　现代简约风格案例——卫生间

沙发背景墙以时尚镜面衔接粗犷纹理的矿石板，打造立面的视觉冲击力。以石材表现不对称的斜角，收放自如地兼顾实用与美观效果。玻璃划分出书房空间，光滑黑亮的质感对比，轻易打造出地面焦点。地面的深浅转换，让空间的不同属性立马展现。天花板从建筑概念出发，融入有宽有窄的线条；规格相同的嵌灯错开排列，使简单的设计元素营造出不凡的氛围，实现轻盈通透的绝佳视觉效果。

第四节　地中海风格

一、地中海风格的特点

（一）地中海风格元素

地中海周边国家众多，民风各异，但是独特的气候特征还是让各国的风格呈现出一些一致的特点。关于地中海风格的灵魂，目前比较一致的看法就是蔚蓝色的浪漫情怀，海天一色、艳阳高照的纯美自然。

（二）地中海风格的特征

1. 拱形的浪漫空间

地中海风格的建筑特色是拱门与半拱门、马蹄状的门窗。建筑中的圆形拱门及回廊通常采用数个连接或垂直交接的方式，在走动观赏中呈现延伸般的透视感。此外，家中的墙面处（只要不是承重墙），均可运用半穿凿或全穿凿的方式来塑造室内的景中窗。

2. 纯美的色彩方案

地中海的色彩确实太丰富了，按照地域自然出现了三种典型的颜色搭配。

（1）蓝色与白色：比较典型的地中海颜色搭配。这种搭配从西班牙、摩洛哥海岸延伸到地中海的东岸希腊。希腊的白色村庄与沙滩和碧海蓝天连成一片，甚至门框、窗户、椅面都是蓝与白的配色，加上混着贝壳、细沙的墙面，小鹅卵石地，拼贴马赛克，金银铁的金属器皿，将蓝与白不同程度的对比与组合发挥到极致。

（2）黄色、蓝紫色和绿色：意大利南部的向日葵、法国南部的薰衣草花田，金黄色及蓝紫色的花卉与绿叶相映，形成一种别有情调的色彩组合，十分具有自然的美感。

（3）土黄色及红褐色：北非特有的沙漠、岩石、泥、沙等天然景观颜色，辅以北非土生植物的深红色、靛蓝色，再加上黄铜色，带来一种大地般的浩瀚感觉。

3. 不修边幅的线条

线条是构造形态的基础，因而在家居中是很重要的设计元素。地中海沿岸房屋或家具的线条不是直来直去的，显得比较自然，因而无论是家具还是建筑，都形成一种独特的浑圆造型。白墙的不经意涂抹修整的结果也形成一种特殊的不规则表面。

4. 独特的装饰方式

家具尽量采用低彩度、线条简单且修边浑圆的木质家具，地面则多铺赤陶或石板。马赛克镶嵌、拼贴在地中海风格中算较为华丽的装饰，主要利用小石子、瓷砖、贝类、玻璃片、玻璃珠等素材，切割后再进行创意组合。

在室内，窗帘、桌巾、沙发套、灯罩等均以低彩度色调和棉织品为主。素雅的小细花条纹格子图案是主要风格。独特的锻打铁艺家具，也是地中海风格独特的美学产物。此外，地中海风格的家居还要注意绿化，爬藤类植物是常见的家居植物，小巧可爱的绿色盆栽也常见。

二、典型案例分析

案例：本案例是位于苏州的一户面积为 120 平方米的三室两厅住宅，如图 5-26 至图 5-33 所示。

由于建筑本身的层高不高，还有几处梁，选择地中海混搭田园风格做一些拱门，正好可以把梁弱化。入户花园造型简单，屋顶的假梁是旧物利用，仿古地砖采用镶嵌鹅卵石斜铺的方式，既营造了地中海自然粗朴的风格，又新颖别致。

图 5-26　地中海风格案例——入口玄关

图 5-27　地中海风格案例——书房一角

图 5-28　地中海风格案例——厨房

图 5-29　地中海风格案例——餐厅

图 5-30　地中海风格案例——玄关背面吧台

图 5-31　地中海风格案例——入口矮阀门

图 5-32　地中海风格案例——客厅

图 5-33　地中海风格案例——卫生间一角

入户花园一角的铁艺窗也是住户的杰作，使空间显得灵活、通透。书房中，蓝色的竖条纹壁纸、简单的白色书桌椅、挂在墙上的渔网、倚墙而立的船形搁物架，这样简单的搭配却营造出浓郁的海洋风格。

客厅里深浅不一的蓝色奠定了家的主色调，公园长椅式样的鞋柜，实用美观。从餐厅可以看到厨房的小卡座，收纳和美观并存。蓝色的卡座和绿色的植物，构成夏日的清凉。局部的碎花壁纸及色彩鲜明的墙面装饰物，将这个冷色空间点缀得温馨。

整个家中色调变化最大的是卫生间，温暖的淡黄色和艳丽的玫红色搭配，使这里与公共区域的纯净蓝色形成强烈对比，充满了浪漫的情趣。

第五节　北欧风格

一、北欧风格的特点与类型

（一）北欧风格的含义

北欧风格是指欧洲北部国家挪威、丹麦、瑞典、芬兰及冰岛等国的艺术设计（主要指室内设计及工业产品设计）风格。

（二）北欧风格的特点

（1）在建筑室内设计方面，就是室内的顶、墙、地三个面，完全不用纹样和图案装饰，只用线条、色块来区分和点缀。

（2）在家具设计方面，产生了完全不使用雕花、纹饰的北欧家具，实际上的家具产品也是形式多样。如果说它们有什么共同点的话，那一定是简洁、直接、功能化且贴近自然。一份宁静的北欧风情，绝非蛊惑人心的虚华设计。

北欧风格以简洁著称，并影响到后来的极简主义、简约主义、后现代等风格。在20世纪风起云涌的工业设计浪潮中，北欧风格的简洁被推到极致。

北欧地区由于地处北极圈附近，气候非常寒冷，有些地方还会出现极夜。因此北欧人在家居色彩的选择上经常会使用那些鲜艳的纯色，而且面积较大。随着生活水平的提高，在20世纪初北欧人也开始尝试使用浅色调来装饰空间，这些浅色调往往和木色相搭配，以创造出舒适的居住氛围。

北欧风格的另一个特点就是黑、白色的使用。黑、白色在室内设计中属于“万能色”，可以在任何场合同任何色彩搭配。但在北欧风格的家庭居室中，黑、白色常常作为主色调或重要的点缀色使用。

（三）北欧风格的类型

在古代，北欧风格以哥特式风格为主。现代，大体来说北欧风格基本分类有两种，一种是充满现代造型线条的现代风格（modern style），另一种则是崇尚自然、乡间的质朴的自然风格（nature style）。

现代北欧风格总的来说可以分为三个流派，因为地域文化的不同所以有了区分，分别是瑞典设计、丹麦设计、芬兰设计。这三个流派统称为北欧风格设计。

（四）北欧风格的家具设计风格

1. 丹麦设计

丹麦设计的精髓是以人为本，如设计一把椅子、一张沙发，丹麦设计不仅仅追求它的造型美，更注重从人体结构出发，讲究它的曲线如何与人体接触时达到完美的结合。它突破了工艺、技术僵硬的理念，融进人的主体意识，从而变得充满理性。

2. 芬兰人的造型天赋

到20世纪60年代，芬兰人开始反省，渐渐将设计风格沉淀为平实、实用，与生活密切结合，更深度地利用国内现有材料，扩大消费群，扩大生产规模，逐渐形成芬兰家具的现代特色。他们在强调设计魅力的同时，致力于新材质的研究开发，终于生产出造型精美、色泽典雅的塑胶家具，令人耳目一新。

3. 瑞典摩登家具

与丹麦风格不同的是，瑞典风格并不十分强调个性，而更注重工艺性与市场性较高的大众化家具的研究开发。瑞典家具偶尔也会受到丹麦风格的影响，采用柚木、紫檀木等名贵材质制作高级家具，但从传统上来说，瑞典人更喜欢用本国盛产的松木、白桦制作白木家具。瑞典家具设计风格更追求便于叠放的层叠式结构，线条明朗，简化流通，以便制作，并以此凝结瑞典家具的现代风格。

4. 挪威家具的个性

挪威家具设计别具匠心，富有独创性。它在成型板材及金属运用上，常常给人意想不到的独特效果，并起到强化风格的作用。

挪威的家具风格大致分两类，一类以出口为目的，在材质选用及工艺设计上均十分讲究，品质典雅高贵，为家具中的上乘之作；另一类则崇尚自然、质朴，具有北欧乡间的浓郁气息，极具民间艺术风格。

（五）北欧风格家具的特点

北欧风格的家具通常具有多功能、可拆装折叠、可随意组合的特点。通常是在家具店中选中样品后，买回一套附有装配图和零件的成型板材，根据个人需要和喜好自行装配。这种生产方式促使北欧家具的制作工艺越来越先进，用材的表面处理越来越复杂，家具的质量和光洁度也需达到相当高的水平。手工艺这种在现代工业社会被看作活标本的技术，仍然在北欧国家的设计中被广泛使用。

二、典型案例分析

案例：本案例为哥德堡市的一套 114 平方米四居的公寓，如图 5-34 至图 5-37 所示。

这套公寓拥有美丽的橡木地板，超大的窗户，大理石做的窗台，屋顶华丽的灰泥装饰，白色的墙漆，美丽的双门房间。大厅和客厅的连接处是餐厅的理想之所。朝着院子的主卧是公寓主人双胞胎孩子的空间，房间西南位置的窗户允许足够的阳光进入，可以嗅到夏日阳光的温暖味道，并不受大城市噪声的骚扰。在厨房旁边有个较小的房间，从原来孩子的房间变成了工作间或客房，午后的阳光可以肆意从一扇窗或一扇门照进来。

图 5-34　北欧风格案例——厨房与餐厅

图 5-35　北欧风格案例——休闲室一角

图 5–36　北欧风格案例——客厅全貌

图 5–37　北欧风格案例——主卧一角

第六节　工业风格

一、工业风格的特点

最初的工业风格字面意义是仓库、阁楼的意思，当这个词在 20 世纪后期逐渐时髦而且演化成一种时尚的居住与生活方式时，其内涵已经远远超出了这个词语的最初含义。

（一）起源

20 世纪 40 年代，工业风格居住生活方式首次在美国纽约出现。

当时，艺术家与设计师利用废弃的工业厂房，从中分隔出居住、工作、社交、娱乐、收藏等各种空间，在很大的厂房里构造各种生活方式，创作行为艺术，或者办作品展。而这些厂房后来也变成了最具个性、最前卫、最受年轻人青睐的地方。

（二）要素

工业风格的定义要素主要包括：高大而开敞的空间，上下双层的复式结构，类似戏剧舞台效果的楼梯和横梁；流动性，户型内无障碍；透明性，降低私密程度；开放性，户型间全方位组合；艺术性，通常是业主自行决定所有风格和格局。

（三）特征

工业风格作为一种建筑形式，越发受人喜欢，甚至成为一种城市重新发展的主要潮流，它为城市人的生活方式带来了激动人心的转变，也对新时代的城市美学产生了极大影响。

在这空旷、沉寂的空间中，弥漫着设计师和居住者的想象，他们听凭自己内心的指引，将这大跨度流动的空间任意分隔，打造夹层、半夹层，设置接待区和大而开敞的办公区。

（四）居住方式

工业风格的空间有非常大的灵活性，人们可以随心所欲地创造梦想中的家、梦想中的生活，丝毫不会被已有的构件制约。人们可以让空间完全开放，也可以对其分隔，从而使它蕴含个性化的审美情趣。从此，粗糙的柱壁、灰暗的水泥地面、裸露的钢结构不再是旧仓库的代名词。

工业风格象征先锋艺术与艺术家的生活和创作，它对花园洋房这样的传统居住观念提出了挑战，对现代城市有关工作、居住分区的概念提出挑战，工作和居住不必分离，可以发生在同一个大空间中，厂房和住宅之间出现了部分重叠。

二、典型案例分析

案例一：重型汽车维修工厂改造，如图 5-38 至图 5-40 所示。

工厂原有的墙面、地面和横梁都被很好地保留下来。这样的保留正好最大限度地体现了工业风格的高空间、通透性、金属感、砖砌墙面、原木台面、装饰性等风格特色。原有的墙面和金属钢架都被重新粉刷过，使空间变得相对整洁一些，厨房的金属台面与餐桌的木质台面形成了冷暖、软硬的对比，使此处充满冲突的戏剧性又能通过周边的地板、墙砖等材质过渡融合。

图 5-38 重型汽车维修工厂改造案例——客厅与餐厅

图 5-39 重型汽车维修工厂改造案例——从客厅看向餐厅

图 5-40　重型汽车维修工厂改造案例——二层卧室一角

整个房子充分利用了原厂房的大玻璃采光，通透的设计将光线毫无遗漏地引入每个功能空间。家具也是选用相对开敞的，家具内的物品也成为展示和装饰的一部分。整个空间很少用到装饰画、挂件等装饰性的物件，设计的变化完全依靠大块的材质来完成。

案例二：此方案是位于福州的一处办公空间，面积为 400 平方米，如图 5-41 至图 5-46 所示。

从入口的接待区就可以很明显地看到，中式的家具与西方的金属吊灯、倒装的红酒玻璃杯等，形成了一个异常冲突的空间，一进门就给人惊喜。

图 5-41　工业风格办公空间——入口接待处

图 5-42　工业风格办公空间——吧台

图 5-43　工业风格办公空间——饮茶区

图 5-44　工业风格办公空间——大厅全貌

图 5-45　工业风格办公空间——低于二层的连接桥

图 5-46　工业风格办公空间——二层休息区

再看楼下的吧台区和吧台背后的休闲饮茶区，又是一对中西合璧却不显突兀的设计。用中式的家具来造就吧台与酒柜，却配以简洁的白色吧椅；饮茶区以原木家具、紫砂茶具配上西式的壁炉，再点缀中国红的油纸伞和雕塑，这样交错的设计互相配合，显得包容性强。

二层的洽谈区和办公室就明显变得沉静一些，藤制的家具也使空间更加沉稳、简洁。低于办公室的连接桥，通过者的视线低于办公室的活动高度，使办公室具有较强的私密性，同时办公室又可以看到外面大部分的空间。

室内外的连接是通过开口较大的门或窗来实现的，既能从功能上流动，又能从视线上流通，进而保有工业风格的通透性和采光的优势。

第七节　新中式风格

一、新中式风格的定义与内涵

（一）新中式风格的定义

新中式风格的现代家居设计在很大程度上汲取了西方现代主义中简洁、洗练的设计风格和表现色彩、质感光影与形体特征的各种手法，又结合了中国国情和技术、经济条件，因而室内设计带有中国自己的特色。

新中式风格在空间的格局、陈设物、线条、色彩等方面的造型，继承了传统家居设计的形、神的特点，把传统文化深厚的底蕴作为设计元素，戒奢简繁，去除复杂的装饰效果，减少传统家具的弊端，把现代家居的舒适融合到空间中，并根据不同家居的面积进行适宜的布置。

（二）新中式风格的内涵

新中式风格是中西方文化在室内设计中的冲突与融合。面对两种差异性文化在同一空间的展现，把两者间的关系处理到微妙，需要正确对待中西方文化。盲目地抄袭西方的设计理念，必定丢失传统的东方之韵；一味地排斥外来文化，抵触新鲜事物，会造成文化等发展的缓慢。所以，无论是哪一种风格，都要做到以下四个方面，新中式风格无一例外，必须做到及时充电。

第一，新中式风格需要不断地吸收外来的营养，不断地充实自己，解放传统的文化思想，让传统文化永葆青春。中华文化有着悠久的历史，文化只有不断接受新鲜文化血液才会不断地激发人们的领悟，展示出中华民族的精神活力。

第二，新中式风格吸收现代先进的科学技术，在接受的同时了解现代社会的发展走向。但是，新鲜的事物并非全是先进的，免不了有糠秕掺和之中，有的事物已经过时或将要过时。所以，新鲜事物更需要对其深入了解后，进行分解，取其精华，去其糟粕。

第三，吸收外来的营养，新中式风格要结合传统文化，不能一味地忽略传统文化。新文化的产生不是对过去的全盘否定，新文化与传统文化之间有着历史的联系。新文化的产生在某种情况下是对传统的升华，传统是基石，新文化是一种现代的表现形式，两者有着紧密的内部联系。

第四，新中式风格吸收新文化，重点是对其消化，贵在为我所用。

新中式风格是对中国传统室内设计风格的总结和提高，既符合现代人的审美要求，也与新的技术和工艺相结合。新中式风格具有中国传统文化底蕴，把传统文化与室内空间设计的外在形态联系在一起，在室内的空间布局上，不失现代风格的功能性和实用性，在装饰的结构上呈现出文化内涵。它是传统与现代这两种风格的碰撞，也是两种反差较大的设计风格在同一家居空间的展现。

二、新中式风格的特点

新中式风格主要是以传统文化为基础，融入现代设计元素，用现代人审美能力来重新演绎一种新中式风格，来表达对东方古典文化的追求。

（一）布局方面的特点

中国古代传统的中式风格的室内设计，主要是运用木质结构屏风、隔扇等木质形式来用于划分整个空间功能。传统的室内设计主要是木质结构的组合构成通透性，对室内进行划分布局的，能满足本身的功能性的同时也有装饰性。这种设计需要高标准的技术手法和对艺术处理的高度统一。

新中式手法又重新演绎了传统的空间布局，根据室内空间人数和私密程度来划分不同的空间，采用传统风格的韵味，利用屏风、隔断、木门来划分空间，增加室内的层次感，再合理运用一些传统元素，提炼一些简单、具有代表性的中式符号来增添室内的韵味，不简单，也不繁杂，不呆板，也不活泼，恰到好处的设计。

（二）装饰方面的特点

在中国传统家具装饰中，明清时期的家具可以说算是最具代表性之一，利用简单的线条就能表现出简约而又高贵的设计风格。现代设计师通过对传统家具的继承与创新，运用简单硬朗的线条和艳丽的色彩来赋予它新的活力。新中式风格采用简单、明朗的直线为主，主要是让西方的板式与中式风格相结合。新中式风格的家具更能体现出当代年轻人对简单低调生活的追求与向往；新中式风格更加具有使用功能，并且有传统的韵味和富有更多的时代感。

（三）色彩方面的特点

新中式风格主要采用明快的色彩：保留了传统中国红、长城灰、琉璃黄、青花蓝、玉脂白等具有代表性的色彩，来体现中国传统民族文化和深厚的华夏文化底蕴，有时候还运用一些原本材料的颜色和黑色来渲染室内空间的古典韵味，再搭配一些世界各地的传统装饰品，给新中式风格的室内设计增添更多的光彩。

三、新中式风格遵循的基本设计原则

新中式风格是当今社会里新演变的一种新的设计风格，需要设计师深入了解中国传统文化后，巧妙地将现代设计和传统文化相结合。在我国大量文献上记载，我国古代文化已经有了很深层次的理论基础，无论是室内设计还是园林设计都有其独有的风格简约。而注重事物的本质，满足实用功能的基础上与自然巧妙的结合，这些理论对当代室内设计也有着重要的影响作用。

在新中式风格中遵循的是“简约”，也就是保留了中国古代传统文化儒家、释家、道家的观点。在新中式风格中，也是同样遵守“删繁去奢，绘事后素”，追求事物本质，自然简约之美，摒弃繁杂、过度华丽之美的设计理念，将最简单的线条、最自然的表现形式运用到当代的室内设计中，在局部设计中加入个性的设计符号，改变了以往千篇一律的设计风格，追求深层次的设计内涵。瑞典设计师也极为推崇这种简单、自然、朴实的设计原则，这种设计风格也最能给人们的室内设计空间展现出舒适、安逸、柔和的现代美好生活。

四、新中式陈设品的分类

陈设品是用来美化并强化视觉效果的物品，同时应具有观赏价值或文化意义。新中式的陈设品设计不仅对陈设品的造型大胆设计，对材料的选择也更加随意，制作工艺也是当代工艺与传统工艺相结合，并且更加重视实用性、创意性和趣味性。

（一）室内家具陈设

1. 家具是软装饰元素的一种

大多数家具可以移动、清洗、更换，除了一些固定的家具和墙面、地面等。新中式的家具保留了原有的传统元素，运用现代设计手法、材料、生产技巧的改良与创新，既有传统文化底蕴，又具备时代感设计潮流，用现代人的审美理念和生活习惯来重新演绎新中式风格的家具。

“古为今用，洋为中用，批判继承，综合创新”，这句话就是新中式家具的设计理念。家具设计师必须深入了解中国古代传统文化的精髓，得到理论基础的同时加上现代科技、材料、工艺，尊重内在传统含义以外，更加注重其本身的实用功能，使新中式家具走出国门，走入全世界，让更多的外国人了解中国文化、喜欢中国文化、学习中国文化。

2. 室内空间的划分

新中式室内空间划分主要运用家具本身的可移动性，根据不同的空间功能来划分，每个空间都有各自的功能。在客厅与餐厅之间的公共区域，可用带有传统韵味的隔断、屏风、书架等。这种手法可以使空间有层次感的同时又有通透性，在设计上呼应了新中式的设计风格的特点，给空间增加了更多的古典韵味。

现代年轻人喜欢居住小户型房间，因为空间比较狭小，所以整个空间布置就比较讲究。那么如何利用好每个空间，让整个空间除了满足人们的生活要求外，还要给人感觉空间很大、很敞亮就相对比较难。如何满足顾客的空间要求，既要有餐厅又要有客厅，我们不能用墙来划分，本来空间就很狭小，如果再立一道墙，就会让人感觉压抑、堵塞，没有通透性。所以，现代设计师就利用古代有传统元素的镂空架子，在划分客厅和餐厅的同时，电视背景墙也解决了，巧妙地使空间划分开来，还使空间的视野更加的广阔。

3. 空间风格的深化

我国古代传统中式风格的室内设计装饰非常讲究室内空间的层次感。因为空间的使用人数和私密程度的不同，所以设立了相对独立的空间，经常采用屏风、博古架、书架等等，这些装饰品都有通透性，将整个室内空间在格局上划分开来，同时又使整个空间是一个整体，隔而不散，虚实相连。如果用墙体或是整体柜子来划分，就会给人呆板、凄凉的视觉效果，也容易使居住在房间里面的人有距离感，彼此沟通有阻碍。新中式的家具在室内空间中联系紧密，具有很浓的装饰韵味，能创造出和谐的意境，将整个室内设计提升到更高的境界。

当人一打开门进屋，首先映入眼帘的就是客厅，这时会使整个屋子缺少安全感，所以需要设计师巧妙地利用中国传统木雕镂空的隔断，将此处巧妙地划分开，分出客厅和玄关两个部分。室内具有私密空间的隔断，又有了通透性，合二为一，巧妙地将传统家具元素运用到新中式风格的室内设计当中。

（二）织物陈设

用于室内的纤维织物统称为室内织物，一般包括窗帘、壁毯、靠枕、床品、蒙面织物、坐垫靠垫、桌旗、地毯等等。随着科学技术的发展，人们的生活水平和审美意识的提高，各种不同用途的织物陈设品应用越来越广泛。

室内织物在室内空间中起着不可磨灭的作用，是营造空间氛围，体现空间人性化设计的一个重要手段。织物以其材料的柔软性与建筑生硬的线条形成对比，以其独特的质感、色彩及设计赋予室内以轻松、温馨、高雅、充满情趣的空间，所以织物陈设越来越受到人们的喜爱。织物陈设品既有实用性，又有很强的装饰性，而且像窗帘、沙发罩、床罩等面积较大，对人的心理感受影响很大，因此在织物的选择时，其图案、质感、色彩、式样、大小等都应根据室内空间的其他陈设品相协调。

对于新中式的织物陈设来说，材料的运用已不仅仅局限于传统的自然的棉、麻、丝、毛等几种类型，各种人造纤维材料，如腈纶、金属丝、人造革、天麻、涤纶、尼龙、氨纶等都以其各自不同的优势被人们广泛用于室内家居空间中。目前流行的很多时尚的、高科技的面料，如防尘、防潮、不易褪色、防水、防火、防辐射等功能的高科技产品的织物应用在家居生活中，如抗菌的床上用品、防紫外线的窗帘、防霉的墙纸、防污的地毯等，这些高科技产品的家用纺织品带给人们更舒适、温馨、便捷的生活方式，满足着人们不断地对生活品质的需求。新中式织物也会用到中国传统的蜡染、刺绣、扎染等，制成各种织物装点着室内家居空间，以增强室内环境的中式气氛。

（三）光影陈设

新中式风格室内设计的光影效果的运用主要采用传统装饰的风格特点，运用光影本身的变化和反射的效果，来传递现代高科技技术和古代传统文化的变化，将时间锁定，重新演绎一种柔和的、舒适的新中式风格的室内设计光影效果。

传统的设计作品主要强调创造出来的意境美，光影的虚实、强弱、色彩变化，可以使整个空间丰富多彩的同时，有很强的视觉冲击力，尤其是顶棚的灯光最为重要，需要设计师们好好运用，主要采用吸顶灯、筒灯、发光带等。新中式风格的吊灯主要是配饰和色彩的搭配，中国传统是以暖色为主，灯光颜色的选择也应该考虑其中之一，如果一个房间的吸顶灯是以橙色为主要色调，外部的装饰是镂空雕刻的暗花，那么到了傍晚光线暗淡的时候打开灯，这种放射的灯光效果，还有镂空雕刻的暗花的光影，会使整个房间有独特的韵味。新中式室内设计强调层次感，正是以传统元素造型与鲜明的色彩，使在黑暗来袭的夜晚显得如此黑暗、凄凉，一下子脱颖而去，成为万众瞩目的焦点，突出层次感，强调复古又新潮的氛围。

运用不同环境光影的设计手法，材质的不同、纹样的不同来反射出不同的光影效果，增强新中式风格的室内设计的光感趣味和独特的艺术性。

1. 光与影

"光"是现代生活中不可缺少的元素之一，包括自然光和人造光。"影"光照射到非透明的东西上反射出来一种与物体本身一样的阴影。光和影的关系十分密切，不同的物体受到光照效果和阴影的明暗程度都是不一样的。设计师们可以通过光影本身不同的变化，设计出不同的空间效果。例如，哥特式建筑的教堂在阳光照在彩绘玻璃窗的时候，把整个教堂变得五光十色，非常漂亮，如果巧妙地改变影子本身的变化，就可以把教堂变得更加的庄严。

2. 不同光影在新中式风格的室内设计中的运用

根据不同的光源种类，可以把光影归纳为自然光影和人造光影。自然光影——太阳光，它的光影效果是无人能挡的，是大自然给予的自然能量，最亮、最美，不加修饰。但是有时候会受到天气影响而变化莫测。天气好的时候光影是最好的，下雨没有太阳的时候光影效果就很微弱了，色彩同样也非常得弱。

人造光影经过人类的加工设计产生的光源，指的是经过人类的加工和设计而得到的光源，就是现在的灯光设备。

（四）器皿陈设

随着社会的进步发展，像古代尊、鼎等生活用品已经由象征着等级地位、权力身份的器皿转化为文化或生活中的陈设品，而碗、碟、杯等器皿作为生活用具出现在人们的生活中。这些生活器皿包括茶具、餐具、酒具等，都属于实用性陈设品。

生活器皿所使用的材料有很多，除了像陶瓷、金属、木材、竹子等传统材料外，还有如玻璃、塑料、不锈钢等新材料的使用，这些新材料的应用使得新中式的器皿更具特色。不同的材料能产生不同的装饰效果，如木头朴实自然，陶瓷浑厚大方，瓷器细腻洁净，金属光洁富有现代感，它们都以不同的形式出现在家居的每个角落里，或单个陈设，或成套摆放在餐桌、茶几、展示柜上。这些器皿陈设品的颜色、材质、造型等有很强的装饰性，不仅能实现其功能价值，更能提高空间的文化气息。

在新中式室内器皿陈设品中，突破传统设计观念，将新中式元素与新工艺相结合，形成新中式特有风格的器皿。

（五）植物

现代的人崇尚健康，要建立一个人工环境与自然环境相融合的绿色空间，植物起着重要的作用。随着科技的发展进步，大部分植物在室内可以根据人的意识来生长，进而创造出丰富多彩、具有现代化特征的室内空间环境。室内植物除装饰效果外，还有在视觉上划分空间的作用。此外，室内绿化还能改善小环境，调和室内环境的色彩，营造温馨的室内气氛。更为重要的是，绿色植物还能使室内环境呈现出一种生机勃勃的自然气息，令人耳目一新，在快节奏的现代生活中缓和人们心理的作用。

在新中式的装饰设计中，植物出现的形式有两种，一种是使用绿色植物直接装饰，一种是用植物干枝装饰。

五、新中式风格典型案例分析

图 5–47　新中式风格客厅

图 5–48　新中式风格厨房

图 5–49　新中式风格餐厅

图 5–50　新中式风格儿童房

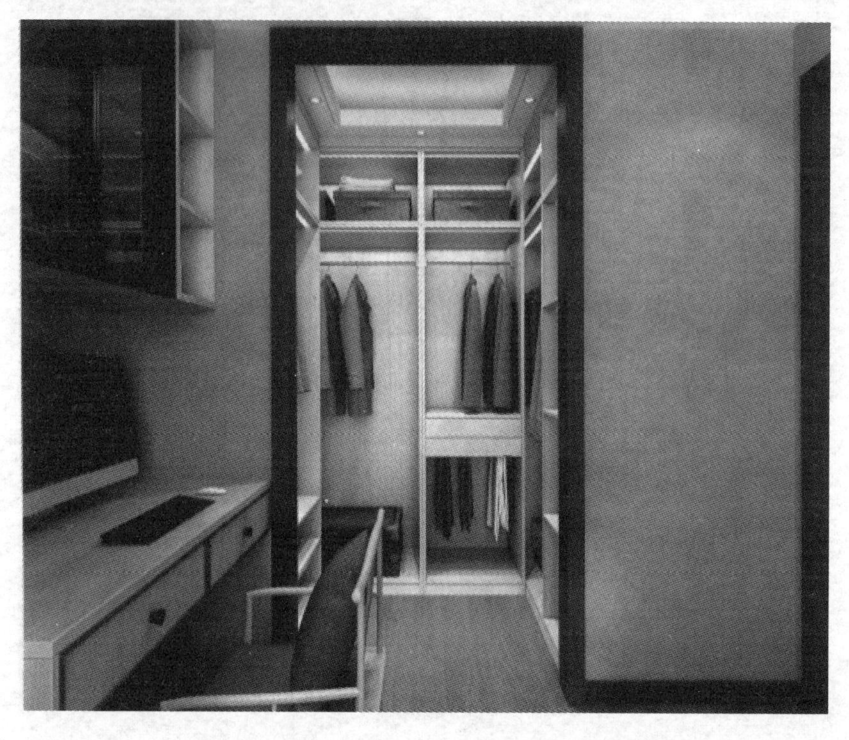

图 5–51　新中式风格衣帽间

这种家具与装修（如图 5-47 至图 5-51 所示）能够体现新中式风格目前新在它是现代与中式的结合，现代体现在新材料（以前中式风格中没有用到的材料）上，还有现代风格标志性的线条以及以简洁为主的审美方式上。但要注意的是，虽然新中式的审美是现代的，但表现上不能过于现代，家具、陈设选择依然以中式为主线，可以以现代的方式组合。有别于常规的空间，新中式在建筑层面的门、窗、梁、柱能瞬间唤醒那份独特的认知，如木柱的石基、木柱、木梁、栅格门等。

第六章　室内设计方法

知识本身并没有告诉人们怎样运用它，运用的方法乃在书本之外。

——培根

室内设计是一项复杂的系统工程，一方面表现在设计完成过程会受到多方面主观、客观因素的影响和制约：现场条件、设计周期、业主方的定位及审美、设计团队水平、经济条件等；另一方面设计的过程不是由设计师单方面完成的，而是由设计师与业主共同协商和妥协的结果。一般情况下，预设的工作目标常常不是由业主方单独提出来的，大多时候业主提出一个基本概括性的原则和要求，由设计方来梳理完善，从意向、初稿、修改深化到方案的细化，每一个阶段都需要业主方和设计方的充分讨论与交流，历经数次调整修改甚至推倒重来直到最后业主方认同为止。

项目设计推进过程中，室内设计的复杂性决定了室内设计过程管理的难度，主要体现在设计方和业主方的关注点有所不同（见表 6-1）。

表 6–1　业主和设计师关注点

阶段划分	业主方关注点	设计方关注点
设计准备阶段	设计方的设计经验及实力如何	业主方的需求定位是什么
方案设计阶段	方案中是否有惊喜点 方案功能性是否合理完整 方案形成审美是否满意	业主方的功能要求 业主方的审美趣味 业主方的预算额度 每次交流方案业主的评价如何 业主方的最大关注点在哪里
施工图阶段	方案是否有考虑漏掉的地方 方案是否有待改进的地方 预算是否在计划范围	业主对整个方案是否明白 业主对整个方案是否满意 业主对整个方案有多大信心
施工协作阶段	施工队伍素养如何 施工进度是否正常 施工质量是否满意 工程造价是否严重超预算	施工重难点在哪里 是否按照业主的进度、质量计划推进 变更增项是否在业主计划范围内 业主对最后效果是否满意

第一节 室内设计策略

室内设计策略（Design Strategy）就是根据项目背景中的有利条件、不利条件以及可能存在的风险，同时对比分析自身和市场竞争对手的优势、不足与实施结果，将两者相互对照，综合考虑并制订自身能在竞争中取得胜利的战略，所以室内设计策略是以超越对手、发展自己和赢得客户为目的，以争夺消费者，占有市场为主要内容所展开的一系列全面性的、长远的或者短期的应对谋略。

在竞争日趋激烈的市场环境中，一家设计公司或个人工作室被指定来完成某一个项目的机会会越来越少。即使是以被邀标的情况下参与进项目，设计方案也需要结合具体情况制订科学合理的应对办法，提出最具优势的设计方案，以求胜出。

室内设计项目一般大体分为两个阶段，一个是招投标阶段，一个是项目实施阶段。设计策略贯穿项目全过程，就是在第一个阶段如何确保提供的方案策略和投标谈判是有效的，设计标的能被业主方认可；第二个阶段是确保中标后（签订合同正式接受设计任务）设计工作的顺利推进，确保各阶段工作目标明确、进度计划可操作性强，确保设计方案顺利交付。

招投标阶段一般是业主方自编或者邀请第三方编制项目设计任务书，通过相关媒体向社会公开发布招投标信息或者通过邀请 3 家以上设计单位参与投标，召开招标发布会发放招标任务书，业主方负责统一解释任务书内容、陪同设计方踏勘现场以及其他相关事宜。设计方从参与投标或者被邀请投标开始，就应将投标策略提上议事日程，投标阶段的设计策略显得十分重要；投标小组成员除专业设计人员外，必须还具有市场学、公共关系学、经济学等专业方面的人员参加，因为工作内容包括经济合同、施工成本概算、商务谈判等。设计策划是指设计实践进行之前制订的原则和设计的基本方针，以及对实施设计程序进度进行计划，确定设计的条件。

设计策划有如下内容：

第一，接受委托任务书。签订合同，或者根据标书要求参加投标。

第二，拟定具体设计计划。明确设计期限，制订设计进程表和具体实施设计计划的方法步骤。

室内设计策略一般有以下一些内容（见表 6-2）。

表 6–2　室内设计策略

设计策略	方案优先	方案兼顾资源	报价优先	适用范围
方案性比	★★★	★★	★	适用于特色方案项目
资源性比	★★	★★★	★★	适用于设计、施工一体化项目
经济性比	★	★	★★★	适用于经济型要求较高项目
综合性比	设计方应该至少在两个方面给业主方		以优势印象而胜出	适用于普通项目
备注	力求设计方案在充分满足业主方功能需求的同时非常新颖独特	方案在满足一定竞争力优势的同时提供方案中材料或施工技术支持，间接使施工项目费用降低	方案在满足一定竞争力优势的同时降低设计费用或者延后设计费用收取时间	

一、方案性策略

一般来说，室内设计目标对于业主方而言是明确的，但很多可能充满感性而不太具体。现实生活中部分属于高端消费型群体的室内设计项目，经济充裕，设计限制条件少，可以给予设计师足够的设计创意自由，也对方案的特色性、空间环境的舒适度等方面提出非常高的要求，属于高端定制客户，这种背景下一定是方案为王，方案本身的质量直接决定最后的结果。设计方案无疑起着决定性的作用。强化新的设计概念、新的生活理念或者新的材料工艺设备等优势，即使在大大超出预算成本的情况下，超凡不俗的设计方案也会有较大机会胜出。

二、资源性策略

一般而言，不少小型项目设计施工一体化招标，家装大多如此。业主方比较倾向于以较少的费用获得合理的设计方案（对设计方案没有强烈的个性化要求），施工优先考虑设计中标者。在这类型项目中，业主方会综合考虑那些没有特别优势但也没有重大瑕疵的设计方案，关注其他方面的可利用优势资源，从而使自己的项目在付出最小的经济代价下得以完成。例如一些设计公司拥有自己生产或者加盟代理的品牌建筑材料，采用赠送或者折扣的方式给予业主方优惠，从而降低项目的实施成本，这些已逐渐成为业主方对设计方进行评比的重要因素，所以面对有些项目必须采用资源性策略，在保证方案过关的同时，积极开发利用自身资源优势，包括具有竞争力的材料、施工技术、施工设备、施工管理等资源。

三、经济性策略

经济性策略包括报价策略和支付策略。虽然国家颁布了相关的勘察设计收费标准，但在实际竞价谈判中，业主方总是希望用最小的成本购买自己想要的设计服务，尤其是项目经费有限的情况下更是如此，所以很多招投标实行报价最低者中标的策略。

经济性策略是以设计方案虽没有特别优势但也没有重大瑕疵为前提，不同的设计公司需要根据自身情况、不同的技术水平或者处于不同的发展阶段，进行内部成本核算，即核算出完成项目所需要的最低费用；除了设计费用报价采用低价策略外，还包括费用支付方式、支付周期以及后期监理协助、出竣工图等费用计取办法，首付款、中期款、尾款的收取办法等，以缓解业主方的资金压力。对于一些存在短期经济压力的业主方而言，经济性策略会在最后竞标谈判阶段使他们往这方倾斜。

另外，设计师可以多准备 1 ~ 2 套档次高低不同的弹性概算报价方案，当客户对某一方案不满意时，备选方案就增加了业主方的选择机会，也增加了自己被选择的机会。

四、综合性策略

综合性策略是在以上比方案、比资源、比报价和支付条件等基础上，集中两个及以上优势条件的综合性投标策略。相比在某一个方面的优势而言，综合性策略对于业主方具有更大的诱惑力，这种综合优势在招标比选中更容易形成综合竞争优势，从而脱颖而出。

第二节　室内设计原则

一、安全性原则

安全性原则包括结构安全、施工技术安全、荷载安全和材料安全等。在室内设计中，设计师必须搞清楚项目建筑的结构构造，涉及打拆改动墙体、地板、墙柱等内容时，绝对不能因为空间功能的需要或者业主方的强烈要求而盲从，这样可能会因为自己的不负责任造成非常严重的后果。

设计师正确的工作方法如下：首先，要求业主方提供建筑原始结构图，根据图纸进行现场踏勘，确定建筑承重墙、混合承重墙、梁、柱等关键性结构构件，特别是一些砖混结构体的老房子翻新装修，有的业主要求随意打拆墙体、扩大门窗面积，或为了把阳台纳入室内打掉室内和阳台之间的配重墙等，这些都需要针对建筑原始设计图进行结构荷载计算，避免影响整栋建筑的稳固性和抗震性；即使是不承重的隔墙，也得仔细查证建筑原始结构图，在征得物业管理人员同意后方可纳入设计，因为这些墙体同样对建筑的整体性起到拉接作用。其次，不得随意增加荷载，如屋顶采用混凝土搭建、局部修建深水池、高大假山、集中堆放石材等，时刻都需要考虑计算荷载量，将荷载量控制在建筑的结构安全范围内。

随着自然灾害的增多，家具陈设的加固和安放等结构与技术安全也应得到充分关注。根据日本建筑学会“阪神·淡路大震灾住宅内部被害调查报告书”中的数据显示，有46%的人身伤害由家具的翻倒、家具中物品的跌落等造成，所以根据家具在地震现场中的散落情况，在家具的防震设计中需要解决三个问题：（1）家具翻倒；（2）家具中储藏物品飞出、移位；（3）家具移位。家具的防震加固可以减少或避免地震、人为外力带来的财产损失。材料安全方面，应根据防火、防滑、防腐等功能要求选择具有生产合格证、有毒有害物质排放量符合国家标准的装饰材料。

二、功能性原则

两千多年前，罗马建筑师维特鲁威提出了建筑的三原则：坚固、实用、美观，其中“实用”就是指建筑的功能性。“功能”是室内设计的基本目的，能满足业主各方面实实在在的物质需求。建筑艺术大师柯布西耶在1923年现代主义建筑宣言——《走向新建筑》中提出“住房是居住的机器”，19世纪80—90年代芝加哥学派建筑师沙利文提出了“形式追随功能”（Form Follows Function）的观点，这些都是功能论者的标志性口号。新功能的实现需要新材料、新技术、新工艺、新设施新设备等的综合运用，如科技性功能材料是指为提高室内空间环境的舒适程度而使用的具有相关物理指标的材料，主要有光学材料、声学材料、热工材料、辐射环境等，能使功能更好地实现，如采光和照明设计、通风换气、地面墙面吸声、保温等物理性能。

用发展的视角来看室内设计的功能，近年来随着科技的高速发展和物质生活水平的不断提高，智能化、信息化、定制化等在居家空间和公共空间中的运用变得越来越广泛，强弱电管道在后期升级改造中会变得越来越多，需要一次性规划到位，如现代家电设备的功率越来越大，用电量当然也会增加，预留好未来改造可能需要的容量或线路、备用插座等也是室内功能设计前瞻性的一部分。

三、审美性原则

形式追随功能，功能第一，形式第二。功能必须通过形式这个载体表现出来，即通过具体的形象、合理的形式表现出来，二者间存在一种辩证式的相互关系，功能与形式的统一构成了人造物功能美的基本范畴，即形状、尺度、材质等实体内容在形式审美上的统一，在中国传统文化中合理的功能形式也是一个善的形式。

室内空间在满足人们丰富多样的功能需求的同时，也需要满足审美性原则，简单概括为、形式美和意境美相关的两个主要方面：内部或外部形态的统一，形式和意境的统一。一个良好的建筑形式首先应该是符合建筑形式美的基本规律，即形式美创作法则，尽管每个建筑物在外观造型上有很大的差别，但凡是优秀作品都有共同的形式美原则，即在变化中求统一、在统一中求变化，正确处理主与从、比例与尺度、均衡与稳定、节奏与韵律、对比与协调之间的关系；其次建筑审美性原则不单纯是一个美观的问题，同其他造型艺术一样，涉及文化传统、民族风格、社会思想意识等多方面的因素，需要依赖自身艺术形象来传承文化精神、思想情感，这就是意境美，即表现空间的特定性格，使空间具有一定气氛、情调、神韵、气势的主题（如图 6-1、图 6-2、图 6-3 所示）。

图 6–1　巴伐利亚风格的啤酒坊

图 6–2　装饰与陈设

图 6–3　工业风格咖啡馆

四、经济性原则

经济性原则就是设计师在业主方所提供的任务书、充分满足业主方需求、保证设计方案的合理性的基础上，确保项目完成费用被控制在合理区间内。

作为一项经济建设活动，室内设计师除了掌握必要的室内设计艺术素养外，还应该学习和了解现代建筑装修的技术与工艺等知识；充分了解并熟悉室内设计与建筑装饰有关法律法规，涉及技术、经济、管理、法规等领域，《合同法》《招标投标法》以及消防卫生防疫、环保、工程监理、设计定额等相关规定。

从宏观上讲，室内设计应从整体上关注环境保护、生态平衡与资源循环利用等思想，确立人与自然环境和谐共存的“天人合一”设计理念；中观方面，现代室内设计需要关注当代最前沿的新技术、新材料、新设备、新工艺在项目中的应用，与结构构造、设备材料、施工工艺等紧密结合；微观方面，室内装饰设计师需要了解材料价格、劳动力成本市场，关注节能、节材、节力措施，这关系到材料、施工工艺技术的选择性利用，确保建设费用及建成交付使用成本费用经济实惠。

五、创新性原则

室内设计在中国经过了短短几十年的发展，得益于改革开放几十年我国伴随着房地产行业的迅猛发展所积累的大量实践和不断创新，在尝试了“世界村”各种风格演变后开始呈现出多元化、复合化态势，未来的中国室内设计将向着人性化、智能化、绿色环保、民族化等方向蓬勃发展。创新是室内行业和产业不断发展进步的原动力，室内设计从满足基本功能、经济型向个性化定制、舒适改善型方向发展。

在设计理念上创新，坚持人性化和绿色设计理念，以人与人、人与物的和谐共存为核心，在满足功能性和实用性的同时，满足舒适、卫生、美观、安全等需求，才能真正抓住室内设计的意义，实现人文、社会和环境效益的统一。可持续发展的绿色设计理念从人类自身利益出发，有效地利用自然、回归自然，减少污染，保护环境。

在设计手法上创新，室内设计领域新的交互设计软件的不断涌现使设计智能化、科技化水平越来越高，有助于实现最佳声、光、色、形的配置效果，创造出令世人惊叹的室内空间环境，从而满足人们物质和精神生活需要。

第三节　室内设计思维与功能分析方法

室内设计图形思维实际上是一个从空间抽象思维到图解分析思考的过程。

一、气泡图

气泡图是一种常用于建筑设计中分析建筑内部功能及其流线关系的重要图解手段。作为一种对抽象思维的文字结合图形表达，同样可以运用在室内设计前期概念设计和初步方案设计阶段，特别是当面积规模较大的时候，运用气泡图有助于对整个平面功能组织结构的分析，或者组织内部不同空间或空间之间的内在逻辑关系。作为一种室内设计方法，气泡图实际上是功能空间的组织逻辑论证和设计思维在图形上的推演，其作用是从整体上划分功能区和明确交通流线，同时可以有效避免在设计初期就走得过细，在设计的概念阶段就被具体细节所束缚；圆圈的界限仅表示使用面积的大致界限和用途，并不表示特定物质或者物体的精确边界，所以气泡图在室内设计初步阶段有助于深化概念，是一种将复杂问题简单化的有效表达方式。格兰特·W. 里德在《从概念到形式》中提到，在设计概念形成后，从整体上把握各个功能（结构单元）之间的面积大小、功能关系、结构体系等，画面用两个字概括就是“大概”，有助于梳理分析各个功能区的相互关系。功能组织图的绘制可为设计方案深化提供空间组织的依据，并且在方案形成后检验方案是否合理。

气泡图画法很简单，气泡就是根据面积大小画一些大小不同的圆圈，圆圈里面写上字，每个气泡代表一个功能分区，把关系最密切的功能画在靠近的位置，然后用短线根据流线关系将各个功能分区组织连接在一起，并以粗细线区分它们之间联系的紧密程度，使内部功能关系清晰直观地表达出来。以一个餐饮空间为例，从入口分为门厅、前台、休息等候区，就餐区分为大厅、散座区、包间，厨房加工区分为储存区、生加工、熟加工等，人流路线包括消费者进出线、送餐人员进出线等，这些线路如何把这些空间组织串联起来，然后梳理哪些空间关系紧密，哪些空间有序列关系要前后放置等等，利用气泡图画法逻辑清晰，简单明了。

二、正负形图

正负形图（Negative Space）常用在平面设计中，是由原来的图底关系（Figure-grund）转变而来，早在1915年就以卢宾（Rubin）的名字来命名，所以又称为卢宾反转图形。平面正负形是一种艺术图案，通过黑白、虚实、阴阳等手法表现双重的图形意象与错综的图底反转关系，使人产生图和图底相互转换的两种图像幻觉，有助于分析空间的松紧张弛关系，这就是平面正负形的魅力。正负形设计手法如今被广泛用于平面设计、建筑设计、室内设计、园林景观设计等诸多领域，比较经典的代表就是中国古代的太极图和卢宾杯（Rubin）。

正负形和空间虚实是相辅相成、互不可分的。在室内设计平面功能布置图中，家具陈设等物体会占据一定的平面空间位置，其体积具有了空间的含义，这些被占用空间的地方在平面投影图上就会出现形象轮廓，这一部分就构成实的部分，我们将这一部分称为正形，也称为图；图的四周就是没有被占用的平面而成为虚空“空白”（空间），我们将这一部分称为负形，也称为底；在这种图与底的正负关系中，正形与负形相互互补、相互借用和相互排斥，显示出一种抗衡与矛盾，体现出正形是家具陈设等物体（实体）部分对空间的围合和限定，负形代表空间连接和动线组织关系。平面图中，正形与负形的节奏韵律同样反映出室内空间设计中的大小多少、轻重缓急、紧密疏松。

一般意义上，正形是坚实牢固和积极向前的，而负形则是空灵虚无、消极后退的。体现在室内设计中，初学者或者经验不足的设计师往往注重于“实”的功能布置而忽略了空间“虚空”部分的组织连接及融合，如同绘画专注于正形的刻画而忽略了负形的存在和影响。在一件成功的作品中，负形也起着至关重要的作用，同样在一个成功的室内设计方案中，平面布局图的正负形也会给人在视觉上以美感和享受，所以设计初期可以用正负形图来检视室内设计中空间面积的利用指数，同时体验空间的张弛情绪。

三、黑白灰分析图

在绘画中，黑白灰关系、空间关系、主次关系共同组成了素描作品的三大关系，其中黑白灰就是画面的整体调子关系，是组成画面形体基本关系的造型元素。一幅素描除构图完整、造型准确外，明暗自然、主体突出、整体关系完整、有艺术感染力等都离不开黑白灰的表现，所以在美术创作过程中，黑白灰是用来对画面层次、节奏归纳概括的一种方式（如图 6-4、图 6-5 所示）。

图 6–4　色彩效果图

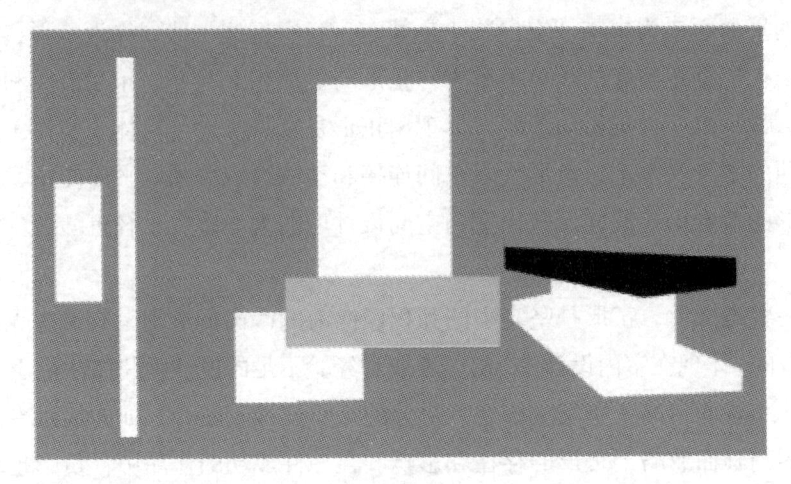

图 6–5　黑白灰分析图（图 6–4 的分析图）

黑白灰给室内设计带来很多启发。如果我们将功能明确区域指定为黑，没有功能的区域指定为白，那么功能模糊区域（既能作为 A 功能使用也可以用作 B 功能使用）就是灰，灰色作为黑白的过渡色，在非黑非白之间存在着无穷层次的“灰色”。这使得空间之间过渡柔和交融，使用恰当的灰空间能带给人们以愉悦的心理感受，使人们在从“绝对空间”进入“灰空间”时可以感受到空间的转变，感受到在“绝对空间”中感受不到的心灵与空间的对话。

灰空间也称泛空间，来源于日本建筑师黑川纪章的共生思想，是其追求内部与外部共生的具体表现，如柱廊、电梯厅、入口大厅、檐下等。一般可以理解为半室内半室外、半封闭半开敞、半私密半公共的中介空间，灰空间在一定程度上消减了建筑内外部的界限，使室内外成为一个自然有机的整体。

“灰空间”就是空间与空间的中介，或者说是内容与功能不同的空间之间的过渡。由于它的似是而非、模棱两可，不同于界面清晰、功能明确的肯定空间，冲破了空间的明确制约而存在一种混沌模糊性，因为灰空间常因其暧昧性和多义性而受到人们的喜爱，现代绘画和现代室内设计都非常热衷于使用灰空间。在室内设计中灰空间的主要作用有以下几个：

（1）用“灰空间”来增加空间层次，协调不同功能的建筑单体，使其完美统一。

（2）用“灰空间”来界定、改变空间的比例。

（3）用“灰空间”弥补建筑户型设计的不足，丰富室内空间。

所以，在室内设计中黑白灰手法的运用，是利用平面设计手法在研究空间功能的丰富多样性及其关系方面的应用。

四、彩色分析图

同黑白灰图相反，彩色图分析是从人对色彩的知觉和心理反应出发，用科学分析的方法，把复杂的色彩现象还原为基本要素，利用色彩在空间、量与质上的可变幻性，按照一定的规律去组合各功能空间之间的相互关系，再创造出新的色彩效果的过程。色彩构成是艺术设计学科空间构成的基础课程之一，与空间、形体、位置、面积、比例、肌理等紧密联系。

彩色分析图有助于利用色彩冷暖、明度、纯度变化分析空间属性如热闹、静谧，干湿分区、人群密度、冷暖、干湿、静噪等，分析其局部与局部、局部与整体之间长度、面积大小的比例关系。而利用色彩推移则是将色彩按照一定规律有秩序进行排列、组合的一种作品形式，具体有色相推移、明度推移、纯度推移、互补推移、综合推移等，其特点是具有强烈的明亮感和闪光感，浓厚的现代感和装饰性，以此表现空间的属性关系特点。

第四节　室内设计程序

一、室内设计一般程序

耶鲁大学的前校长理查德·莱文曾经说过一句话：“如果一个学生从耶鲁大学毕业之后居然掌握了某种很专业的知识和技能，那是耶鲁大学的失败。”学习的能力，不仅仅包括阅读，还有更加宽容地了解世界、发现问题、解决问题的方法。

在室内设计过程中，按时间的先后安排设计步骤的方法称为设计程序。

作为初学者或者设计经验不足的设计师，面对一项室内设计任务时往往会感到茫然，不知所措，不知道先做什么，做到什么程度，再做什么等等，因为不知如何控制设计重点、进度、质量等关键节点，设计项目失败了或者成功了都不知道其中原因，这是很普遍的现象。由于不同的项目背景、不同的业主关系、不同的时间周期和质量要求，室内设计的工作程序也千差万别。但室内设计作为一种商业行为是具有一定风险的，同时也有一定的市场规律性。设计程序就是提供一套通用的规则和方法，有利于参与项目各方之间的配合和协作，确保室内设计进程和结果得到一定程度的控制和管理，抓住设计过程中的关键节点，达到事半功倍的效果，也可以说是学习室内设计的“捷径”，同时避免在设计环节少走弯路甚至失控。

室内设计程序根据设计工作节点大致可分为设计准备阶段、设计方案阶段和施工协作阶段三个大的阶段，每一个阶段又可以细分为多个内容。

（一）设计准备阶段

设计准备阶段是指在设计正式开启之前业主方和设计方之间围绕项目而展开的工作接触，也是一个非常重要的前期磨合过程。设计准备阶段一般包括接受任务书、现场踏勘、收集资料、提出意向方案、同业主交流、签订设计合同等几个环节。一方面，设计方可以了解项目业主方的基本情况，包括业主方的项目定位、诚意度和投资实力等信息，同时通过意向方案向业主方初步展示自己的设计实力；另一方面，业主方也可以通过这个阶段了解设计方的综合设计能力和项目管理水平。

在设计准备阶段，如果意向方案没有获得业主方的认可，或者允许设计方进行一次补充完善的情况下方案依旧没有获得业主方的认可，这个项目即告终止。按规定，一般设计招标都设有未中标补偿金；邀请招标要对所有未中标的给予补偿，公开招标可以确定对一定数量的投标人进行补偿，补偿金额根据设计量及难易程度而定，比例一般为设计费的 1% ~ 5%，也可根据设计单位名次设定不同的补偿标准，但前提是投标设计方案必须达到设计招标文件要求。业主方、中标人全部使用或部分使用未中标方案的，应当征得投标人的同意并支付使用费。

1. 设计调研

这一阶段以优化设计为目的，对设计各个方面进行考察，熟悉设计有关的规范和定额标准，明确设计任务和具体要求。

2. 现场调研

现场调研包括对经济环境、自然地理环境、社会文化环境、政治环境及场地环境五个方面的调研。

3. **使用者调研**

甄别使用对象，有时业主不是真正的使用者或者仅代表一部分使用者。

4. **专业人员调研**

专业人员调研包括使用者的职业、特点、爱好等。

5. **设计依据调研**

设计依据调研包括功能要求、生理要求、空间要求、安全要求、知觉要求、社交要求。

6. **资料整理分析和设计预测**

这一阶段需要对收集的资料、文件和信息进行分析，熟悉设计的有关规范，对项目性质、现实状态和远期预见等进行现场分析，场地勘测。

7. **专案管理**

专案管理主要包括签订合同、设计进度安排、与业主商议确定设计费用等。

设计准备阶段具体程序为：接受设计任务书或招投标信息→现场踏勘、咨询细节→设计策略→设计意向方案→提交意向方案或投标文件→答疑→通过或者未通过意向方案。

（二）方案设计阶段

意向方案获得业主方认可或者招投标中标后，设计项目进入全面正式启动阶段。在前期工作成果的基础上，进一步确认设计理念和平面功能布局分析，依次完成初步方案、深入细化方案和施工图设计、效果图和模型制作，且每一个环节的工作都必须是在上一个阶段工作成果得到业主方签字认可的基础上进行。方案设计阶段最后完成的施工图图纸内容包括设计说明、地平面图、天棚图、立面图（含展开图）、剖面图、节点构造图、大样图等，其他包括效果图、装饰材料实样、项目模型与工程概算。

方案设计阶段具体程序为：签订合同→初步方案→深化方案→施工图设计→效果图和模型制作→工程量清单→工程预算。

（三）施工协作阶段

施工协作阶段，也就是工程施工阶段，设计人员向施工单位进行施工图设计说明和技术交底，然后按图纸检验施工现场实况，有时候要配合施工现场做必要的局部修改或图纸补充；施工结束时会同业主方、质检部门、监理单位、施工单位进行工程竣工验收，根据合同提交竣工图纸。

施工协作阶段具体程序为：现场交底→施工协调、图纸变更→竣工验收→竣工图。

设计人员向施工单位进行设计意图说明、图纸的技术交底；然后按图纸检验施工现场实况，有时要做出必要的局部修改或补充。施工结束时，会同质检部门和委托单位进行工程验收。设计人员在各阶段都需协调好与甲方、施工单位的相互关系，以取得沟通、施工、材料、设备（风、水、电等设备部门）等各方面的衔接；重视与原建筑物建筑设计之间的衔接，以期获得理想的设计效果。

二、居家空间设计一般程序

家装业主一般由公司市场部引入、电话营销、网络联系、老客户介绍、业主自己找公司等几种渠道发展而来，业主同设计师的第一次见面多在公司或者业主房子现场进行，也可以在设计师工作室或者茶楼进行。第一次交流非常重要，面对面的直觉在很大程度上决定了后面具体设计工作能否顺利开展，所以设计师非常有必要做足见面前的功课，如通过市场专员引入的业主，对业主基本有一定的了解，如业主的家庭成员、教育工作背景、风格喜好等，另外自己的形象包装也可以为自己的交流加分。

（一）设计准备阶段

如果把第一次见面选择在公司进行，对设计师而言是比较有优势的：公司的形象展示、成功案例欣赏、样板房及材料展厅、众多业主和设计师的交谈场景等都可能增加业主对公司设计师的签单信心；同时，设计师在正式同客户面对面交流的时候，可以熟练使用常用的一些话术以打动客户。如果见面地点选择在项目现场，就没有那么好的氛围和效果了。一个经验丰富的成熟设计师仅通过第一次面对面交流（无论是在公司还是在设计现场）就可以用实力打动客户，让业主通过第六感相信设计师对项目的驾驭能力，从而顺利提交设计定金。普通的设计师一般需要2～3次的方案交流，在很多情况下，设计师也希望业主能真实、直观地感受到“家”的样子，在这个阶段可通过免费提前推出效果图，以效果图来诱惑业主下单，在大致确定概算报价后就可以签订合同。

设计准备阶段的主要工作程序是：听取业主方需求→索取原始户型图→现场踏勘核实→设计意向方案→业主认可→交设计定金→签订设计合同（或者直接进入方案设计阶段）。

（二）设计阶段

1. *初步方案*

初步设计主要是通过草图或者近似的效果图、实景图片进行展示交流，表达设计意见。内容主要涉及平面功能布局、装饰风格等整体层面的内容，可不涉及细节尺寸、材质；图纸内容包括原始的平面图、打拆新增墙体平面图、平面功能布局图、顶平面图等。为了工作的稳妥推进，一般在初步方案阶段做3套以上的平面功能布局比较好，一套方案主推出现问题的时候，备用方案便可以用上，这些方案应当各有特色，并且在理念上可以适当拉开距离；当主推方案交流顺利时，备用方案自然就不用了，这样能保证每次同业主交流后设计工作能取得实质性的进展（见表6-3）。

表6–3　设计程序过程

<table>
<tr><td rowspan="5">方案设计全过程</td><td>业主方方案评价</td><td>设计方解决办法</td></tr>
<tr><td>方案完全认可，无异议</td><td>按原进度计划推进方案</td></tr>
<tr><td>方案大部分认可</td><td>大致参照原定计划推进方案局部调整，以完善方案</td></tr>
<tr><td>方案大部分不认可</td><td>在方案认可部分基础上调整设计思路、调整进度计划</td></tr>
<tr><td>方案完全不认可</td><td>考虑调整设计团队
变换设计思路
重新拟定进度计划</td></tr>
</table>

初步方案阶段多用草图表现。草图绘制能力是室内装饰设计师必备的能力，可利用草图随时记录下头脑中的构思灵感，快捷形象地把创意表现出来；在面对面交流的时候，手绘草图可以方便、及时地同业主讨论交流，这样更容易赢得客户的尊重和信赖。初步方案设计阶段主要是探索功能空间之间的组织关系，是对空间平面布局可能性的分析与抉择，在很大程度上依据并影

响业主对空间的使用逻辑，包括动静、干湿、大小多少及其连接方式。

2. 深化方案

深化方案是在初步方案草图或者 CAD 制图基础上进行的丰富与完善；对初步方案中所涉及的图纸完善尺寸、材质、细部造型等内容，同时完善图纸类型包括所有的平面图、立面图、剖面图、透视图等，内容包括装饰造型设计、照明设计、各界面装饰、软饰陈设等。

图纸内容包括全部地平面图、全部顶平面图、重要的立面图（含展开图）、灯具及电气设备定位图等。

深化方案交流获得业主认可后，开始施工图的设计制作工作，施工图设计制作的主要目的是固化设计方案，按照建设工程国家标准进行规范制图，其主要用途是指导施工。要求图纸完整，制作规范，尺寸精确（必要时可以再一次深入现场对尺寸进行详细核实），对所有施工细节、结构构造做到内容无遗漏，标注齐全精准，保证预算员能根据图纸进行造价预算或进行施工招投标，保证施工人员能照图施工；根据施工图进行详细准确地预算后，同业主进行谈判，一致后签订施工合同。

图纸内容包括设计说明、图纸目录、全部地平面图、全部顶平面图、立面图（含展开图）、灯具及电气设备定位图、节点构造图、大样图等全套图纸。

（三）施工协作阶段

1. 合同

家装施工一般依旧由设计公司完成。施工图制作得越完整、越精细，预算就越不容易出现大的误差，以此签订的合同在实施过程中方案和工程量都不会出现大的出入；如果施工图与现场尺寸或其他情况出入太大，造成后期费用增项、变更太多，这样签订的合同在执行过程中一定会出很多问题，设计师自身原因造成的问题应由设计师自己为失误或疏漏买单。

2. 现场交底

施工协作阶段作为设计师的一个关键的工作，就是向施工单位及施工人员进行施工图设计说明和现场技术交底，指导施工放线，说明结构构造等细节，并现场解答施工人员不清楚的问题。

3. 图纸变更

因为现场情况或者业主要求做必要的局部修改，设计人员必须进行图纸变更补充，并在业主方、设计师签字认可后交施工人员进行施工，同时附工程量变更清单及预算清单。

4. 竣工验收

施工完成后施工单位自检合格后，设计人员会同业主方、质检部门、监理单位、施工单位人员进行工程竣工验收，根据合同约定提交竣工图纸。

三、公共空间设计一般程序

同家装项目来源可能有所不同，公共空间设计项目一般规模大，设备实施线路多，资金投入大，设计规范要求更高，操作程序也就更复杂。公装项目来源一般有公司市场部引入、客户介绍、网络联系、邀标、公开招投标等几种渠道。在公司获得公装项目相关信息后，根据设计进程一般可分为4个阶段：设计准备阶段、方案设计阶段、施工图设计阶段和施工协作阶段。

（一）设计准备阶段

设计的准备阶段以邀标或招投标项目为例，设计前的调研准备工作对设计者来说是十分重要的。

设计的准备阶段主要包括以下内容：

（1）甄别项目信息。项目条件、业主方背景、招标条件、标的内容及要求、自身优势及不足等，通过分析确定参加该项目的必要性，拟定设计策略，接受委托任务书或报名参加投标。

（2）与业主接洽。根据任务书和招标文件进行现场踏勘，就不清楚、不明白的内容进行咨询，全面系统地了解和掌握业主的总体设想和需求。

（3）组建设计团队，明确设计任务、目标，制订设计计划。

（4）根据项目属性查阅资料和熟悉国家相关规定，进行项目概念设计，确定项目方案思路与主题定位，在此基础上完成意向方案及概算报价。

（5）投标答疑。向招投标机构递交投标文件，并根据招标方的要求进行答辩说明。

（二）方案设计阶段

（1）签订合同。中标后，业主方和设计方洽商合同内容并签订合同，明确设计进度计划、设计内容、设计进度、设计深度及数量质量要求。

（2）初步方案设计。初步设计阶段是在意向方案基础上确定方案构思的阶段，包括进一步收集材料、分析资料、完善构思立意。此阶段从整体出发，对功能形态进行大致细化，并提供相关的设计文件：各地平面功能布置图（一般可准备两个方案）、顶平面图、重要立面图（含展开）等。表现方式可以是手绘，也可以是电脑制图。

（3）深化方案设计。在业主方对初步方案进行确认后的基础上利用CAD制图软件进行丰富完善，对初步方案中所涉及的图纸完善尺寸、材质、细部造型等内容，同时完善图纸类型包括全部地平面图、全部顶平面图、重要的立面图（含展开图）、灯具及电气设备定位图等，内容包括装饰造型设计、照明设计、各界面装饰、软饰陈设、实物材料样板图等，根据深化方案图纸进行效果图制作和模型制作（见图6-6）。

图6–6　模型

（三）施工图设计阶段

（1）以深化设计图纸为基础的效果图得到业主方确认后，即可进行施工图设计。

（2）根据国家工程制图标准，完善深化方案设计图纸，要求目录清晰，图纸完整，尺寸精确，图例统一，索引规范。图纸内容包括施工图设计说明、图纸目录、全部地平面图、全部顶平面图、立面图（含展开图）、灯具及电气设备定位图、设备管线图、节点构造图、大样图等全套图纸节点构造图、大样图等。

（3）编制具体详细的设计说明和工程量清单预算。

（四）施工协作阶段

（1）配合招投标。配合甲方招投标：负责对施工图纸设计进行解读说明。

（2）现场交底。项目开工时负责向施工单位及施工人员进行施工图设计说明、现场技术交底和提出施工要求，并现场解答施工人员对设计图纸不清楚的地方。

（3）图纸变更。因为现场情况变化或者按照业主要求对图纸进行必要的修改，并在业主方、现场监理方、设计方签字确认后交施工人员进行施工。

（4）竣工验收。施工单位自检合格后，协同业主方、质检部门、监理单位、施工单位人员进行工程竣工验收，签署验收意见，根据合同约定提交竣工图纸。

第七章　室内的空间与界面设计

第一节　室内空间的组成

一般室内空间是由面围合而成的，通常呈六面体形式，这六面体分别由棚面、地面和墙面组成。室内空间的构成形式多种多样，但人们若对形形色色复杂的建筑形态进行分解，则可得到点、线、面、体等构成要素。

室内空间基本是由基面、垂直面和顶面构成的围合空间。通过对这三个面的不同处理，能使室内环境产生多种变化，或使室内空间丰富多彩、层次分明，或使室内空间富有变化、重点突出。

室内的棚面：该空间天棚展现室内各部分的相互关系，使其层次分明，突出重点，能延伸和扩大空间感，对人的视觉起到导向作用。

室内的地面：室内地面对室内空间起到衬托的作用，该空间采用浅色的地砖，增强了空间感。

室内的墙面：墙是以垂直面的形式出现的，是室内空间的侧界面。该空间墙面的装饰可以对家具和陈设物起到衬托作用。

室内的分隔：该空间的客厅和餐厅利用矮柜把两个区域分隔开，两个空间既有分隔又有联系，互通性较好，使整个环境紧凑而有互动。

一、空间的组成

（一）空间与心理

人们的心理感受和空间感受是相对应的。在人们赖以生存和活动的空间环境中，人必然受到环境气氛的感染而产生种种审美和反应。

空间的形状基本取决于其平面。平面规整的，如正方形、正六角形、正八角形、圆形，令人感到形体明确并有一种向心感或放射感，安稳而无方向性。这类空间适于表达严肃、隆重等气氛，在空间序列中有停顿或结束的感觉，其上部覆盖形式可以是平的、球面的、角锥或圆锥体的等。矩形平面的空间，横向的有展示、迎接的感觉，纵向的一般具有导向性，其上部覆盖形式可以是平的、三角形的或拱形的。

空间的大小、高矮使心理产生不同的反应，大空间给人气魄、自由、舒展、开朗之感，过大则显得空旷，令人产生自身的渺小、孤独感；小空间给人感觉亲切，围护感强，富于私密性，过小则会产生局促、憋闷之感；高的空间给人崇高、隆重、神圣、向上升腾之感，过高则与过大的弊端近似，甚至令人有恐惧感；低的空间给人舒适、安全之感，过低则会有压迫感。在设计时必须结合建筑的使用功能来确定空间的体量，从而产生特殊的氛围。

空间的虚实对心理也会产生影响。实空间的特点是稳定感、安全感和封闭感，它是有限的、私密的，符合内向的、拒绝的心理性格，具有极强的领域感。虚空间其实就是人的心理空间，因此它是不稳定的、开放的、无限的空间，易使人产生极大的联想和发挥。

（二）室内空间的构成

一切空间都是由点、线、面组成的，从点开始，点与点连为线、线与线连接成面。点、线、面作为几何形要素是有形的，而围隔它们的是“无形”的内部空间。空间是由天、地、墙、柱等基本要素构造而成的，其关系是：基础为地，填充围隔形成墙，柱升梁，梁升板即构成天棚。由此来看，构成空间最重要的建筑元素应该是柱与墙，因为是由它们来确定地面和天棚。

（三）空间设计的语言与方法

在室内设计中，掌握空间语言与方法技巧是非常重要的。室内设计作为建筑空间定义之后的工作，在筹划空间的功能布局、造型形式方面，需要设计师对建筑结构与围护体系形成的室内空间有所了解。基于以上了解，根据不同的对象条件有效地选择具体的设计方案，这就是空间语言的运用方法。

1. 对称方式

对称方式是构造空间最常见的一种方式之一，其效果主要是利用轴线来分配空间面积。上下、左右对称，同形、同色、同质对称为绝对对称。而在室内设计中，采用的是相对对称。对称给人以秩序、庄重、整齐的和谐之美。

2. 室内视线

视线是丰富室内空间视觉感受的有效办法，室内前后、左右、上下的各种感受都必须依赖视线去获得，空间视线的寻找应该在设计平面时就开始寻找，视线是运动的直线，在无遮挡的情况下达到人眼所观察到的范围。

3. 室内落差

室内落差也是空间处理手法之一。落差是利用地面的高低来强调空间的区域关系，有效地利用落差可以使空间产生丰富、新奇的变化，给人一种心理层次变化的愉悦感，同时它也可以更好地使地面材质的界面自然分割。

4. 中界空间的处理

室内空间有内外之分，这是一种相对的概念，但内与外或空间与空间之间在许多情况下不一定是非常确定的关系。因此这种不需要明确关系的中间内容，通常把它称为中界（灰空间）。中界空间的处理方法在现代空间设计中应用非常广泛，因为它能恰到好处地使空间与空间之间有一个合理的联系。另外，它也为进入空间营造了一个预先的氛围环境。所以，中界面空间处理方法是室内设计中不可缺少的手法之一。

二、室内空间的分隔形式

空间主要是通过分隔的方式来体现的，空间的分隔实质上是对空间的再限定。空间限定度，即对声音、湿度、温度、视线等的隔离程度，往往决定空间与空间之间的联系，同时将对空间的形态产生重大的影响。

（一）封闭式分隔

采用封闭式分隔的目的是对声音、视线、温度等因素进行隔离，形成独立的空间。这样相邻空间之间互不干扰，具有较好的私密性，但是流动性较差。一般利用现有的承重墙或现有的轻质隔墙隔离，多用于卡拉 OK 包厢、餐厅包厢及居住性建筑。

（二）半开放式分隔

空间以隔屏，透空式的高柜、矮柜、不到顶的矮墙或透空式的墙面来分隔空间，其视线可相互透视，强调与相邻空间之间的连续性与流动性。

（三）象征性分隔

空间以建筑物的梁柱、材质、色彩、绿化植物或地坪的高低差等因素来区分。其空间的分隔性不明确，视线上没有有形物的阻隔，但透过象征性的区隔，在心理层面上仍是区隔的两个空间。

（四）弹性分隔

两个空间之间的分隔方式居于开放式隔间与半开放式隔间之间，但在有特定目的的时候可利用暗拉门、拉门、活动帘、叠拉帘等方式分隔两空间。例如，卧室兼起居或儿童游戏空间，当有访客时将卧室门关闭，可成为一个独立而又具有隐私性的空间。

（五）利用高差分隔

常用方法有两种，一是将室内地面局部提高；二是将室内地面局部降低。棚面高度的变化方式较多，可以使整个空间的高度增高或降低，也可以在同一空间内通过看台、排台、悬板等方式将空间划分为上、下两个空间层次，既可扩大实际空间领域，又丰富了室内空间的造型效果，多用于公共空间环境。

（六）利用建筑小品、灯具、软隔断分隔

通过喷泉、水池、花架等建筑小品对室内空间进行划分，不但保持了大空间的特性，而且这种方式既能活跃气氛，又能起到分隔空间的作用。利用灯具对空间进行划分，可通过吊挂式灯具或其他灯具的适当排列并布置相应的光照来实现。所谓的软隔断，就是珠帘及特制的折叠连接帘，多用于住宅类、水面、工作室等起居室之间的分隔。

第二节 室内空间动线设计

流畅、实用性强的室内空间动线是设计的重点。看似相同的空间结构，对人性化细节通盘考虑的差异，决定了动线的不同。同样的面积，开门方向的不同，直接影响动线和家具摆放，进而决定真正可使用面积，动线在设计中尤为重要。

动线设计：按照人的视觉习惯来设计的动线，顺时针陈列展品，方便参观与交流。

视线流动：视线的流动是反复多次的，它在视觉物象停留的时间越长，获得的信息量也越多。

空间的开放性：打破封闭的模式，开诚布公地将信息诉诸大众，以努力促进主客双方的沟通与意向的一致。

一、空间的流线设计

在空间规划设计中，各种流线的组织是很重要的。流线组织的好与坏，直接影响到各空间的使用质量。

（一）平面的组织流线

有的空间，特别是中小型空间，因其空间的使用性质较单一，人流的活动相对较为简单，因此人流活动的安排方式多采用平面的组织方式。以平面方式组织的展览路线简洁明了，一目了然，避免了不必要的上、下活动，使用起来亦是方便和合理的。

（二）立体的组织流线

有些建筑空间由于功能要求比较复杂，仅依靠平面的方式不能完全解决流线组织的问题，还需要采用立体方式组织人流的活动。

（三）综合的组织流线

有的建筑空间，它们的流线组织往往需要用综合分析的方式才能解决。也就是说，有的活动按平面方式安排，而有的活动需要按立体方式加以解决，因而形成了流线组织的综合关系。

二、动线的布置方式

动线设计在空间中特别重要，如何让进到空间的人在移动时感到舒服、没有障碍物、不易迷路，在设计动线时空间的大小，包括平面面积、空间高度、空间相互之间的位置关系和高度关系等都是动线设计时应考虑的基本因素。

（一）单一回环曲线

主动线回环曲折，串起所有节点和功能区的主线，同时设置一些主动线之间的捷径作为辅助动线，以商场为例，便于消费者临时离开和按照自己需要顺序安排购物路线。

（二）放射状动线

以中心的广场或者中庭为核心，道路向四面放射布置，规模较大的，广场外围再设置环线。适合周围可以或必须开设较多出入口，内部核心有较强吸引力的项目。缺点是消费者较难设想出一个完整的不重复的线路逛遍全场，一般只会走完 2 条放射线。将人流汇聚到核心再导向不同分区固然可以提高效率，但同样各分区之间分享人流随机消费的效果不明显，各分区适合目的性较强的内容。

（三）树状动线

一条主动线，可以曲折，沿途分出若干枝杈板块，枝杈板块中为环线或树状。消费者可以进入每个枝杈板块完成单项循环后回归主动线，前行进入下一枝杈板块。这种布局便于消费者理解和设计出最佳路线，但与放射状布局相似，由于消费者可以主动选择，各枝杈板块之间分享人流随机消费的效果不明显，适合规划互补型内容。

第三节　室内设计的基本元素

室内内部有其传统界定的基本元素，墙、柱、天花板、地板、门、窗、楼梯等，这些都是构成建筑空间的要素，也是联系外界的媒介。

彩绘玻璃造型窗：在一侧的墙面设有彩绘玻璃造型窗，体现典雅华丽，墙面具有凹凸变化，丰富了空间效果。

深色木饰面：整个空间墙面运用了深色木饰面，显得稳重、大气，比较适合西班牙风情。

软包造型墙面：金黄色的软包造型设计和对面墙面的彩绘玻璃有了很好的呼应，更能体现出典雅的氛围。

空间氛围：墙面的设计凸显了空间的氛围，棚面拱形天花造型喷金色，与地面形成了完美的呼应。

天棚：能反映空间的形状及其内在关系。对天棚进行合理的装饰处理，可以展现室内各部分的相互关系，使其层次分明，突出重点，能延伸和扩大空间感，对人的视觉起到导向作用。天花板的功能主要是对层面的遮盖，有一种心理上的保护作用。在现代建筑空间中，它还有遮盖暗藏管线、支撑室内照明灯具等功能作用。

地面：作为室内空间的底界面，需要支撑家具、设备和人的活动，有一定的使用要求。但在地面装饰设计中，除首先满足人们使用功能上的要求外，同时还必须考虑对地面的色彩、图案、材料、质感的装饰处理，营造室内空间的艺术氛围，以满足人们在精神上的追求和享受，达到美观、舒适的效果。

墙：建筑空间中的基本元素，有建筑构造的承重作用和建筑空间的围隔作用。与其他建筑元素不同，墙的功能很多，而且构成自由度大，可以有不同的形态，如直、弧、曲等，也可以由不同材料构成。从使用的角度看，对墙的装饰起到保护墙体、保证室内使用条件的作用。从美化的角度来讲，墙的装饰可以对家具和陈设物起到衬托作用。

柱子：在建筑中是垂直承重的重要构件，并以其明显的结构形态存在于建筑空间中。而当它与周围的功能需求相结合，使其成为其他功能构件的部分时，这种异化的过程实际是视觉概念的转化，即柱子的概念转化为具有其他功能属性的形体概念。

隔断：为了实现各个空间的相互交流与共融，室内空间往往被赋予了多重功能。隔断不仅能区分空间的不同功能，还能增强空间的层次感。空间的分隔与联系，是室内空间环境设计的重要内容。隔断的方式决定了空间与空间的联系程度。隔断的方式则在满足不同空间功能要求的基础上决定。空间分隔的最终目的就是获得围与透的最佳组合。

楼梯：作为建筑空间元素，在建筑中的作用是垂直交通，使人们从这一层上升或下降到另一层。楼梯的前身是扶梯，是两层之间最短的连接物，因为太陡而难以使用，所以现代的楼梯一般都具有良好的功能作用和合理的建筑素质。

第四节　室内的界面设计

室内环境空间通常是水平界面（地面、顶棚）和垂直界面（墙面）界定的。室内设计主要是对室内界面（天棚、地面、墙面）进行改造和美化，既有功能技术要求，也有造型和美观要求。室内各界面是一个有机的整体，应该与建筑相协调一致。室内界面设计要符合室内总体效果，具有美学规律，与室内设施相配合。

一、室内空间界面的要求和功能特点

室内空间是各个界面按照一定的形式组合而成的，由于各个界面的用途不同，在使用功能上各有不同的个性和要求。

（一）室内空间界面的要求

耐久性：具有较长的使用期限。

防火性：材料不易燃烧或燃烧时不释放有毒气味。

环保性：材料散发的有害气体或放射物质，对人体和环境无害。

实用性：易于制作安装和施工，便于操作和更新。

隔音性：防止噪声干扰。

美观性：界面的装饰要体现环境和意境美。

经济性：材料的档次和价格要符合经济要求。

人文性：以人为本，强调室内环境和装饰作用。

（二）各界面的功能特点

满足不同的使用性质的空间有如下要求。

地面：要有防滑、防水、防潮、防火、防静电、耐磨、耐腐蚀、隔离、易清洁的功能。

墙面或隔断：要有隔离空间、隔声、遮挡视线、吸声、保暖、隔热的功能。

顶面：要有重量轻、光反射率高、较高隔声、吸声、保暖隔热的功能。

（三）室内界面设计的其他要点

室内界面设计要点与建筑的特定要求相协调一致，类型不同的建筑要有不同的室内设计。例如，住宅和酒店都有居住、休息的功能，设计时要注意它们的区别。住宅室内界面设计应偏重自然质朴，室内的线条、色彩、质地及空间尺度等要做相应处理；酒店的室内界面设计则要注重豪华、富丽、色彩丰富等。

室内界面设计要根据建筑的使用功能，在总体艺术效果上创造富有个性特点的室内环境气氛。例如，居室，有成人居室，有老人居室，有儿童居室。儿童居室又分为男童和女童。所以，应该有针对性地采用不同的设计手法，体现房间主人的个性，营造出或稳重，或大方，或童真的室内气氛。

巧妙利用室内设计手法对空间进行调整，从而更好地满足功能和形式的需要。通常可以通过色彩的配置，图案、线型的处理，灯具造型、灯光明度等安排，使空间丰富多彩，完整统一。例如，某些商业建筑墙面采用镜面玻璃，使拥挤的空间产生开阔延伸感；地面的图案与柜台布置式样一致，并暗示行走路线。

充分利用装饰材料的质感和色感。质感粗糙的表面，给人以粗犷、浑厚、稳重的心理感受；反之，则给人以细腻、精致的感受。一般来说，大空间宜用粗质感材料，小空间宜用细质感材料。大面积墙面用粗质感材料，重点装饰的墙面选用细质感材料。

二、室内界面的构成方式

室内空间界面包括天花、地面、墙面等，其都有自身的功能和特点。接下来分别从各种界面类型的形状、质感、图案、光色、材料等方面对室内空间界面的艺术处理进行探讨。

（一）天棚

天棚，又称顶棚，是室内界面的顶面，是室内空间的重要组成部分，也是室内设计中最富于变化的界面。

1. 天棚设计的原则

（1）轻快感。天棚是室内空间的顶部界面，是室内空间的“天”，人们习惯上为天，下为地，天要轻，地要重。天棚设计应符合人们的心理需求，在形式、色彩、质地和明暗处理上，要充分考虑上轻下重的原则，否则会产生“泰山压顶”的压抑感。

（2）舒适感。天棚设计要考虑人的生理需求。在选材时，要充分考虑材料的声学、光学、热学等方面的性质。例如，过多的硬质材料会影响室内的声场效果，造成音质单薄，声场混乱；反光材料过多会产生眩光现象；吊顶过高或过低，对室内的采光和通风都有影响。

（3）统一感。天棚设计中的材料种类不宜过多，装饰不宜烦琐，图案不宜细碎，否则令人眼花缭乱。设计要简洁、完整、有主次、协调统一。

2. 天棚设计形式

（1）平整式。天棚表面平整，无凹凸面（包括斜面或曲面）。这种形式的天棚构造简单，装饰朴素大方。其艺术感染力主要来自顶面色彩、形状、质地、图案及灯具的有机配置，适用于大面积和普通室内空间的装修，如展厅、商店、办公室、教室、居室等。

（2）凹凸式。天棚表面有凹凸变化，有单层，也有多层，这种形式通常称为“立体天棚”。其造型华美富丽，适用于舞厅、餐厅、门厅等，常与吊灯、槽灯有机结合，力求整体感，用材不宜过多过杂，各凹凸层的秩序性不宜过于复杂。

（3）悬吊式。在屋顶承重结构下面悬挂各种折板、曲板、平板或其他形式的吊顶，如玻璃、装饰编织物等。它造型新颖、别致，并能使空间气氛轻松、活泼和欢快，具有一定的艺术趣味，是现代设计作品中常用的形式，常用于体育馆、歌剧院、音乐厅等文化艺术类的室内空间中。这种天棚的造型一般采用不规则布局、自由布局。

（4）井格式。井格式是结合结构梁架形式、主次梁交错及井字梁的关系，配以灯具和石膏装饰的天棚。其形式朴实大方，节奏感强，近似于我国传统的藻井，一般适用于门厅和回廊的天棚。

（5）结构式。利用屋顶的结构部件，结合灯具和顶部设备的局部处理，因地制宜地构成某种图案效果，这就是结构式。这种形式在大空间的体育馆、候车大厅中常常被采用。

（6）玻璃顶。玻璃天棚用玻璃制作，一般有两种形式：一种是发光天棚，在天棚里布置灯管，下面敷设乳白玻璃、毛玻璃或是蓝玻璃，给室内造成一种犹如蓝天、白昼的感觉；另一种是直接采光天棚，现代大型公共建筑的门厅、中庭、展厅等常采用这种形式。它主要解决大空间的室内采光，打破大空间的封闭感，满足室内绿化需要，从而充满了自然情趣。玻璃天棚形式一般有圆形、锥形和折线形等。

（二）地面

地面是室内空间界面的基面，与人接触较多，视域又近，是室内设计的主要因素之一。

1. 地面设计的要点

（1）划分。地面的划分要注意它的大小、方向、组织对室内空间的影响。一般来说，由于视觉心理的作用，地面划分块大时，室内空间则显得小；反之，室内空间就显得大。一块正方形的地面，如将其做横向划分，则室内显横向变宽感；反之，则显纵向变窄感。

（2）质地。要根据室内气氛的要求，根据人的视觉心理规律来决定地面材料质地。通常来说，光滑而细质感的材料，如磨光花岗岩、大理石、水磨石等具有精致、华美和高贵的感觉；相反，粗质的材料如毛石、河流石、剁斧石等会产生粗犷、质朴和浑厚的感觉。

（3）骨骼。骨骼是指地面装饰图案的构成关系。不同形式的地面装饰图案，会造成不同的构图效果。横平竖直的骨骼形式，可以增强室内的秩序性，适用于小空间，如居室；而自由形的骨骼形式，具有较强的动感，适用于大空间，如展厅。此外，地面图案构成还应和家具陈设放置及交通路线统一起来。

2. 地面设计形式

（1）木质地面。木质地面色彩、纹理自然，富有亲切感，保暖，隔声效果良好，常用于卧室、舞厅、体育馆、训练馆等室内空间。

（2）块材地面。将大理石、花岗岩等块材，根据要求划分成石块的形状进行铺设。块质地面耐磨、易清洁，并能产生微弱的镜面效果，常给人以富丽豪华的感受，是公共空间如起居室、门厅、会议室等常用材料。

（3）塑料地面。塑料地面柔韧，有一定的弹性和隔热性，便于更换，常用于一般居民家庭装饰。

（4）面砖地面。面砖地面包括地砖、缸砖、瓷砖、马赛克等铺饰地面。其特点是质地光洁，便于冲洗，多用于厨房、卫生间地面铺砖。

（5）水磨石地面。水磨石地面分预制和现浇两种，由铜条嵌缝，划成各种色彩和花饰图案。它耐磨、便于洗刷，常用于人流集中的大空间，如食堂、候车厅、商场等。

（三）墙面

墙面是室内空间界面中的竖直面，在人的视域中占优势地位，是人视觉与触觉经常接触到的部位，墙面设计在室内空间中占有重要的地位。

1. 墙面的设计原则

（1）真实性。考虑建筑风格的统一，以及建筑构件和空间的真实性，可以创造出富有特色的室内空间效果。

（2）耐久性。墙体经常与人们接触，要选择耐久性稍高的材料。

（3）物理性。墙面对室内空间环境影响较大，根据使用空间性质的不同，室内的隔声、保暖、防火、防潮等要求也不一样。

（4）艺术性。墙面装饰对美化室内环境起着非常重要的作用。墙面的质感、色彩、形状、比例等，与室内气氛关系密切。

2. 墙面装饰形式

墙面的装饰形式要服从室内总体设计，以下简介几种装饰形式。

（1）抹灰类。抹灰类包括拉毛和喷涂，常用做法是在底灰上抹纸筋灰、麻刀灰或石膏，根据具体情况喷、刷石灰浆或大白浆。

（2）涂刷类。室内使用的涂刷材料很多，主要有白灰、油漆、可赛银浆、乳胶漆等。

（3）卷材类。卷材类材料已日益成为室内设计的主要装饰材料之一，如塑料墙纸、墙布、玻璃纤维布、人造革、皮革等。

（4）贴面类。陶瓷饰砖（马赛克），墙面光洁，色彩丰富多样，耐水、耐磨、防潮，便于冲洗，常用于厨房、卫生间的墙面装饰，有时用瓷砖和马赛克的拼画，墙面富有艺术性。面砖：面砖有釉面砖和无釉面砖之分。面砖坚固耐久，其质感和色感具有较强的艺术表现效果。大理石、花岗石等表面光滑，质地坚硬，色彩纹理自然清晰，美观大方，装饰墙面和立柱显得富丽高贵，常用于公共建筑门厅、休息厅、中庭等重要部位。

（5）贴板类。石膏板：石膏板可压制成立体图案，施工方便，有防火、隔音等优点，增强墙面的立体感。镜面玻璃：表面平整，反映人的活动，起到扩大空间的作用。金属板：主要有铝板、铜板、钢板、不锈钢板、铝合金板等金属材料，不仅坚固耐用，美观新颖，而且具有强烈的现代感。

三、空间界面的处理手法

（一）形状

室内空间的形状是由点、线、面有机组合而成的。

点：较小的形都可以称为点。

线：构成室内空间界面的线，有直线（水平线或垂直线）、曲线、分格线、锯齿线等。

面：墙面、地面、顶面及面的各种表现形式。面的种类和特点：直线具有安定、简洁、有条理的感觉；曲线华丽柔美，富有肌理感；自由曲线具有个性化的优雅和魅力，有人情味的温暖情调。

（二）图案

图案是空间界面的重要装饰元素，选用不同的图案，室内空间会产生丰富多彩的效果。

1. 图案的作用

色彩鲜艳的大图案能让空间具有变窄的感觉，色彩淡雅的小图案可以使空间具有扩张感。水平方向的图案在视觉上使立面显宽，竖直方向的图案在视觉上使立面显高，网状图案比较稳定，波浪线有运动的趋势。图案可以给空间带来很多变化和营造各种氛围。

2. 图案的选用

根据空间的形状、用途等，运用图案进行界面设计，使图案的功能和形式相互统一。根据不同的空间选用相应的图案，如采用色彩鲜艳、活泼的图案布置儿童房，营造一个天真烂漫的童话世界；色彩淡雅、稳定协调的图案，适合成人房，给人一种高雅和大气的感受。

（三）质感

材料的质感指材质的粗糙与光滑、软与硬、冷与暖、光泽与透明、弹性、肌理等。不同的装饰材料，对室内气氛的形成影响很重要。例如庄严的空间可以选用石材、金属和木材组合，休闲的空间适合选用织物、竹、木等软质材料的组合。发挥材料的天然美，使天然材料的色彩纹理在设计中被充分利用。

注重材料的质感与面积形状的搭配，讲究用材的实用性，以最低的成本取得最佳的装饰效果，追求物美价廉、低价高效。从另一个角度来说，装饰材料没有高低贵贱之分，只有合理搭配才能得到最佳的装饰效果。

第八章　室内家具陈设

如果把住宅比作一部庞大的机器的话，我们完全可以把家具看作这部机器里的各种零件。其实，任何建筑物的室内空间原本都是一个只有构架的外壳，我们通过不同的家具把每个空间的功能划分出来，而每个空间功能的体现也是借由家具来传递的。所以，家具往往能够成为人和室内空间沟通的媒介。

“建筑首先是精神上的蔽所，其次才是身躯的蔽所”，家具也是一样，除了能够满足人们功能上的需求外，同时也在丰富人类精神上的内涵。家具是建筑的有机组成部分，家具设计可以看作室内设计的完善和延伸，是丰富室内设计的一个重要因素。

第一节　家具的分类及作用

随着科学技术的发展和人类社会的不断进步，人们创造出各式各样不同类型不同功能的家具，来满足越来越多元化的室内空间和现代人工作、生活、娱乐的需要。一件家具的最终形成会受到多方面因素的影响，如材料、制作工艺、使用功能等。下面我们将从多角度对家具进行分类研究。

一、按照使用功能分类

家具按照使用功能分类，可分为坐卧家具、桌台家具、储藏家具和展示陈列家具等。人们通常都会把家具的使用功能放到一个较高的地位，而且人们在室内空间的行为基本上都能够通过家具的使用功能体现出来。

（一）坐卧家具

坐卧家具是最为古老的家具类型，也是人们日常生活接触最多的一类家具。坐卧家具体现出了家具最基本的哲学内涵，就是人类告别动物的基本生存姿势，并从春秋战国时期席地跪坐的低矮型家具到垂足而坐的高型家具的发展演变的过程。坐卧家具在功能上可以分为椅凳、沙发和床榻三类。

1. 椅凳家具

椅凳家具属于坐用家具，这类家具在我们的生活中使用最为频繁，品种也是最多的，有板凳、长条凳、马扎凳、靠背椅、躺椅、扶手椅、折椅、摇椅、转椅、圈椅等。通过椅凳的变化发展，我们可以看出社会需求与生活方式的变化，以及家具设计的发展历史（如图 8-1 所示）。

图 8–1　明代圈椅

2. 沙发类家具

沙发家具起源于 18 世纪的法国，沙发在西方家具发展史上有着极其重要的位置。现在在全世界范围内，沙发这种家具形式已经成为日常起居最为重要的坐卧家具。沙发类家具包括各种类型的单人沙发、双人沙发、长沙发、沙发床等。按照沙发的面材可以分为真皮沙发、人造革沙发、布艺沙发、藤木沙发等。现代沙发的设计把人的坐、躺、卧等不同生活方式进行整合，丰富了沙发多样性的功能（如图 8-2 所示）。

图 8-2　布艺沙发

3. 床榻家具

床榻家具的基本功能是为人们提供休息和睡眠。人类有三分之一的时间是在床上度过，所以床榻家具跟人类的关系极为密切。床榻类有单人床、双人床、双层床、儿童床等。现代床榻家具的意义不仅是满足睡眠休息之用，还能够给人们提供休闲、舒适、享受美好生活的态度和方式。

（二）桌台家具

桌台家具通常与坐卧家具紧密配合使用。桌台家具对尺度有一定的要求，在使用上可分为桌和几两大类：桌类的尺度较高，主要为人们提供工作和操作的平台，桌类有写字台、办公桌、会议桌、餐桌、课桌、电脑桌和试验台等；几类较矮，主要用来放置物品，但装饰性较强，几类有茶几、条几、花几等。

（三）储藏家具

储藏家具要求收纳功能较强。这类家具一般不与人体发生直接关系，但是在设计上必须在人体活动的一定范围内制定它的尺寸。在外观上，分为封闭式、开放式、综合式。在使用上，主要分为橱柜和屏架两类。橱柜类有衣柜、书柜、床头柜、音响柜、文件柜、餐具柜等；屏架类有衣帽架、书架、花架、陈列架等。随着人们生活用具种类的增多，储藏家具也正在走向组合化和多功能化（如图 8-3 所示）。

图 8-3　起居空间储物家具

（四）展示陈列家具

展示陈列家具主要出现在商业空间当中，是供商品陈列和文物展览用的家具。在住宅空间中，展示陈列家具的主要形式有博古架、酒柜等。这类家具的高度要与人的视线有密切的关系，主要形式有展台、展架、展柜等。

二、按照制造材料分类

家具按照制造材料分类，可分为木制家具、竹藤家具、金属家具、塑料家具和纺织家具等几种常见形式。家具按照材料来分类，可以使我们了解不同材料的构造和特点，便于我们利用这些材料的特点来凸显家具的实用性和美感，从而更好地烘托出室内空间环境的氛围。

（一）木制家具

木材是一种质地优良、纹理优美的天然材料。木材具有质轻、强度高、易于加工造型等优点。用木材制成的家具有很高的观赏价值和良好的手感，因为木材是天然材料，所以常常让人感到亲切和舒适。从古至今，木质家具一直是人们最常用也是最普遍的理想家具。现代木制家具形式多样化，富有时代感。特别是利用现代工艺和技术，把木材和其他材料结合使用，往往能够制造出时尚且耐用的家具样式（如图 8-4 所示）。

图 8-4　木质家具

（二）竹藤家具

竹藤家具是利用竹藤等天然材料，经过机器或手工编制加工而成的家具。竹藤材料具有质轻、柔韧性好、色泽优美、古朴自然等特点。竹藤家具造型丰富多样，具有极高的艺术感。通过竹藤家具的使用，很容易营造出自然舒适且极具个性的室内空间（如图 8-5 所示）。

图 8-5　藤制家具

（三）金属家具

金属家具通常是以钢和铝等金属材料为主要材料，以皮革、玻璃、塑料等材料为辅助材料组合而成的家具。金属家具坚固耐用，易于造型，已经逐渐成为现代家具的代表。金属材料本身的特性容易给人冰冷理智的感觉，但是通过和其他材料的搭配，能够组合成时尚前卫、简洁利落、富有表现力和强烈时代感的家具类型（如图 8-6 所示）。

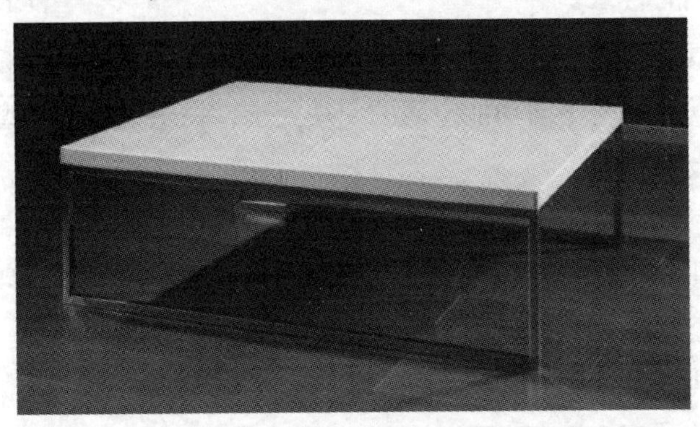

图 8–6 金属、木质茶几

（四）塑料家具

塑料是一种质轻、高强度、表面光洁、色彩鲜艳丰富的人造材料。采用塑料制成的家具有着天然材料制成的家具所无法取代的优点。例如，色彩艳丽，可单独整体成型，容易大批量生产等。塑料家具的装饰效果非常强，常常用在一些商业娱乐空间中（如图 8-7 所示）。

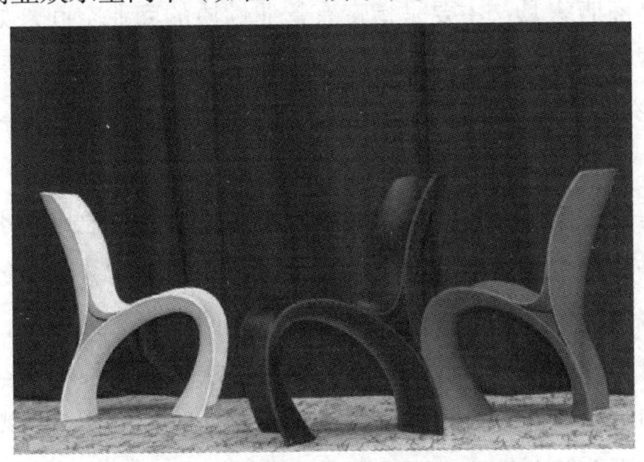

图 8–7 塑料椅子（来自《家具设计》）

三、按照使用环境分类

家具按照使用环境分类，可分为住宅家具、商业家具和公共家具等。每个空间环境都对家具有不同的要求，根据所处场合的不同，家具的类型也有所变化。

（一）住宅家具

住宅家具是我们日常生活中最常接触到的一类家具，使用频率高，功能性强。为了满足室内不同功能空间的使用要求，住宅家具的类型是最多的，品种样式也最为复杂。

根据住宅空间的划分，住宅家具可分为以下几种：

卧室家具——床、床头柜、衣柜、梳妆台、梳妆凳、靠椅等。

起居室家具——沙发、茶几、电视柜等。

餐厅家具——餐桌、餐椅、酒柜等。

厨房家具——厨房专用配套家具。

书房家具——书柜、写字台、电脑桌、靠背椅等。

（二）商业家具

商业家具指在一些带有商业性质的空间中所用的家具。这类家具针对性强，功能明确，造型简洁大方，能够充分利用空间。通常商业家具是以系列的形式出现的。根据商业性质的不同，商业家具可分为如下两种。

第一种是商店家具，主要是指带有营业性质的商业空间，如专卖店、百货商场中用于销售的专业性家具，包括收银台、展柜、展台、展架、陈列柜、沙发等家具形式。商业家具的展示性较强，能够吸引顾客，最终达到销售商品的目的。

第二种是餐饮家具，餐饮空间的类型较多，经营特色也各不相同。一般餐饮家具都是和整个餐饮空间的室内设计风格相匹配的，突出经营特色，营造出舒适的就餐环境。例如中餐厅以中式风格的木制家具为主，西餐厅中沙发、餐桌一般为欧式风格。而快餐店的家具要求和前两种餐饮空间的家具要求又有所不同，快餐厅人流量较大，家具颜色一般较鲜艳，从视觉上能够促进食欲并且加快人们进餐的速度，造型上简洁但能够吸引顾客。

（三）公共家具

公共家具跟商业家具最大的区别是，公共家具通常是无偿为人们提供服务的，带有公益性质的家具，一般指的是公共空间中供人们休息的座椅、桌子等设施。这些家具要求能够抵抗外界的各种气候条件，并且造型、颜色要和周围环境相协调，能够成为公共空间中景观的一部分。

四、按照结构形式分类

家具按照结构形式分类，又可分为板式家具、拆装家具、充气家具和注塑家具等。

（一）板式家具

板式家具是用不同的板材进行拼装，以五金构件或者胶粘连接而成的。所用板材一般为细木板和人造板材，以结构承重和维护分隔作为主要功能。板式家具结构简单，用材也较少，组合形式灵活多样，外观大方简洁，成为现代家具的主要结构形式（如图 8-8 所示）。

图 8–8　板式办公家具

（二）拆装家具

拆装家具的零部件之间采用连接件接合，并可多次拆卸和安装。其主要的拼接材料为木块、金属、塑料。拆装家具比较便于运输、携带和储藏。

（三）充气家具

充气家具是用塑料薄膜制成的，充气后成型的家具形式。这种家具是以内充气体作为承重的家具。它可以通过调节阀来调整到适合人的最佳使用状态。充气家具的特点是质量轻，用材少，颜色透明，变化丰富，造型新颖，充满娱乐性，能够带给人较强的视觉感受，受到现代社会年轻人的喜爱（如图 8-9 所示）。

图 8–9　充气沙发

（四）注塑家具

注塑家具包括硬质塑料和发泡塑料家具。注塑家具是用特制的模具浇注成型的塑料家具。其整体性强，质量轻，造型自由多变，加工方便。塑料的色彩非常鲜艳丰富，表面光洁且易于清洗，常常在公共空间中使用（如图 8-10 所示）。

图 8–10　会议厅中的注塑椅

五、家具在室内空间中的作用

家具的存在为人们日常生活、工作、学习等各种活动提供了便利和舒适。在室内空间中，家具的作用主要有以下几种。

（一）划分功能空间

在室内空间中，除了承重的墙体可以用来划分空间外，不同的家具也可以限定出不同的功能空间。例如：在住宅空间中，床、床头柜划分出了卧室空间；餐桌、餐椅划分出了就餐空间；沙发、茶几、视听家具可以限定出起居会客空间（如图 8-11、图 8-12 所示）。

在办公空间中，用书柜、书架、电脑桌等家具可以围合出个人工作的小型办公空间；在商业空间中，常用货架、柜台、陈列柜来划分不同性质的营业区域。

图 8-11　餐厅中的家具

图 8–12　居住空间中的家具

（二）组织空间序列

现代室内空间越来越大，越来越通透。通过家具我们可以丰富空间的层次，组织布置空间，甚至用家具来代替墙体。这种设计手法除了能满足空间的使用功能外，还能提高室内空间的使用效率，丰富空间的形态。

（三）渲染空间氛围

家具除了能满足人们生理和物质上的需求外，还能够满足人们心理和精神上的渴望。家具的造型和风格能够直接影响整个室内设计的风格和内涵，是室内空间表现的最重要的角色，对空间环境的渲染也是不容小觑的。家具的材料、样式、色彩、装饰和组合形式对室内环境的审美情趣和意境升华都起到了丰富和深化的作用。一组造型别致、色彩美观的家具，对塑造空间环境也能起到烘托和渲染的作用（如图 8-13 所示）。

图 8-13 起居空间

第二节 家具的发展概述

家具的发展和建筑、室内装饰风格的发展密切相关。在人类社会的发展史上，家具一直体现着人们的文化、风俗习惯、民族传统，而且与时俱进，具有鲜明的时代性。通过家具我们可以了解当时的建筑风格、室内生活、艺术思潮和经济发展状况。

一、中国古代家具的发展

中国古代家具的发展和中国传统建筑一样，其发展历史也是一部由木质材料构成的宏伟诗篇，具有强烈的民族风格。中国的木制家具“雏于商周，丰满于两宋、辉煌于明清”。无论是体量庞大而神秘的商周家具，还是春秋战国时期造型简练的矮型漆木家具，抑或是魏晋南北朝时期带有异族风情的渐高家具、隋唐五代时期精美华丽的高低家具、宋元时期简洁秀丽的高型家具、集各时期之大成的明式家具、雍容华贵的清式家具，都以各自的特色在中国家具的发展史上熠熠生辉。尤其是明清家具，将我国古代家具推向了鼎盛时期，其品种之多、工艺之精让人叹为观止，至今仍受到全球的追捧。中国传统家具由于受到了民族特点、风俗习惯、地理气候、制作工艺等不同因素的影响，走着与西方家具截然不同的道路，故而形成了一种工艺精湛、内敛含蓄、耐人寻味的东方家具体系，在世界家具发展史上独树一帜，具有鲜明的东方艺术风格特点。中国古代家具也深深地影响着世界家具及室内设计的发展。

（一）商周至三国时期家具（公元前1600—265）

商周处在奴隶制鼎盛时期，由于青铜器的发展，金属工具产生，使得木质材料被加工为家具成为可能。从甲骨文及一些现存的青铜器上我们了解到，当时室内铺席，人们一般坐在席子上，家具有床、案、俎和放置酒器的“禁”。

从春秋到三国，人们一直习惯“席地而坐”的生活方式，所以家具的形制都很低矮。而秦汉时期的家具，如几案的形式发展到不止一种，并且更加重视装饰，在木质的几案上涂黑色和红色的漆，描绘各种图案和纹样。床的用途在这一时期也扩大到日常起居与接见宾客，不过这一时期的床还较小，通常只坐一人，称为“榻”。

商周到三国时期的家具是中国低型家具的形成时期。其特点是造型古朴、简洁，沉着、稳重。

（二）魏晋、南北朝时期家具（265—581）

魏晋南北朝时期在中国历史上是一个较为特殊的时期，这个时期最显著的特点就是“民族大融合”。北方的游牧民族进入中原，而佛教在这一时期也极为盛行。在这种大的社会背景下，家具的形制也在慢慢发生改变。低矮的家具继续完善和发展，起居的床榻在慢慢增高，垂足而坐的生活方式被越来越多的人接受，这个时期是高式家具和矮式家具并存的时期。

新出现的家具主要有扶手椅、束腰圆凳、方凳、圆案、长机、橱，并有一些竹藤家具。坐类家具品种增多，反映了垂足坐已逐渐推广，促进了家具向高型发展，为以后逐渐废除席地而坐打下了基础。

（三）隋、唐、五代时期家具（581—960）

隋唐时期是中国封建社会发展的全盛时期。这一时期社会经济发展，垂足而坐的生活方式已经从上流社会普及全国。唐代家具一改前期家具的面貌，形成了流畅柔美、雍容华贵的家具风格。而到五代时，家具造型崇尚简洁无华、朴实大方。这种朴素内在美取代了唐代家具刻意追求繁缛修饰的倾向，为后来的宋代家具风格的形成树立了典范，后来家具的类型在这个时期已经基本具备。

隋唐五代时期家具的特点是种类繁多，并且向系列化、成套化发展。《韩熙载夜宴图》中就描绘了成套家具在室内陈设、使用的情形；进一步向高型发展，表现在坐类家具品种增多和桌的出现。家具高型化又对室内高度、器物尺寸、造型装饰产生了一系列的影响。

（四）宋代时期家具（960—1368）

宋朝的建立，结束了五代十国时期的分裂和战乱的局面。宋代也是中国家具承前启后的重要发展时期。《营造法式》的出现，总结了中国以木结构为主的建筑的构造形式，同时也影响了家具的结构和造型。这个时期已经完全结束了延续了几千年的垂足而坐的生活习惯，一些高型的家具已经在民间得到普及。而家具的结构已经成型，确立了以框架结构为主的基本形式。

宋代家具造型淳朴纤秀、结构精细合理，还重视结构尺度与人体之间的关系，使用方便。家具种类有开光鼓墩、交椅、高几、琴桌、炕桌、盆架、落地灯架、带抽屉的桌子、镜台等，各类家具还派生出不同款式。宋代还出现了中国最早的组合家具，称为燕几。

（五）明代时期家具（1368—1644）

朱元璋建立的明朝社会经济稳定发展，手工业也得到发展，对外交往频繁，东南亚一带的紫檀木、花梨木、楠木等优质木材输入中国。这些硬木色泽柔和、纹理清晰而又富有弹性，对家具造型结构、艺术效果有很大的影响。这些家具木料的横断面很小，所以造型也就显得简练、挺拔和轻巧。在这种前提下，加上手工艺的进步，使明式家具在艺术造型上有了很大创新，把中国古代家具推上了顶峰。

明代家具的风格特点，可用“简、厚、精、雅”四个字来概括，其实就是造型洗练、敦厚大方、工艺精巧、气质典雅。而明代家具中的卯榫结构，极富科学性：完全不用钉子，不受自然条件的潮湿或干燥的影响，制作上采用攒边等做法。明代的文人和工匠都将自己的文才巧思奉献出来，使得明代家具以其空灵优雅的造型、古朴精致的纹饰成为中国古典家具史上的经典作品。

（六）清代时期家具（1644—1911）

清代家具继承和发扬了明式家具的传统，并且又有所发展，形成了自己的特色风格。清代家具趋于华丽，重雕饰，并采用更多的嵌、绘等装饰手法，于现代观点来看，显得较为烦冗。

清代家具的风格特点：构件的断面有所增大，整体造型稳重，富丽堂皇，气势雄伟，清代家具的体量关系和它显露出的气势与当时的社会环境、民族特色、生活习惯是相互呼应的；清代家具的制作工艺使得家具的装饰风格和明代家具有较大的区别。清代家具装饰技巧高超，用料多样，装饰题材丰富，集历代装饰精华于一身。

二、西方现代家具的发展

西方现代家具的发展一直是和现代建筑及现代技术的发展同步。我们可以把 19 世纪欧洲工业革命看作西方现代设计活动的契机，它用机械工具作为主要动力，根据“以人为本”的设计原则，摒弃了传统巴洛克、洛可可式的奢华雕饰，提炼了抽象的造型，结束了木器手工艺的历史，进入了机器生产的时代。现代家具在工业革命的基础上，通过科学技术的进步和新材料与新工艺的发明，广泛吸收了人类学、社会学、哲学、美学的思想，紧紧跟随着社会进步和文学艺术发展的脚步，其内涵与外延不断扩大，功能更加多样化，造型多变，日趋完美，成为创造和引领人类新生活与工作方式的物质基础和文化形态。

（一）转折探索时期

这是现代家具的探索及发生时期，有两条发展脉络：一条是以英国莫里斯为首的一批艺术家和建筑家，他们主张艺术家和工艺师相结合的路线，强调个人手工技能追求创新设计形式。他们否定机械生产的可行性，由此创造出一种简单朴实，充满着乡土气息的新型家具风格。在这个运动的推动下，许多著名的建筑师都开始参与家具设计，使现代家具得到不断发展。随后在欧洲大陆发生了著名的“新艺术运动”。虽然该运动分别在比利时、法国、奥地利和德国等地展开，但他们的目标是相同的：反对传统风格，探索能够代表他们时代的新艺术形式。

（二）成熟发展时期

继新艺术运动之后，1917 年由荷兰设计师杜斯堡掀起了“风格运动”。此运动推广现代设计的新兴观念和理想，是现代设计风格的萌芽。

而后 1919 年格罗皮乌斯在德国开设了“包豪斯”学院，以设计教育的方式建立起了现代设计的基本理论，是现代主义诞生的摇篮。

在这个时期，人们都在寻找一种更适合 20 世纪人类生活的环境，寻求艺术与技术、艺术与生活的结合与统一。在人们的共同探索下，一种以科学的理性的功能主义至上的“现代主义”设计风格诞生。同时，也诞生了一大批著名的建筑设计师以及他们的建筑和家具作品，如荷兰风格派代表人物里特维尔德(Gerrit Thomoas Rietveld)于 1923 年设计的红蓝椅; 马歇·布劳耶(Marcel Breuer)于 1925 年设计的世界上第一把钢管椅——瓦西里椅; 密斯·凡·德·罗于 1929 年设计的巴塞罗那椅。

（三）高速多元化发展时期

第二次世界大战结束后，西方艺术设计的中心转移到了美国，美国出现了一大批著名的设计师。除了美国的家具设计蓬勃发展外，以挪威、丹麦、瑞典、芬兰为首的北欧国家也出现了有着“北欧”特点的家具作品。1965 年后，意大利家具异军突起，以其完整的设计思想和新颖的设计体系引领世界家具的潮流。

现代家具设计的特点：新材料、新工艺的不断产生，促使设计师改变旧有设计模式，寻找与工业化生产相适应的新材料、新工艺和新的家具设计风格。它利用简洁的线条、冷静理性的思考、严格的几何手法，充分展露出了现代美学的简洁性和完整性，促进了一个崭新的现代家具设计时代的到来。

第三节 家具的造型设计

家具造型设计是指在设计中运用一定的手段，对家具的形态、质感、色彩、装饰及构图等方面进行综合处理，构成完美的家具形象。它包括造型的基本要素和造型的构图法则两方面的内容。

一、家具造型的基本要素

家具主要是通过各种不同的形状、不同的体量、不同的质感和不同的色彩等一系列视觉感受，取得造型设计的表现力。这就需要我们了解和掌握好一些造型的基本构成概念、构成方法和构成特点，也就是造型设计基础，包括点、线、面、立体、色彩、质感和装饰等基本要素，并按一定法则构成美的立体形象。任何应用设计都可以分解为若干设计要素的组合，并从中找出构成方法，家具设计也是如此。

（一）家具的形态

造型设计的形式美主要是靠我们的视觉感受到的，而我们的视感所接触到的东西总称为“形”，形有各种不同的状态、大小、方圆等，简称为形态。

作为造型要素，都是由概念的形态构成的可见形态，它和几何学一样，最基本的可分为点、线、面、体。

1. 点

点是形态构成中最基本、最小的构成单位。

点一般认为是圆形的，但三角形、星形及其他不规则的形，只要它与对照物之比显得很小时，就可称为点。即使是立体的东西，在相对的条件下，感觉也是点。例如，家具的各种不同形状的拉手，一般都表现为点的特征。点的形状和大小是不能由其单独的形态决定的，它必须依附于具体形象，即要和周围的场合、比例关系等相比较来评价它的不同特征。

在家具造型设计中，可以借助“点”的各种表现特征加以运用，以取得很好的表现效果。

2. 线

线是点移动的轨迹。根据点的大小，线在面上就有宽度，在空间就有粗细。

线和面的区别与点的情况一样，是由相对关系决定的。线的形状主要可分为直线系和曲线系，线的表现特征主要随线形的长度、粗细、状态和运动的位置而异，从而在人们的视觉心理上产生不同的感觉。例如直线富强劲、有力之意，垂直线有庄严向上感，水平线有宽广宁静感，斜线似乎具有方向性的势感，曲线给人以缓慢的运动感和波浪起伏的节奏感等。优美的线形是构成家具不同风格的一个造型要素，我们可以针对不同家具造型设计的要求，以线型的不同表现特征取得家具造型的丰富变化。

3. 面

面是由点的扩大或集中构成的，也可用线的移动，线的幅度增大或线的集中等组成。除此之外，通过切断可以得到新的面，由于切的方法不同，能得到各种不同的面。

不同形状的面，具有不同的表现特征。正方形、正三角形、圆形等，都是方向性较明确的平面形，由于它们具有规则、构造单纯的共性，因此一般表现为安定、端正的感觉；多边形是一种不肯定的平面形，边越多越接近曲面，则产生丰富、轻快感。如果用正方形和圆作为基本平面形，可以配列出各种各样的平面形。

曲面一般给人以温和、柔软和动态感，它和平面同时运用会产生对比效果，对于构成造型的丰富变化极为有效。

在家具造型设计中，我们可以恰当运用各种不同特征的面来构成不同的家具形式，以体现各类家具造型的不同风格。

4. 体

由点、线、面包围起来所构成的三度空间（具有高度、深度及宽度或长度）称为体。

所有的体可以由面的移动和旋转或包围而占有一定的空间所构成。具有代表性的是立方体、球体、圆锥体、圆柱体等。体的表现特征主要是根据各种面的形态感觉来决定。此外，色彩、材质和室内空间的光和影也能改变体的感觉。

体是表现家具造型设计最基本的方面之一，家具通常都是由一些基本的几何形体组合而成的。

（二）家具的色彩

色彩是表达家具造型美感的一种很重要的手段，可以起到丰富造型、突出功能的作用，并表达空间不同的气氛和性格。色彩具体表现在色调、色块和色光三方面的运用上。

1. 色调

家具的色调，应该有色彩的整体感。常见的家具色调运用有调和色、对比色两种，若以调和色作为主调，家具就显得静雅；若以对比色作为主调，则可获得明快的效果。但无论采用哪一种色调，都要使家具具有统一感。在色调的具体运用上，主要是掌握好色彩的调配和色彩的配合。

要掌握好色彩的调配与配合，主要从下面三个方面着手。

首先，要考虑色相的选择。色相不同，所获得的色彩效果也就不同。这必须从家具的整体出发，结合功能、造型、环境进行适当选择。例如，居住生活用的家具，应多采用偏暖的浅色或中性色，以获得明快、协调、雅静的效果；而展览等用的公共家具，应多采用浓郁的冷暖对比色，以表现鲜明、热烈的效果。

其次，在家具造型上进行色彩的调配，要注意掌握好明度的层次。若明度太相近，主次易含混、平淡。一般来说，色彩的明度以稍有间隔为好，但相隔太大则色彩容易失调，同一色相的不同明度以相距三度为宜。在色彩的配合上，明度的大小还显示出不同的“重量感”，明度大的色彩显得轻快，明度小的色彩显得沉重。因此在家具造型上，常用色彩的明度大小来求得家具造型的稳定与均衡。

最后，在色彩的调配上，还要注意色彩的纯度关系。除特殊功能的家具，如儿童家具或小面积点缀，用饱和色外，一般用色宜改变其纯度，降低鲜明感，选用较沉稳的“明调”或“暗调”，以达到不刺目、不火气的色彩效果。所以在配色时，对色彩的纯度要把握住一定的比例，使家具能表现出色调倾向。

2. 色块

家具的色彩运用与处理，还常通过色块组合方法构成。所谓色块，就是家具色彩中一定形状与大小的色彩分布面，它与面积有一定关系，同一色彩如面积大小不同，给人的感觉就不相同。

一般用色时，必须注意面积的大小，面积小时，色的纯度可较高，使其醒目突出；面积大时，色的纯度则可适当降低，避免过于强烈。

除色块面积大小之外，色的形状和纯度也应该有所不同，使它们之间既有大有小，又有主有衬而富有变化。否则，彼此相当，就会出现刺激而呆板的不良效果。

色块的位置分布对色彩的艺术效果也有很大影响，如当两对比色相邻时，对比就强烈；如两色中间隔有中性色，则对比效果就有所减弱。

在家具中，任何色彩的色块都不应孤立出现，需要同类色或明度相似色块与之呼应，不同对比色块要相互交织布置，以形成相互穿插的生动布局，但须注意色块间的相互位置应当均衡，勿使一种色彩过于集中而失去均衡感。

3. 色光

色彩在家具上的应用，还需考虑色光问题，即结合环境、光照情况。如处于朝北向的室内，由于自然光线的照射，气氛显得偏冷，此时室内环境多近于暖色调，家具的色彩就可运用红褐色、金黄色来配合；如环境处于朝南向，在自然光照射下，显得偏暖，这时室内多偏冷色调，家具的颜色可使用浅黄褐、淡红褐色相配合，以取得家具色彩与室内环境相协调统一。另外，在日光下，色彩的冷暖还会给人一种进退感，如同样的家具，在日光照射下，暖色调的家具比冷色调的家具显得突出，体量也显得大些；而冷色调则有收缩感，因此在家具造型上，有时就运用了这种色彩的进退表现特征，如家具常通过运用浅色、偏冷色的艺术处理来获得心理上较大的空间感。

家具的设色不仅与日光照和环境配合，而且也要与各种使用材料的质感相配合。因为不同材料，如木、织物、金属、竹藤、玻璃、塑料等所表现的粗、细、光、毛等质感，由于受光和反光的程度不同，反过来也都会相互影响色彩上的冷、暖、深、浅。现代家具十分讲究运用木材的自然本色，以它质朴的材料质感，赢得很好的艺术效果。

色彩在家具的具体应用上绝不可脱离实际，孤立地追求其色彩效果，而应从家具的使用功能、造型特点和材料、工艺等条件全面地综合考虑，给予恰当运用。

（三）家具的质感

质感是指表面质地的感觉——触觉和视觉，如材面的粗密、硬软、光泽等，每种材料均有其特有质地而给我们以不同的感觉，如金属的硬、冷、重，木材的韧、温、软等。

在家具的美观效果上，质感的处理和运用也是很重要的手段之一。如果了解各种材质的特色、材质与风格的交互表现，就能在家具设计上更加得心应手。如今，家具的材质以木材、金属、皮革、布艺及藤制五种为主流。通过各种不同材质的家具，可以营造出丰富多彩的空间环境。

家具材料的质感，可以从两方面来掌握：一种是材料本身所具有的天然性质感，另一种是对材料施以不同加工处理所显示的质感。

前者如木材、金属、竹藤、柳条、玻璃、塑料等，由于质感之异，可以获得各种不同的家具表现特征。木制家具由于其材质具有美丽的自然纹理、质韧、富弹性，给人以亲切温暖的材质感，显示出一种雅静的表现力；而金属家具则以其光泽、冷静而凝重的材质，更多地表现出一种“工业感”；至于竹、藤、柳家具，则在不同程度的手感中给人以柔和的质朴感。

后者是指对同一种材料，经过不同的加工处理，可以得到不同的艺术效果。如对木材进行不同的切削加工，可以获得不同的纹理组织；对金属施以不同的表面处理，如镀铬、烘漆等；再如竹藤的不同编织法，表达了不同的美感效果。这一切，都对家具的造型产生直接影响。

在家具设计中，除了应用同种材料外，还可以运用几种不同的材料，相互配合，以产生不同质地的对比感，有助于家具造型表现力的丰富与生动。但是获取优美的质感效果不在于多种材料的堆积，而在体察材料质地美的鉴赏力上，精于选择适当而得体的材料，贵在材料的合理配置与质感的和谐运用。

（四）家具的装饰

装饰是家具微细处理的重要组成部分，也是家具设计中的一种重要表现手段。一件造型完美的家具，单凭形态、色彩、质感和构图等的处理是不够的，还必须善于在利用材料本身表现力的基础上，以恰到好处的装饰手法，着重于细部的微妙设计。

因此家具的装饰手法可以从以下三个方面加以具体运用。

1. 材料纹理结构的装饰性

善于利用材料的纹理结构进行家具的装饰处理，是一种颇具技巧素养的艺术效果。例如木材的纹理结构，是木材切面上呈现出深浅不同的木纹组织，通过年轮、髓线等的交错组织，形成千变万化的花纹。由于纹理的成因各异，有粗细、疏密、斜直、均匀与不均匀等形之别。材面常出现旋形、绞形、浪形、绉形、瘤形、斑点形、鳞片形、鸟眼形、银光形和葡萄形等装饰纹理。

因此木材的纹理结构具有一种自然风韵的装饰美。在家具设计中，经常把它作为丰富家具材面装饰质感的重要表现手法。

此外，还可以利用各种自然纹理的薄木进行花样拼贴。根据胶贴部位的具体要求，选配好适当的薄木，按纹理的形状、大小、方向、位置和色彩做不同的排列拼接，胶贴于板材表面，组成千变万化的花形装饰图案——拼花。

家具上也常利用金属、大理石、玻璃和塑料等材料的质感、纹理和光泽特性，加以恰当的装饰处理，也可以益增其美，独成装饰风格，以获得很好的艺术表现效果。

2. 线型的装饰处理

善于运用优美的线型对家具的整体结构或个别构件进行有意义的艺术加工，也是一种饶有趣味的装饰手法。它既丰富了家具边缘轮廓线的韵味，又增加了家具艺术特征的感染力。

在线型的应用上，首先要依据家具的不同造型特征和具体构件的部位，赋予不同的线型表现。线型既是分割“面”的一种处理手段，又是改变“面”的一种装饰手法，使家具达到轻巧、秀丽的表现效果（如图 8-14 所示）。

图 8–14 床具中的线的处理

总的来说，家具的线型装饰处理必须层次分明、疏密适宜、繁简得体，有助于烘托家具的造型。讲究线型的简约含蓄，刚柔兼采，以获取简练中见丰富、质朴中寓精美的和谐效果。我国优秀的明式家具就十分强调运用简洁线型为主的手法，表现出简朴中见浑厚、挺拔中求圆润的独特风格。

3. 五金配件的装饰性

家具用五金配件，包括拉手、锁、合页、连接件、碰头、插销、套脚、滚轮等。尽管这些配件的形状或体量很小，然而却是家具使用上必不可少的装置，同时又起着重要的装饰作用，为家具的美观点缀出灵巧别致的奇趣效果，有的甚至起到了画龙点睛的美感作用。

不论运用何种装饰手法，都要注意避免装饰过分的问题，不要一味以为繁就是好，简就是差，我们要做的应该是“以精取胜’，而不是“以繁取胜”。同时，更要注意装饰与实用的结合，要在符合家具功能和结构的基础上进行微细设计。

二、家具造型的构图法则

设计一件造型优美的家具，若要精心处理好那些基本的构成要素，就必须掌握一定的构成法则，学会运用多种多样的表现手段和方法，以构成美的立体形象，专业术语称作构图法则或形式法则。家具的构图法则有统一、变化、均衡、比例等几项，这些法则是人们创作和实践经验的总结。

（一）统一

设计的一个重要手段，即在于有意识地将多种多样的不同范畴的功能、结构，构成由诸要素有机形成的一个完整的整体，这就是通常所说的造型设计的统一性。就家具设计而言，由于功能要求及材料结构的不同导致了形体的多样性，如果不加以有规律的处理，就会造成家具没有整体统一感。因此在家具造型设计中，从形体的组合、立面和色彩，一直到各细部处理等，都要求符合从变化中求统一这一基本构图法则。

1. 协调

协调是指强调联系。在构图法则中，协调是取得统一的主要表现方法，表现为彼此和谐、具有完整一致的特点。在成套家具设计中，经常把那些必不可少的结构部件视作形态构成的要素来处理，使家具的各部分必须“说”相互有关系或相同的“话”。这样，技术结构上的部件就起到一种控制家具造型外观的作用，从而使整套家具呈现协调而和谐的效果。

2. 主从

主从关系就是在完整而统一的前提下，运用从属部分来烘托主要部分，或者是用加强手法强调其中的某一部分，以突出其主体效果。主从的处理方法大致可从以下两方面加以考虑。

（1）位置的主从。任何一件家具均可分成主要部分和从属部分，即使在成组家具中也可区分为主体和从属体。主从体通常是按使用功能的主从位置来确定的，如椅子的座面与靠背，各种支撑架均为从属部分。所以在设计中，应从主要部分着手，力求主从分明，以达到视觉上和感受上的集中、紧凑，易于取得整体效果。但也有把居于从属部分的支架充当形体构图的主体的，如一些床的设计，虽然床屜（床绷）在使用上和空间的体量上都是居于主体地位，但在构图上的主要表现却属于床头的高屏。

（2）体量的主从。如果将两个同样大小的长方体放在一起，一个立着，一个倒着，其中较高的（即立着）立即具有支配另一个的作用。在这类造型构图中，以低部位来陪衬高部位，要比以高部位陪衬低部位容易收效，同时也有助于以加强高体量来取得主从和谐的统一感。当有些家具的功能要求对造型处理的制约影响较小时，就可有意识地组织和调整它们之间的体量差异，从而取得主从分明的效果。

3. 呼应

呼应是在家具缺乏联系的各个不同形体或立面上，如柜的顶与脚、椅的靠背与座面等，运用相同或近似的细部处理手法，使其在艺术效果一致性的前提下，取得各部分之间的内在联系的重要手段，具体表现在以下两个方面。

（1）构件和细部装饰上的呼应。在必要和可能的条件下，可以运用相同或近似的构件，配置于各个不同的局部或形体，使之出现重复，以取得它们之间的呼应。例如，采用同一式样的拉手、五金件或饰件，就能使不同形体的家具在外观上取得统一效果。在细部装饰的处理上，也可采用相似的线型（具有比例关系）、格式等处理手法，以求得整体的联系和呼应。

（2）色彩和质感上的呼应。构图中，常在主色调的局部运用一些相对应的对比色，如黑与白等，以取得醒目的呼应；也可以利用材料、质感之间的微细差异，给人一种呼应的统一感。例如，软家具中，木材表面与装饰织物的合理配置。藤、木的和谐运用等，既有呼应，又有差异，并与周围的家具和环境取得共同的关联性，以达到和谐而统一的艺术效果。

（二）变化

家具是由若干具有不同功能和结构意义的形态构成因素组合而成的，于是各部分的体量、空间、形状、线条、色彩、材质等各方面具有一定的差异。在家具设计中，要充分考虑和利用这些差异，并加以恰当处理，以求在统一的整体之中求得变化，因为如果缺乏变化，家具就会显得单调。在统一中求变化，通常有对比、韵律、重点等几种表现方法。

1. 对比

所谓对比，是指强调差异，表现为互相衬托，具有鲜明突出的特点。

形成对比的因素有很多，如曲直、动静、高低、大小、色彩的冷暖等。家具设计中，从整体到细部，从单件到成组，常运用对比的处理手法，构成富于变化的统一体。

具体表现在以下五个方面。

（1）线与形的对比。线与形的对比包括线的曲直、形状的方圆等。在家具设计中，经常采用曲线与直线的对比来求得造型的丰富变化，或者采用圆形与方形的组合，以取得形体上的形状对比。

（2）方向的对比。在家具形体的垂直与水平的方向上采用对比的手法，可以使家具形体在塑造上取得丰富、生动的变化。

（3）质感的对比。利用不同材料所具有的不同质感形成对比，如材质的光滑与粗糙、软与硬等，使材料材质能够相互衬托。

（4）虚与实的对比。由于功能的要求，家具形成各种程度不同的开敞和封闭空间。开敞部分具有开朗轻巧感而称之为虚空，封闭部分具有稳定的重量感而称之为实体。开敞的空间，可以减少实体部分的沉重、闭塞感；而实体可以用来加强开敞部分的稳定重量感。

（5）色彩的对比。色彩的对比包括色相和明度的对比。色相的对比是指相对的两个补色的对比，明度的对比，即颜色的深浅的对比，只要差异明显，就能产生对比。不同用途的家具，有着不同的色彩对比要求。

2. 韵律

造型设计上的韵律，是指某种图形或线条有规律地不断重复呈现或有组织地重复变化。这恰似诗歌、音乐中的节奏和图案中的连续与重复，以起到增强造型感染力的作用，使人产生欣慰、畅快的美感。无韵律的设计，就会显得呆板和单调。韵律可借助形状、颜色、线条或细部装饰而获取。在家具构图中，当出现各种重复现象的情况时，巧妙地加以有组织的变化处理，这在家具造型设计上是十分重要的。

常见的韵律形式有以下几种：

（1）连续的韵律。由一个或几个单位组成的，并按一定距离连续重复排列而取得的韵律，称连续韵律。

（2）渐变的韵律。在连续重复排列中，将某一形态要素做有规则地逐渐增加或减少，所产生的韵律称渐变韵律。通常所见的成组套几和具有渐变序列的多屉柜，都在不同程度上表现出统一中求变化的韵律效果。

（3）起伏的韵律。在渐变中，形成一种有规律的增减，而且增减可大可小，从而产生时高时低、时大时小、似波浪式的起伏变化，称作起伏韵律。这种处理手法用于家具造型设计，其作用是取得情感上的起伏效果，加强造型表现力。

（4）交错的韵律。有规律地纵横穿插或交错排列而产生的一种韵律，称交错韵律。交错的韵律较多用于家具的装饰细部处理。

上述四种韵律的表现形式各有不同，但它们的共同特征就是重复和变化。

3. 重点

重点是指善于吸引视感注意力于某一部位的艺术处理手法，其目的在于打破单调的格局，加强变化，产生出主体的高潮，并取得一定的装饰效果。所以，重点表现是统一中求变化的一种手法。

（1）对比突出重点。对于一些过于单调的家具立面，如平板门面、整齐的屉面等，除了运用色彩和线脚进行对比处理外，还可以选用适合的五金件加装在适宜的部位，缀以重点装饰，获取适宜的对比效果。

（2）加强突出重点。加强突出重点是选择家具的某一部分，如形体的突出部分、转折的突出部分、视线易于停留的焦点等处，运用加强的手法，强调其视觉效果。

（三）比例

家具的比例包含两方面的内容：一方面是本身的长、宽、高之间的尺寸关系；另一方面是整体与局部或各局部彼此之间的尺寸关系。

1. 形成比例的基础

在决定家具的比例关系时，首先要考虑家具的功能要求和结构方式。比例的相对尺寸与以人为本标准的绝对尺寸形成密切相关的尺度关系。同时，这种尺寸感往往又因家具所处的不同空间环境而有差异。例如，同样的桌，因其功能与环境的不同，使它们在比例上出现全然不同的尺寸关系，如会议桌、书桌、餐桌等。

2. 几何形状的比例关系

几何形状本身，以及若干几何形状之间的组合，可以形成良好的比例关系。具体分析如下。

（1）黄金比。把一条线段分成大小两部分，使小的一段和大的一段之比与大的一段和整个一段的比相等，这样的分割叫作黄金分割，这样的比率就叫黄金比，黄金比比率是 1 ∶ 1.618。黄金比长方形是最为优美的长方形的典型，多用于家具和室内空间的分割和构成。

（2）根号长方形。设正方形的一边为1，用其对角线作图，可画出短边为1，长边为 $\sqrt{2}$ 的长方形。用同样方法作图，可画出长边为 $\sqrt{3}$ 的长方形。用这种方法，可以依次画出无限多的根号长方形。根号长方形具有优美的比例，自古希腊以 $\sqrt{2}$ 、$\sqrt{3}$ 长方形为主，与黄金比长方形一起被广泛使用着。

（3）整数比。把 1 ∶ 2 ∶ 3……以及 1 ∶ 2、2 ∶ 3 这样由整数形成的比例叫作整数比。这是处于一种易于理解的数列关系，因而应用范围甚广。整数比具有文静而整齐的明快感。

（4）级数比。从级数关系中获得比例美。级数比的方式很多，常用的有以下两种：

一种为等差级数比，由 2 ∶ 4 ∶ 8 ∶ 16 ∶ 32……构成，即在开头一项与紧接着的一项出现差时，便可获得各种比例。这种等差级数比的增加率大，具有较强的旋律感。

另一种为等比级数比，由 1 ∶ 2 ∶ 3 ∶ 5 ∶ 8 ∶ 13……构成，这种是以各项等于前两项之和的相加级数形成的比例。这种相邻两项之比为 5 ∶ 8=1 ∶ 1.6，34 ∶ 55=1 ∶ 1.617，接近于黄金比，对造型来说是具有更为有用的美之比率。

由此看来，我们在进行家具造型设计时，如能适当地考虑几何形状的比例，对于各种比例的推敲，如高与宽、宽与深之比，以及细部装饰的设计等，都能有所帮助。但几何形状的比例，毕竟是从属于结构、材料、功能以及环境等因素。所以，在家具的造型设计上，我们不能只从几何形状的观点去考虑比例问题，而应综合各种形成比例的因素做全面的平衡分析，这样才有利于创造新的比例构思。

（四）均衡

均衡，也可称平衡。在造型设计中，均衡带有一定的普遍性，在表现上具有安定感。由于家具是由一定的体量和不同的材料组合而成的，常常表现出不同的重量感，在家具造型构图中，均衡是指家具各部分相对的轻重感关系。

1. 对称均衡

所谓对称均衡，就是以一直线为中轴线，线之两边相当部分完全对称，对称的构图都是均衡的，但对称中需要强调其均衡中心。对称均衡具有静止的力感、严谨的性格。

2. 非对称均衡

当均衡中心两边形式不同，但均衡表现相同时，我们称之为非对称均衡。由于家具受功能、结构等各种条件的制约，为了造型设计上的要求，有时并不一定采用完全对称的方法，可以有意识地处理成不同的非对称均衡形式来丰富造型的变化。

在非对称均衡中，比对称均衡更需要强调其均衡中心，所以在构图的均衡中心上，必须给予十分有力的强调，这正是非对称均衡的重要原则。

在设计中，家具的均衡还必须考虑另外一个很重要的因素——重心。好的均衡表现必有稳定的重心，它给外观带来力量、稳定和安全感。在家具构图中，重心概念主要是指家具上下、大小呈现的轻重感。而如何获得稳定的重心，使家具看上去不会有头重脚轻之感。人们在实践中，遵循力学原则，总结了重心靠下较低，底面积大，就可取得平衡、安定的概念。

此外，有些家具的设计并不以体量的变化作为均衡的准则，而是利用材料的质感和较重的色彩，形成不同的重量感来获得重心稳定的均衡感。

第四节　陈设艺术设计概述

室内陈设是指室内的摆设，是用来营造室内气氛和传达精神功能的物品。室内陈设设计首先应考虑陈设品的格调要与室内的整体环境相协调，还应体现民族文化和地方文化。

室内陈设从使用角度可分为功能性陈设（如灯具、织物和生活日用品等）和装饰性陈设（如工艺品、艺术品、纪念品和观赏性植物等）。

一、家居织物

家居织物主要包括窗帘、地毯、床单、台布、靠垫和挂毯等，有使用功能，还具有审美价值，能增强室内艺术气氛，陶冶人的情操。

（一）窗帘

窗帘具有遮蔽阳光、隔声和调节温度的作用。窗帘的款式包括单幅式、双幅式、束带式、半帘式、横纵向百叶帘式等。

（二）地毯

地毯是室内铺设类装饰品，广泛用于室内装饰。

（三）靠垫

靠垫是沙发的附件，靠垫的布置应根据沙发的样式进行选择。

（四）其他织物

家具陈设物品上的各种覆盖织物，可起到点缀和衬托的艺术效果。总之，装饰织物的形式和风格应从属于室内的总体陈设布局。

二、艺术品和工艺品

艺术品和工艺品是室内常见的装饰品。艺术品是室内珍藏的陈设品，艺术感染力强。在艺术品的选择上要注意与室内风格相一致，欧式古典风格室内中应布置西方绘画（油画、水彩画）和雕塑作品；中式传统风格室内中应布置中国传统的绘画和书法作品。

工艺品主要包括瓷器、竹编、挂毯、木雕、石雕、盆景等。此外，还有民间工艺品，如泥人、面人、剪纸、刺绣、织锦等，可以增加室内艺术气氛。

三、其他陈设

其他陈设还有家电类陈设，如电视机、影碟机、音响设备等；各种书籍也可作为室内陈设，既可阅读，又能使室内充满文雅书卷气息。

第九章　室内绿化设计

绿色植物是天然的空气清新剂。我国很久以前就开始了用植物绿化居室的历史，随着社会经济的发展和不断进步，人们对室内环境的要求越来越高，而目前室内绿化也存在科学性与艺术性不够等诸多问题。因此，现代室内设计对绿化的要求越来越高。室内绿化设计作为室内设计中的重要组成部分，其目的就是改善室内生态环境，达到人与自然环境的和谐统一。

第一节　室内绿化的原则与功能

一、室内绿化的原则

（一）室内环境融合原则

室内绿化是整个室内环境的有机组成部分之一，其作用不可小觑，在具体的应用过程中，要与室内的装饰风格、布局、色调，甚至与季节特点相适应。比如，若是西式装修风格，就应选用以西式花器培植的植物，而具有中国特点的植物及盆景则适宜应用在中式装修风格中。植物的尺度、姿态应与家具构成良好的比例关系，或烘托氛围，或凸显特色，以增强效果。此外，还要注意植物的情调、色彩等，遵循上浅下深的基本原则，或统一，或对比，以使整体和谐，如在以浅色调或亮色调为主的背景中，应选用鲜丽的花卉或有质感的观叶植物，这样既能突出立体感，又能造成一种安定的感觉。

绿化尽管用于室内，但若考虑到季节特点的变化，做到内外元素相呼应，方可相得益彰。春回大地，万物复苏，室内陈设万寿菊、仙客来等，可体现春意盎然的蓬勃朝气；夏日炎炎，选用龟背竹、散尾葵等具有冰冷感觉的观叶植物进行装饰，可减轻酷暑之感，点缀马蹄莲、百合等芳香素雅的植物也可营造清凉淡雅的氛围；秋高气爽，正值菊花、红叶、红果等植物的观赏季节，将之用于室内，或盆栽，或瓶插，辅以安石榴、剑兰、南天竹等陈设，不失雅趣；冬风萧瑟，则适以暖色调为主，选用一品红、大丽花等具有温暖感觉的植物进行装饰，以抑制严寒之感，使室内气氛温暖热烈。

（二）空间功能结合原则

不同的空间有各自不同的功能，室内绿化必须考虑到空间功能及其特点，使绿化布置与不同功能空间的艺术特质相结合，与不同功能空间的情感氛围相协调，从而既合理发挥出室内绿化的效能，又充分展示出空间功能的作用，使室内绿化与空间功能相得益彰。

根据功能的不同，大致可对室内空间做公共空间与家居空间的区分。公共空间有办公空间、医院、酒店厅堂、餐饮空间、商业空间及其他公共空间等的不同，家居空间则有客厅、阳台、卧室、书房、厨房、卫生间的划分，在进行绿化应用时，要根据空间功能的不同性质，采用不同的绿化设计。以酒店绿化为例，其环境温度适度，通风、光照、空气质量等条件一般，大堂和电梯间摆放空间较大等，应选用气派典雅的绿植，使室内外绿化兼顾，摆放适宜室内生长的花卉植物，考虑绿植的空气净化能力等。

（三）生态效能原则

使自然生机充满室内是室内绿化应用的最主要目的之一，由此遵循绿植本身的自然特征，充分发挥其生态效能成为室内绿化最重要的原则之一。将绿植置于适宜其生长的环境中，营造优美的生态空间，应从光照、温度、湿度等方面综合考虑。

光照是事物生长最敏感的因素，无论室外事物还是室内植物无一能免。根据对光照的不同需求可将植物分为喜阴植物、喜阳植物与中性植物三大类，喜阴植物要求适度庇荫，在直射光或有充足光照的地方生长不良，在散射光条件下则生长较好；喜阳植物则在光照充足的地方生长健壮；中性植物具有一定的耐荫性，对光照的要求介于喜阴植物与喜阳植物之间，在具有充足散光或隐蔽的条件下均能较好生长。因此如蕨类、南天星科等耐荫的喜阴植物宜放置在离窗边较远的角落隐蔽处，而景天科、仙人掌科、变叶木等喜阳植物宜放在阳光充足的南面窗户附近，苏铁、棕榈、虎尾兰等中性植物置于室内的明亮散光下或隐蔽环境中均可。需要注意的是，置于南面窗户的植物应定期更换放置位置或转盆，以保证植物生长均衡。

不同的植物对温度的要求各不相同，温度是室内植物养护的又一重要条件。相对于室外温度，室内温度的变化幅度较小，加上植物本身具有一定的变温性，因此对用于室内绿化的大部分植物不必过多担心，但要考虑到室内空调、暖气等技术应用所带来的降温、增温对植物的影响。

不同植物的需水量不同，热带雨林类植物与干旱地区的植物对水分的要求更是差别迥异，甚至同一观赏植物在不同的生长阶段有不同的用水需求，室内绿化植物的选择必须考虑到这一点。一般来说，植物在生长期对空气湿度要求较高，休眠期则无须太多水分。

（四）安全性原则

室内绿化，既可美化环境，又可增添雅趣，不容忽视的一点在于大多绿植通过光合作用吸收二氧化碳，释放氧气，但在夜间会吸收氧气，释放二氧化碳，并且有些绿植的枝叶花卉虽然美丽，但其分泌物会对人体有害。因此，安全性是室内绿化中的一个不容忽视的应用原则。首先，居室中不宜放置太多绿植，否则会造成植物与人在夜间“争氧”的现象，对人体健康产生负面影响；其次，要尽量避免有害品种。一些香味过于浓烈的花卉不宜放于卧室内，特别是在夜间，譬如夜来香在夜间散发出的强烈香气会使心脏病、高血压等患有心脑血管疾病的人感到头晕目眩，引发胸闷及呼吸困难等症状；一些松柏类的绿植不宜放于餐厅，因为这类花木的气味会对人体的肠胃产生一定的刺激作用，影响人的食欲，特别是对孕妇的影响更大，它会使孕妇产生头晕目眩、恶心呕吐、心烦意乱等症状；一些绿植不宜放于儿童居室，如仙人掌类、虎刺梅类、仙人球类等针刺类植物容易刺伤儿童，水仙、马蹄莲、夹竹桃等果实或汁液含有毒素的花卉，一旦儿童误食，会引发中毒现象，等等。

二、室内绿化的功能

（一）美化环境

绿色植物能够美化环境，清新空气。现代室内装饰设计，大到公共空间，包括办公写字楼、宾馆酒店、购物中心、医院等公共场所，小到居住空间，包括客厅或起居室、卧室、餐厅、厨房、卫生间、阳台等。虽然每个空间的使用功能，面积大小各不相同，但是所运用的装饰装修材料都大同小异。无论是板材、面漆等各类装饰材料，还是家具、电器等各类陈设，都对人类的生存健康产生着或多或少的影响。而绿色植物本身形态优美，色彩丰富，有些观花类植物更是芳香醉人，所以将它们摆放于室内，对单调的室内空间环境不但起到了美化的作用，更是对各类装饰材料或者陈设品所释放出来的有毒有害气体进行吸收、减污，调节室内的生态环境，植物通过光合作用，吸收二氧化碳释放出氧气，对室内的空气起到洁净清新的作用。

有些叶面具有特殊纹理的植物，如龟背竹、滴水观音等其叶面纹理清楚，面积较大，因此能更好地让室内空气中的灰尘吸附在其叶面之上。有些植物可以减少电视机、计算机显示器等等电器带来的电磁辐射，像红豆杉或者蓬莱松。有研究表明，在显示器或者电视机旁边放置一盆红豆杉或者蓬莱松可将电磁辐射减少百分之三十左右。像芦荟或者虎皮兰等绿色植物可以吸收空气中的有毒有害气体，桂花、茉莉则可以利用植物本身特有的挥发性油类起到意想不到的杀菌效果。适当地配置这些植物，不但对室内环境起到清新空气，吸收有害气体的作用，还能陶冶人的情操，让人心旷神怡。

（二）生态功能

热爱自然，亲近自然，是人们不可或缺的生活需求。绿化的生态功能已毋庸置疑，将绿化引入室内，除美化室内空间外，还能调节环境质量，营造良好的室内“小生态”。

通过光合作用，植物可以吸收二氧化碳释放氧气，从而增加室内空间的含氧量，有助于室内空气系统形成良性循环。有些植物如滴水观音、常春藤等，其特殊的质地与纹理可以吸附空气中的灰尘和微生物；有些植物如虎尾兰、龟背竹、金心吊兰等，能够吸收空气中的有害物质；有些植物如非洲茉莉、桂花等，其产生的挥发性油类具有显著的杀菌作用；有些植物如仙人掌、仙人球类，能够有效减少电脑、电视、冰箱等电器产生的电磁辐射。适当配置这些绿化不仅能够吸收有害气体，清新空气，还能使人身体康健，心旷神怡。

绿化陈设能调节室内气温，是室内温度变化的缓冲剂。“相关实验表明，植物在夏季通过叶子的吸热和水分蒸发降低室内温度，在冬季使室内温度略有提高，这是因为植物本身的温度比较中性，而且具有一定的稳定性，其温度的变化大大低于空气环境的温度变化，从而迟滞了温度变化的作用。”绿化陈设本身所散发的水分能够使室内空气湿润柔和，在调节室内空气湿度方面功不可没。此外，植物本身具有吸引、隔音作用，特别是具有厚实体积的木本植物能有效地将室外噪声阻隔在外，从而起到减少噪声的作用。

（三）修身养性

室内绿化设计可以修身养性，陶冶人的情操，使人减轻压力，充满活力，提高工作效率。由于绿色植物自身特有的属性，其所代表的是一种情趣。而其对于人们来说，在某些方面还能反映出一个人的生活态度和生活品位。无论是观花植物还是观叶植物，无论是草本植物还是木本植物，在色彩、形态和生长习性上各不相同，但其代表的生机盎然、蓬勃向上的精神力量是一样的。古人常将“梅、兰、竹、菊”比喻为四君子，带给人们幽芳逸致、风骨清高的感觉。而像比喻莲花的“出淤泥而不染，濯清涟而不妖”的诗句更是数不胜数。人们在室内进行绿化设计的同时，还需要不断地完善自身的养殖植物的知识，掌握不同植物的不同的生长特点和喜好，进行施肥浇水与管理，在陶冶情操、增长知识的同时，又锻炼了身体，达到了美化生活、修身养性的效果。

（四）空间功能

通过绿化的应用，可以增加室内空间的层次变化，通过室内外景色互渗互借，延伸和扩大有限的室内空间，如许多公共厅堂就利用在进厅处摆放树木、花卉等手法，使外部空间的因素融入内部空间，达到室内外空间过渡与延伸的效果。通过绿化的应用，可以界定和分隔室内空间，利用绿化陈设形成的半透视隔断，可以满足人们对室内空间越来越通透的要求。除此之外，绿化在同一空间内的不同组合可以调整空间，使不同的小空间既不破坏整体空间的完整性，又能发挥各自的功能作用，如餐厅中的小间以绿色植物作隔断，有效划分范围的同时又不失整体空间的开敞性。绿化植物所具有的观赏特性能够吸引人们的注意力，通过绿化的应用，可以巧妙地突出室内空间的重点，譬如大会议室主席台通过鲜花等绿化陈设来突出会议中心。如果室内空间或室内的部分空间存在过宽过窄或过大过小的情况，还可以利用绿化植物的色彩、大小、质感、形态等要素来加以改善，以获得适宜的尺度感，使人们对空间的印象加以改观。

第二节　室内绿化材料的选择和配置方式

一、室内绿化材料的类型选择

（一）盆栽观叶植物

观叶植物泛指以叶为观赏目的的一类植物，也是目前室内应用最多的一类植物。其可分为草本观叶植物和木本观叶植物。

草本观叶植物一般为中小型植物，多用于摆放在桌面上，主要有蕨类植物、天南星科、百合科、竹芋科、凤梨科、秋海棠科中大部分叶片有一定特色的属种；如常见的种类有肾蕨、花叶芋、花叶万年青、龟背竹、吊兰、秋海棠等。

木本观叶植物体型一般较高大，属于大中型室内观叶植物，多用于公共室内空间家居环境中的客厅等较宽敞的建筑环境，如橡胶榕、垂叶榕、发财树、巴西木等。

（二）盆栽观花植物

室内观花植物一般选用大而艳丽的花，以使满室生辉，光彩夺目。如果室内环境条件不佳，如通风不良、光线不足、湿度太低等，就会限制观花植物正常生长。一般来说，只有在花期才搬进室内进行装饰，花期过后再换其他的品种。室内观花植物按其周期可分为一年生和多年生类。

一年生观花植物一般为草本花卉，如矮牵牛、荷包花、金鱼草、四季报春等；多年生观花植物包括木本、草本、求根、宿根和兰花等类，有代表性的种类如杜鹃、扶桑、一品红、倒挂金钟、仙客来、朱顶兰、非洲秋海棠、大花蕙兰等。

（三）盆栽观果植物

用于室内装饰的观果植物一般具有果型奇异、色彩鲜艳等特点，并且它们的果期持续时间都较长。这类植物主要有盆栽金橘、四季橘、佛手、观赏苹果等。另外，一些果色艳丽的植物如朱砂根、虎舌红、安石榴、荚莲属的一些植物，并且这些植物大多可以用于盆景制作，达到果实跟树形一起观赏的效果。

（四）盆栽多肉多浆植物

多肉植物泛指一些叶、茎或根具有发达而特化储水组织的植物。这类植物多生于干旱的沙漠，为了减少体内水分的蒸发与损失，它们的表皮多为角质化或被有蜡质层，犹如皮革一样。

多肉植物的呼吸作用与一般植物不同，晚上吸入二氧化碳和放出氧气。因此多肉植物放在室内不仅能美化环境，还能增加空气的清洁性。多肉植物具有较耐干旱的习性，管理粗放，最易于在干旱和闷热的室内陈设。多肉植物在园艺分类上又被分为仙人掌与肉质植物两大类。

仙人掌类多肉植物只限于仙人掌科中的属种，约有150属2000种以上，几乎全部原产于美洲沙漠地区。广泛应用于室内装饰的仙人掌类植物有：仙人掌属、仙人球属、银毛球属、星球属、金琥属、昙花属及令箭荷花属等大部分种类。

多肉类植物泛指除仙人掌类以外的多肉植物。在有花植物中，至少有14个科内含肉质植物种类，如番杏科、百合科、景天科、大戟科、萝藦科、龙舌兰科等。常建的室内装饰肉质植物有玉莲、芦荟和七宝树等。

（五）盆景

盆景是最具中国特色的室内绿化材料。它集园艺、美术、文学为一体，是大自然的缩影，尽情发挥，成为我国园艺界中的一枝奇葩。盆景善于把诗情画意融为一体，使人们获得美妙的艺术享受，故被誉为“立体的画，无声的诗”。盆景的配置，除了美观外，还要考虑到植物的生长习性和室内环境。常用的植物有五针松、榔榆、铁梗海棠、罗汉松、六月雪等。

（六）插花

插花就是将具有观赏价值的植物的花、枝、叶等材料，经过一定的技术处理和艺术加工插入容器中，组合成精美的、具有立体造型的花卉装饰品。插花艺术是融植物学、美学、文学、几何学等学科为一体的造型艺术，具有以下几个特点：具有较强的装饰效果；创作性强，具有新鲜感；制作方便，人人可为。

二、室内绿化材料的配置方式

（一）孤植

孤植，单从字面便可理解，就是单株放置，是最为灵活的采用方式，为人们所广泛采用。盆栽是最为常见的孤植，通常用于室内空间的过渡变换处，以对景或配景的方式呈现。例如，家具或墙壁形成的死角处放置盆栽，可以使空间硬角得到填补与柔化；案头或茶几放置盆栽，可以形成视觉中心，使室内空间得到点缀；置于室内庭院的山水池畔，以丰富景观。

一般来说，宜于近距离观赏的，具有浓郁芬芳、色彩艳丽或叶形、姿态独特等的观赏性较强的植物，适合单株放置以充分发挥该花木的独特个性，如塔形南洋杉、非洲茉莉、鸭脚木、裳椤、棕竹、龟背竹、桂花、印度榕等。

（二）附植

有些藤类或气生性植物只有附着在其他构件上才能呈现出较好的造型，我们把这种配置方式称之为附植，有悬垂和攀缘两种形式。

悬垂就是把种植藤蔓植物或气生性植物的容器放在高于地面的地方，使植物自然下吊的配置方式。可将容器置于柜顶、书架上方，也可将植株直接种于墙上的固定槽内形成壁挂悬垂。藤蔓植物或以叶取胜，如常春藤叶色常绿；或以花迷人，如凌霄花花色艳丽；或重在观果，如葫芦果形有趣等等。藤蔓植物能迅速增加绿化面积，在室内绿化特别是立体绿化领域的用途广泛。

攀缘就是将缠绕性或攀缘性的藤本植物附着在水泥、竹子、木材等制成的架子、柱子或棚上，使之形成绿架、绿柱或者绿棚的配置方式。藤本植物的茎干细长，不能直立，只能匍匐于地或依附其他物体才能生长，其形态随附着物形态的变化而变化，这给室内设计造型带来无限的想象与创造空间。

（三）列植

列植是指按一定株行距排列成行布置的配置方式，用于两株或两株以上的植物，两株的称为对植，多株的则分为线性行植和阵列列植两种。

出入口或门厅采用对植的最多，一般选用两株较为高大的形态独特的观叶或叶花兼具的木本植物，以形成引导和标志。

线性列植多使用盆栽或花槽，既能划分和限定空间，又可组织和引导人流，可根据观赏与功能需求的不同选取植物，为保持整体协调性，一般选用大小、色彩、体态相同或相似的植物。阵列列植可以看作线性列植的集合，高大的木本植物是常见的采用株形，像棕榈科单生型的蒲葵、桑科榕属的垂叶榕，比较适合公共室内空间，如宾馆、购物中心的中厅等。

（四）群植

按照一定的美学原理，将两株以上的植物组合在一起的配置方式我们称之为群植。群植一般数量较多，以群体美的表现为主，有“成林”之趣味。

通过植物本身的高低不等或梯形台架，一定数量的盆栽可组合形成群植，根据需要随时进行调整组合，简单方便。在室内庭院，通常由体型较大的植物形成“林”形景观，其基本原则是中央选取高的、常绿植物，边缘选取矮的、落叶或花叶植物，这样形成的立体景观既易成活又不相互遮掩，若能相应配合山石水景，形成的室内园景则别具风味。

第三节　室内绿化设计的主要原则与方法

一、室内绿化设计的主要原则

（一）与建筑空间格局相协调的原则

人们居室的大小各异。在进行装饰植物布局设计时，应先按实际情况做出综合思考。总的来说，布局要灵活、合理。在室内绿化设计中，植物的选择首先要充分考虑空间的大小，根据室内的高度、宽度和陈设物的多少及其体量等来确定。植物体型太高太大会产生一种压迫感；太小太低则显得疏落而单调，都难以达到好的审美效果。例如，在一间面积狭小的房间，除了用于日常休息之外空间已经所剩无几，如果装饰植物的大小选择或位置摆放不当，就会给日常生活带来很大不便。相反，一间面积宽敞的家居，如果在装饰上过于单调，便彰显不出室内的绿化环境。在布置小空间时，宜采用点状分布。在适当的地方摆设规格较小的盆花、插花等室内装饰植物。如果空间较宽敞可采用排列式装饰，配合悬垂植物对空间进行立体装饰。

具体配置时，室内植物的高度不应超过室内空间的三分之二，以免给人造成一种压抑感，并且可以给植物留有足够的生长空间。另外，植物的摆放位置应该放在最佳视觉点上，要考虑沙发、餐桌等人们休息的地方。

在室内整体空间格局上，植物的配置也应着眼于整体。在公共室内空间上，空间面积比较大，人们更习惯于对称的布置。用统一的植物品种做规则的布置，显得稳重、严肃。而在家庭居室里，人们喜欢自然无拘束的环境，所以在布置植物景观的时候也应采用自然的格局。

（二）与室内环境融合的原则

所谓与环境相融合，主要是与室内装饰和季节特点相适应。室内装饰的样式一般分为中式和西式两大类。室内绿化装饰必须与室内的装修风格相适应。例如，在中式的装修风格中就应该摆放一些具有中国浓厚文化的植物及盆景。以西式花器栽植的植物，就应该配置在西式风格的室内环境中。

每个季节都应该用不同的植物进行绿化装饰，以表现出不同季节的特征，如春天的新绿、夏天的繁花、秋天的红叶、冬天的劲枝。当然，也可以在室内有意识的设置一些具有冷凉或温暖感觉的植物，以减轻酷暑或抑制严寒之感，使室内充满舒适的氛围。

春天大地复苏，室内植物应以体现春意盎然的气氛为主，如水仙、仙客来、万寿菊等盆花；或栽植金橘、四季橘，以表现欣欣向荣的感觉。

夏天天气炎热，应以观叶植物为主进行装饰，如棕竹、散尾葵、橡皮树、龟背竹、万年青等。另外，还可以点缀一些色彩素雅、芳香的植物，如百合、马蹄莲等，以营造淡雅清凉的气氛。

秋天秋高气爽，大多是红叶红果植物的观赏季节，大多菊花也是集中在此时开放。室内可以以菊花盆栽或瓶插为主体，再衬以南天竹、安石榴等观果植物种类。剑兰也正值开花的季节，如用其陈设于书房、客厅可使家居平添不少雅趣。

冬天寒气袭人，居室装饰植物的格调应以暖色调为主，以红色的观花植物为载体，如一品红、山茶、大丽花等，会使室内空间处于温暖热烈的气氛之中。

（三）与空间功能相结合的原则

室内绿化装饰必须符合功能的要求，也就是满足实用的功能。根据功能的不同，大体分为公共室内空间和家居空间。

公共室内空间又包括宾馆酒店、商场、写字楼、医院、图书馆、博物馆等。在进行绿化装饰设计的时候，要根据它们功能性质的不同，采用不同的设计风格，以满足它们的功能需求。例如，医院需要一个安静的环境，并且要考虑各种紧急病号，保持通道的畅通。所以，在设置绿植的时候就要求不影响交通，颜色淡雅的配置。

家居空间具体又可以分为门厅、客厅、阳台、卧室、餐厅厨房、卫生间等功能空间。据相关研究表明，40% 的人将植物放在客厅，20% 的人放在卧室，15% 的人将植物放在门厅和楼梯间，14% 的人将植物放在餐厅，5% 的人放在浴室，6% 的人放在厨房。室内植物也要根据这些空间的格局特征进行选择。

（四）尊重生态的原则

进行室内绿化装饰设计除了要与室内环境的空间大小、功能相结合外，还应尊重植物的生态习性，将植物摆放在适合其生长的环境中去，这样才能最大限度地发挥其功能作用。这样才能通过绿化装饰创造一个适合的室内生态空间。同时，也应该从光照、温度、湿度等因素进行考虑。

要创造良好的生态室内环境，首先要考虑光照问题，它是限制室内植物正常生长的主要因素。在自然光的照射下，进入室内的光线大多为散射光，光线最弱的地方只有几十勒克斯，较强的地方也只有 2000 勒克斯左右。所以，大部分中性或阴性植物可置于室内的多数空间。

开花的和彩叶植物应放在靠近南门的窗户附近，充足的阳光能使它生长良好，并保持较长的观赏时间，如朱顶红、月季、马蹄莲、兰花等。而大部分观叶植物喜欢半阴的环境，如绿萝、常春藤、散尾葵等可用在室内的大多空间。对于极阴的位置应选用耐荫的植物，如蕨类、万年青、君子兰、八角金盘等，并应该经常拿到室外进行恢复培育，以保持其正常的生长特征。

影响室内植物生长的另一重要因素就是温度。室内温度相对室外来说变化不大，所以对大多植物都比较适合。但要考虑空调、暖气产生的影响，特别是公共空间，如银行、商场及写字楼等都是人走灯灭，冬天和夏天室内昼夜温差变化较大。一般的植物在短时间的低温环境下不会受冻，但是高温植物却不适合放在低温的空间环境中。阴冷的空间只能用耐寒植物来装饰，如天门冬、棕榈、橡皮树等。

室内空气湿度也是影响室内绿化装饰生态性的一个限制因素。多数室内绿化装饰的植物材料都适宜空气湿度相对较高的环境，所以对于应用空调的室内空间需要对植物进行增湿操作，以保持其良好的景观和生态性。

二、不同空间室内绿化的设计方法

（一）公共空间室内绿化设计方法

公共空间是指室内空间带有公共使用性质的建筑空间。各种公共空间的使用功能和特征都不相同，主要包括办公写字楼、酒店宾馆、医院等等。由于公共空间的空间建筑面积相对较大，人群相对密集，所以在进行室内绿化设计时应当具体问题具体分析，必须符合功能的要求，也就是满足实用的功能，采用不同的绿化设计来满足它们的功能需求。当然，还应当考虑到植物本身的生态习性，最大限度地发挥其功能性，来创造一个适合的室内生态空间。例如，医院是一个安静的需要病人好好疗养休息的公共空间环境，而且要保证通道的畅通及各种紧急情况的发生，所以在配置绿化的时候应当选择造型简洁、色彩对比弱的植物。

1. 办公空间的绿化设计

现代办公空间的设计越来越人性化，办公室、写字楼一般都进行绿化应用，但大部分应用的主观性较强，科学性相对差些，绿化的效果也因此有所折扣，有些甚至出现相反的作用，特别是如果后期养护不当，导致植物枯萎或死亡，带给人的不是美感而是压抑。

办公空间应营造一种积极向上的环境氛围，在美化环境的同时有助于提高员工的主动性和创造力，提高工作效率。为此，在选择植物时，应在科学的指导下增加其多样性，不论是在形态上还是在色彩上。空间的透光性、大小、布局，与植物的株形、品种、色彩，以及二者的配置方式都对员工的心理甚至生理产生不同甚至完全相反的影响。仅以色彩为例，有研究表明，绿色观叶植物在营造轻松愉快的环境中的作用首屈一指，白色花植物能够在激发员工平静与快乐的情绪的同时缓解员工压力，黄色花植物和橙色花植物能够在激发员工平静与快乐的情绪的同时使员工的工作热情和工作效率提高。因此在办公环境中，推荐尽量多使用绿萝、白掌、水仙、小向日葵等绿色观叶、白色花、黄色花或橙色花植物；红色花植物和粉红色花植物在带给一部分员工快乐感受的同时，也会使一部分员工感到紧张甚至悲伤，因此在办公环境中红色非洲菊、一品红、粉红色非洲菊等红色花或粉红色植物应谨慎使用，或小面积搭配使用。

不同的职能部门可根据办公性质摆放不同的植物，如高层领导办公室可摆放君子兰、一帆风顺等带有积极意义的植物，财务部门可以摆放节节高、发财树等含有财源意义的植物，会议室在平时可摆放绿萝、苏铁等耐荫性较好的植物，在使用时则可配合会议主题适当增加一些观花类植物，办公集中区域可以增加能够吸收辐射和有害气体的植物的摆放等等。

2. 医院室内空间的绿化设计

医院是人们日常生活中必不可少的公共空间。在对其进行室内绿化设计时，要充分地考虑到不同空间的不同功能，以及使用者的心理和生理因素。

在对医院进行绿化设计时要以严肃、整洁的整体环境为主要方面，在植物的配置上要选用便于养殖管理、形态整洁大方、色彩对比较弱的植物。因为病人是医院的主要服务对象，病菌的种类和数量相对较多，病人的心理相对不稳定，所以还要选用可以起到杀菌抑菌效果和起到平和心态的植物。当然在医院进行绿化设计时，还应当照顾到医生和护士等工作人员的感受。

医院的大厅由于人流量相对较多，公共区域面积较大，空气质量较差，在进行绿化装饰设计的时候可以放置一些大型的盆栽观叶类植物，在形态和色彩上以简洁大方为主。例如，散尾葵、铁树、虎皮兰等等。既可以增加空间的层次感，引导空间的通道，打破空间的生硬，又能起到杀菌抑菌、调节病人心情的作用。

医院的病房是病人休养治疗的地方，本着人性化的设计，在进行绿化设计时应以病人为主，让病人感觉平静安宁，对治疗和康复充满信心。因此，可以摆放一些竹芋、绿萝、吊兰、芦荟等小型的观叶类植物或者插花。尽量不要摆放有刺的类似于仙人掌，或者花香味很浓的类似于白玉兰之类的植物，以避免给病人带来危险和不适。

医生值班室和护士站基本上都是昼夜值班，因此在选择绿化设计时可以选择一些类似于彩叶草、秋海棠、红掌等造型相对丰富，色彩相对艳丽的植物，不但使医务工作者心情愉悦，调节工作气氛，而且还美化了单调的室内空间环境。

3. 酒店厅堂的绿化设计

厅堂是酒店的门面，集中体现着酒店的修养与品位。厅堂内的空间区域较大，一般用于客人咨询或办理相关手续，并摆放有沙发、茶几等物什供人休息。因此厅堂的绿化应凸显自己的特色，一些高档酒店会选择在此建造室内花园小品，营造一种拥抱大自然的感受。

不同的植物对环境有不同的要求，每种室内空间的特殊性又要求有相应的植物绿化与之配合。选取植物，首先考虑的是酒店门厅的朝向及光照条件、温度、湿度等因素，那些容易成活、富有装饰性、季节性不太明显的植物为首选。一般来说，体型较大的植物适宜靠近厅堂的角落、柱子或墙；体型中等的植物可放在桌边或窗台上，以凸显总体轮廓，利于人们观赏；体型较小的植物可种植在美观的容器中，置于桌面、柜橱的上方，使容器和植物作为一个有机整体供人们欣赏。其次考虑植物的品格、质感、形态、色彩等要素与整个酒店的性质和用途相协调，以“精”为主，凸显性格，避免种类过多出现杂乱无序的现象，避免出现耗氧高和有毒的植物。最后还要结合文化传统与人们的喜好，如在我国，牡丹寓意高贵，萱草寓意忘忧；在西方，百合寓意纯洁，紫罗兰寓意忠实永恒等。另外，可以利用植物的不同搭配组合或植物的季节变化，营造不同的气氛和情调，使人们获得常变常新的感觉。

（二）住宅空间室内绿化设计方法

居室住宅空间主要包括客厅或起居室、卧室、餐厅、厨房、卫生间、阳台等空间。在对这些空间进行绿化设计时应充分地考虑到与室内整体的装饰风格相协调，了解每个空间的面积、色调、使用用途等特点，结合植物本身的生长习性来科学合理地配置植物，达到美化环境、愉悦身心的目的。

1. 客厅的绿化配置应用

客厅是家人团聚、起居、会客、娱乐、视听活动等多功能的居室空间，中国称之为“厅”或“堂”，西方则称为“客厅”或“起居室”。根据家庭的面积标准，有时兼有用餐、工作、学习等功能，因此客厅是居室住宅空间中使用活动最集中、使用频率最高的核心空间，所以客厅在绿化配置上更要充分地考虑到与室内整体空间的互相协调。

客厅相对来说是居室中面积最大的空间，在对客厅进行绿化设计时可以放置一些形体相对较大的植物，当然对于一些形体较小的植物也可以群植。在配置植物时，要充分地考虑到客厅的空间面积、通道的走向和整体的装饰风格，尽量地做到美观大方又能调节气氛。如果客厅与餐厅兼容，可以适当地配置一些龙血兰、鹤望兰等植物，既美化了环境，又对两个空间形成一种自然的分割。因为客厅是居室里面最主要的视听空间，所以在配置绿化时应当尽量不要对其形成干扰。若是客厅的面积相对较小，可以适当地配置一些小型观花观叶类植物或小型盆景，如在茶几中央或电视机旁边、空调上方、博古架等位置，放置一些常春藤、吊兰、牵牛花、绿萝等小型的蔓藤类植物，既可以美化环境，减少电器带来的辐射，又不影响视线和通道。

在进行客厅的绿化配置时，对所选择的植物也要充分考虑其生长习性。对于米兰、茉莉、长寿花、玉麒麟等喜阳的植物来说，可以选择方向朝南的客厅进行摆放。而对于仙客来、龟背竹等喜阴的植物来说，摆放在朝北向的客厅更适合其生长习性。

对客厅进行绿化设计时，还要充分考虑空间的整体装饰风格和色彩搭配。所选择的植物配置要和整体空间环境相协调。例如，将菊花或者是人参榕盆景放置于中式风格的客厅中，既庄重典雅，又不失情趣。将红钻或是橡皮树等色调相对偏重的植物放置于色彩空间明快的客厅中可以起到沉稳的效果，而将蝴蝶兰、白掌、水仙等色调较浅的植物放置于色彩相对较深的客厅中可以起到画龙点睛的作用。

2. 阳台的绿化设计方法

阳台是现代居室必不可少的组成部分，它既可发挥晾衣、储物的使用功能，又可发挥养花、健身等的休闲功能。阳台是连接室外风景与室内景观的桥梁，它本身就是一道风景，阳台绿化不仅仅能够美化环境、清新空气，更能够使整个居室充满绿意和生机，是室内营造如画风景的最佳场所。

对阳台进行绿化，既要布局得当，又要丰富多彩，使绿化与环境协调统一。阳台通常可分为外阳台和内阳台两种，外阳台向外界敞开，内阳台则采用塑钢窗或合金窗与外界隔离，我们在此主要研究的是内阳台的绿化应用。

绿化阳台，首先需要考虑的是阳台的朝向，若是南窗阳台，在春季、秋季、冬季均可看作天然小温室，良好的通风采光性能适宜大多数植物的生长，需要加以注意的是光照强、温度高、湿度不定的夏季，可在此季节换置多肉的仙人掌、芦荟等耐热植物。若是北窗阳台，常年光照不足，较为适宜竹芋类等耐阴植物的生长，需要注意的是在北方的冬季，则须把达不到越冬温度高于北窗阳台温度的植物移至室内，以免冻伤。另外，北面阳台夏季的避暑性较好，可将放置在南面阳台的一些不能接受阳光直射的植物移放到这里，以免发生叶片被灼伤等的情况。东窗阳台接受阳光在上午的 3 ~ 4 个小时，可摆放不耐高温的观花观叶植物。而西窗阳台接受阳光在下午的 3 ~ 4 个小时，可摆放较耐高温的观叶植物，或选择植株较为高大的耐高温植物，其下放置不耐高温的其他品种植物，通过立体绿化形成错落有致的景观。

如果阳台面积较为有限，就要根据空间的位置和大小选择绿植，为节约空间，可引入立体的阶梯式花架布置盆栽，可将藤蔓类植物种植在颜色、大小、材质、造型等各不相同的容器中进行悬吊，可在装修时在地面、台面或墙壁上做些花槽，无论采取哪种形式，都要注意绿化布局的安全、牢固和平稳，还要做到管理方便和清洁卫生，防止盆栽过重或槽底漏水。

改造式阳光房多为阳台和厅室的组合空间，通常是将阳台或露台进行改造后再用通透的玻璃门单独隔离开来的封闭空间，我们在此将其作为阳台的一种。阳光房的面积一般大于平时的封闭式阳台，很多人将其作为会客场所或休憩、放松的休闲区，其颜色大多为浅色，配以鹅卵石等天然材质进行装饰，在绿化应用时可根据空间布局设计假山及水池，同时选取多层次植物进行配置，形成立体的绿化群。比如，将棕竹、巴西木等体型较大的植物置于上层，将海芋、龟背竹等对光照有一定要求的植物置于中层，将南天星科及蕨类等耐荫植物置于下层，墙角则配以藤本植物，通过这种全方位绿化，不仅能更好地净化空气，还会使景观的层次效果更加丰富。

3. 卧室的绿化设计方法

休息是居室内部空间最基本的功能，而卧室又是让人休息和睡觉的地方。所以卧室的一切设计，都是为配合人们休息和睡眠。因此卧室在整体的装饰设计、色调的选择，绿化的配置上都要渲染休息的主题，来营造空间的幽静效果和强调私密性。

在对卧室进行绿化设计时，要适合卧室宁静舒适的特点。在面积较大的卧室中，可以配置一些杜鹃或者红豆杉一类的形体相对较大的观花或观叶类植物。在面积相对较小的卧室，要以“精、简”为主，可以配置文竹或茉莉等形体较小的植物，当然也可以在梳妆台或床头柜等地方放置一些水培植物或插花。为了不影响人们的正常休息与睡眠，对卧室进行绿化设计时尽量不要选用香味太浓或有异味的植物。

由于卧室的主要功能就是让人休息和睡觉，因此卧室应当尽量放置一些色彩相对淡雅的植物，这样有利于人们的睡眠。在植物本身的生态习性上可以选择一些像仙人掌、景天等植物，因为它们在夜间进行光合作用，吸入二氧化碳呼出氧气，从而增加室内的含氧量。但是，需要注意的是，如果在卧室放置仙人掌一类的带刺植物，一定要考虑到安全性。尤其对于有老人或儿童居住的卧室，在选择绿化植物时应尽量地选择一些清新、安全性高的观叶植物。

在对卧室进行绿化设计时要做到与房间的整体风格相协调，营造出温馨舒适的环境，这样才有利于人们的休息和睡眠。

4. 厨房的绿化应用

厨房是进行煮饭、烹饪的场所，一般空间比较狭小，因此摆设植物以小型的观叶植物为宜，还要注意植物的摆放位置，不管选取什么植物都不宜靠近灶台，以免造成植物的烧伤或烫伤。厨房中通常会放很多家用电器，通过色彩、造型丰富的植物来绿化，不仅可以柔化其硬朗的线条，给厨房注入活力和生机，而且绿色植物还可以吸收一部分家电使用过程中所释放的有害气体，起到过滤空气的作用。

厨房一般位于阴面，光照少，且油烟重，选择绿化的植物要耐阴并且耐油烟，如星点木、冷水花等，还可摆放橙色花或粉红色花植物，以给厨房增添更多的活力；若厨房朝向东窗，可在冰箱附近或桌台方便处摆放红色花卉，取其红日东升之象征意义，给人温馨愉悦的感觉；若厨房朝向南窗，可选取绿色的阔叶植物进行摆放，因为南窗厨房采光较好，特别是在夏季的正午日晒强烈，容易引起人的不安与焦躁，绿色的阔叶植物不仅能够缓和日晒，还有助于缓解人的焦躁情绪；若厨房朝向西窗，可将三色堇、龙舌兰等小型花卉摆放在窗边。

曼陀罗、彩叶芋、玉树珊瑚等有毒有害植物切忌进入厨房，以免引起误食。可考虑具有杀菌作用的紫罗兰、桂花、石竹、柠檬、茉莉等放置于厨房中，这些品种对人体无害，其所散发的淡淡香味还能够带给厨房操作人员愉悦的心情。有条件的话，可以在采光较好的窗口种植一些葱、韭菜、迷你番茄、朝天椒等蔬菜，既美化环境，又方便食用；还可考虑将暂时不吃的蔬菜摆放于果篮或台面上，甚至将其挂在墙壁上进行装饰。

5. **卫生间的绿化设计方法**

卫生间虽然在居室住宅空间中面积相对较小，但是使用频率却很高。随着环境条件的改善，人们对卫生间的要求也越来越高，不但要满足私密性的实用功能，而要朝着科技化、舒适化、美观化的方向发展。

卫生间由于采光性差，环境湿度大，适合配置一些喜阴耐湿的植物，或者一些类似于绿萝、芦荟等对光照要求低的小型植物。

卫生间一般不适合放置体型较大的植物。当然，也可以根据实际需要配置一些吊挂类小型盆栽，但是注意不要妨碍淋浴或浴霸的正常使用。

6. **书房的绿化应用**

书房在居室住宅中具有独特地位，它是人们在家读书、学习的场所，而且在现代社会信息化办公的今天，书房还是人们在家的办公场所。因此，书房既是家居生活的重要组成部分，又是办公室的延伸，在应用绿化的过程中，一定要与书房这种集生活和工作于一体的双重性相结合。

书架、桌椅是书房内的必备家具，若书房内的空间面积较大，可以设置博古架，通过书籍、颜色淡雅的观花植物或观叶植物盆栽、山水盆景、简洁的插花或其他小摆设的摆放，营造一个优雅的具有艺术气息的读书环境。若书房内的空间面积有限，可选择少量的五针松、文竹等较矮小的松柏类植物，或者放置小巧玲珑的多肉多浆植物组成迷你盆景，或选配网纹草、椒草、兰花等小型的精致的观叶植物。根据植物形态和生长习性的不同将其摆放在不同的位置，如置于书架上，或放于写字台上，或吊挂于墙壁上等。

一般来说，书房以静为主，应用绿化时要做到利于读书、学习和工作，在植物选择上倾向于幽雅、文静、秀美，观叶植物或棕蕨类植物都是不错的选择。例如，在电脑桌上摆放仙人球、铁线蕨等多肉多浆类植物，不仅能够吸收电脑辐射，清新空气，还有利于缓解疲劳，激发人的工作热情；在书架或书桌上摆放君子兰、吊兰等植物，不仅大方美观，还能提神健脑，其所增添的优雅气氛有助于人们的身心放松。在绿化色彩的把握上，应以平和、稳重为主，一般来说，明亮的无彩色、冷色调、灰棕色等中性颜色均有助于人们保持平稳的心境，其间可点缀一些和谐色彩加以过渡，但大面积的艳丽色彩则不宜使用，数量和品种以精简为主。

第四节　室内绿化植物的养护与管理

一、栽培基质与容器

（一）栽培基质

室内植物的栽培方式有土培、介质培、水培、附生栽培四种。

土培：主要用园土、泥炭土、腐叶土、沙等混合成舒松、肥沃的盆土。这是一种比较常见的栽培方式，适合大部分的植物，如鸭脚木、龟背竹等。

介质栽培：材料有陶砾、珍珠岩、蛙石、浮石、锯末、花生壳、泥炭、沙等。等作支撑物栽培的植物如蔗类植物、兰科植物等。

水培：主指用水栽培的植物，如水仙、富贵竹等。

常见的附生栽培：利用朽木、岩石（主要指假山石）附生栽培植物日常管理中注意喷水保湿即可。

（二）容器

室内绿化所用的植物多采用盆栽，另配以钵、箱、盒、篮、槽等容器中。由于容器的外形、色彩、质地各异，常成为室内陈设艺术的一部分。容器的选择可以从明度方面进行考虑。

1. 容器的实用功能

选择容器首先要考虑容器的大小，这是一个硬性需求，即要满足植物生长要求，有足够体量容纳根系正常生长发育，同时要有良好的透气性和排水性，并坚固耐用。固定的容器要在建筑施工期间安装好排水系统，移动容器，应垫上托盘，以免玷污室内地面。

2. 容器的美化功能

室内绿化设计归根到底是为了美化室内。而作为承载室内植物的容器，除了满足使用功能外还附带着作为室内陈设的作用，其选择也是比较考究的。容器的形态在这里主要从容器的颜色、造型、质地等方面进行考虑。

颜色，在这里既要考虑到容器与植物色彩、大小的搭配，又要考虑与整个室内大环境的色调相协调。植物如若植株较小，色彩比较单一，可选用颜色比较明快、艳丽的容器，这里要注意，由于植株较小，与之相搭配的容器也宜小巧玲珑。这样的搭配放置在室内的角落，给人视觉冲击力，有一种点到为止的感觉。反之，如果植物比较高大，枝叶比较茂盛，容器就不宜选用过于耀眼的，而应该选用比较沉稳的颜色，防止大面积的亮色与整个室内环境无法协调。

造型，这个与植物的性格特征有关。一般来说，容器的造型不宜过于复杂，简洁明快，突出植物主体。容器造型一般以对称的形式。不过，有些插花或者盆景例外，插花与盆景一般讲究意境，特别是插花所用的容器要与选用的植物相呼应，有时候会选择比较夸张的造型以突出主题。

质地，一般有泥质、陶瓷、瓷器等，但是随着现代科技的发展，也出现了塑料、玻璃等等质地的容器。此外，还有插花惯用的花篮等编织容器。因植物和用途不同，常用的容器种类依构成的原料分为素烧泥盆、塑料盆、陶盆、玻璃盆、木桶、吊篮和木框等，每一类中还有不同大小、式样和规格，可依需要选用。

二、绿化植物的生长条件

（一）光照

光照是室内植物生长最敏感的生态因子，跟室外植物一样，影响室内植物正常生长最重要的也是光的三要素，即光照的强度、时间和光质。

1. 光照强度

室内观赏植物跟室外植物类似，也根据其对光照的不同需求分为阳性植物、阴性植物、中性植物，若想使观赏植物保持叶色新鲜美丽，就必须将其陈设在适当的地方。例如喜光的阳性植物，宜放在靠近窗边；阴性植物，则可以放在远离窗边的角落隐蔽处。

阳生植物喜阳光，在全日照下生长健壮，在庇荫或弱光条件下生长不良或死亡，如变叶木、仙人掌科、景天科和番杏科等部分植物。

阴性植物要求适度蔽荫，在室内散射光条件下生长良好，在光照充足或直射下生长不良，如蕨类、兰科、一叶兰、八角金盘、天南星科等。

中性植物对光照的要求介于两者之间，一般需要充足的阳光，但具有一定的耐阴性，在庇荫环境或室内明亮的散光下都能生长较好，如香龙血树、印度橡皮树、红背桂、苏铁、常春藤、虎尾兰等。

室内观赏植物虽然能适应室内微弱的光照条件，但由于长期生长在室内，叶片上易积滞灰尘，水肥管理不便，室内空气流通不畅，或因空调等的影响，产生空气过干现象。盆栽植物的向光源一侧和背光源一侧的光照强度差异较大，从而影响植物的均衡生长，所以要定期转盆或更换植物的放置位置。

2. 光照时间

光照时间是指植物每天接受光照的时间，用小时来衡量。植物的所有生长发育环节都与光照的长度有密切的关系。植物对日照长度的需求是与其原产地分布的经纬度有关的，根据日照长度将植物分为长日照植物、短日照植物、日中型植物和中日型植物四类。长日照植物是当日照长度超过它的临界点时才能开花的植物；短日照植物是当日照长度短于临界点时才能开花；日中型植物是在任何日照下都可开花的植物，对日照不敏感，如月季、天竺葵等；中日型植物则要求日长接近 12 小时。根据植物这一生理特性，人们可通过在室内人为调整光照时间来控制植物的开花，丰富我们的室内空间。

3. 光质

光质是指光的波长，用纳米来量度，太阳可见光的波长为 380 ~ 700nm；植物的光合作用并不是利用所有波长的光能，只能利用可见光区的部分波长。对植物而言，红光和蓝光是最佳光源。在室内空间中，植物经常是通过玻璃获得光线的，因此玻璃的性质就非常重要。白玻璃能够均匀地透射整个可见光的光谱，为植物提供最适当的光谱能量，但不利于人的舒适性。因此，人们常使用有色玻璃导致室内光强的减弱，不利植物的正常生长。

（二）温度

温度是室内植物养护的重要环境条件。观赏植物的特殊叶色、叶质都是在特定的温度环境中形成的。不同的观赏植物在漫长的进化过程中对温度的要求各不相同。大部分室内植物需要较高的温度，生长的最适温度为25℃～30℃，有些在40℃的高温下仍能旺盛生长，但大多不耐寒，温度降到15℃以下生长机能就会下降。不同的观赏植物，因原产地的不同对温度适应的范围也有差异，冬季低温往往是限制植物正常生长的最大因素。原产地的不同植物所能忍耐的最低温度也有差别，如万年青、孔雀竹芋、变叶木、花叶芋、龟背竹等越冬温度需在10℃以上；龙血树、散尾葵、袖珍椰子、夏威夷椰子、发财树、吊兰、虎尾兰、垂叶榕、鹅掌柴、凤梨类等越冬温度需在5℃以上；荷兰铁、丝兰、酒瓶兰、春羽、天门冬、鹤望兰、常春藤、棕竹等越冬温度需在0℃以上。

目前我国一般的大型公共建筑，如写字楼、宾馆、酒店、候机大厅、商场、医院等处的室内温度完全可以按人们的意志加以控制，都能依靠技术手段增温或降温，以保持相对稳定的温度。相对室外而言，室内温度变化相对温和得多。这些地方的最低温度可能不是限制室内植物正常生长的主要因素，而长期的恒温条件则可能会影响植物的生存。

由于植物是变温性的，对温度具有一定的忍耐幅度，一般满足人的室内温度也适合植物。正因考虑到人的舒适度，所以室内植物大多是来自原产地为热带、亚热带的植物。温度的作用固然很重要，但是它和光照、湿度、通气等因子共同作用于植物。

（三）空气

空气中的二氧化碳和氧气都是植物进行光合作用的主要原料，这两种植物的浓度直接影响植物的健康生长和开花状况。二氧化碳浓度越高，植物进行光合作用的效率也就越高。

空气中还常含有植物分泌的挥发性物质，其中有些能影响其他植物的生长，有些具有抑制细菌的作用。当然也不是植物越多越好，绿色植物晚上也要进行呼吸作用而停止光合作用，所以会消耗氧气释放二氧化碳，因此早上进行必要的通风是非常必要的。多肉植物是晚间释放氧气，所以在卧室摆放几盆多肉植物是非常有益于睡眠的。

大多数室内植物对空气中的污染都比较敏感，一些工业废气如氯气、氟化氢、一氧化碳、二氧化硫等，或是空气中粉尘较多的地区都会影响其正常生长。在这些地区应使用空气调节器或空气过滤器来净化进入室内的空气或选择一些耐污染的植物，如仙人掌类、多肉植物、南洋杉、橡皮榕等作为室内绿化装饰较为合适。

改善室内的通风条件，尽量避免或减少有害气体的侵害，是保证室内植物健康成长的有效措施之一。

（四）湿度

室内观赏植物由于原产地的雨量及其分布状况差异很大，不同种类植物需水量差异也较大。为了适应环境的水分状况，植物在形态上和生理机能上具有特殊的要求。

室内植物除了个别植物比较耐干旱外，大多数植物在生长期都需要比较充足的水分。水分包括土壤水分和空气水分两部分。由于大部分室内植物是原产于热带或亚热带森林中的附生植物和林下喜阴植物，所以空气中的水分对植物生长特别重要。但是，由于室内观叶植物原生长环境的差异性，所以它们对空气湿度的需求也不同。需要高湿度的植物有黄金葛、白鹤芋、绿巨人、冷水花、龟背竹、竹芋类、凤梨类、蕨类等；需要中湿度的植物有天门冬、散尾葵、袖珍椰子、夏威夷椰子、发财树、龙血树、花叶万年青、春羽、合果芋等；需要较低湿度的有酒瓶兰、一叶兰、鹅掌柴、橡皮树、棕竹。

室内观赏植物对水分的需求也会随季节的变化而有所不同。一般生长期需要较充足的空气湿度才能正常生长，休眠期则需要较少的水分，只要保证生理需要即可。春夏季气温较高，气候干燥，须给予充足的水分；秋季气温也较高，蒸发量大，也须给予充足的水分；秋末冬季气温低、阳光弱，需水量较少。

室内观赏植物在各生长发育阶段也具有不同的需水要求。室内观赏植物以观叶植物为主，而一般茎叶营养生长阶段必须有足够的水分，若在冬季或夏季处于休眠状态就无须过多水分。

室内环境水源一般都有保证，因此只要精心管理就不存在植物缺水的情况。但空气湿度这一因素往往被忽视。实际上，空气中的湿度对室内植物的影响并不亚于土壤湿度。观叶植物在室内栽培时，室内较低的湿度常常会使那些对湿度敏感植物的叶子受害，尤其是一些湿生植物、附生植物、蕨类植物、苔藓植物、凤梨科植物等。室内植物的需水程度比室外植物相对小得多。室内几乎无风，光照强度及光照时间都相对减少，水从叶表面和根部培养土中蒸发的量大大减少，因此水主要用于满足其生理需要了。

三、室内绿化植物培植技术

建筑的运行阶段，需要注意对绿色环境的维护和管理。要使建筑绿化达到理想的实际效果，后期的管理往往起到很重要的作用，因为绿色环境的最终效果往往要在植物生长一段时间后才能达到，这就需要后期管理人员的工作来保证最大限度实现预想的设计效果。

（一）灌溉

一般情况下，多采用带定时器的滴灌式自动灌溉机，或使用定时器和突然水分加测装置联动的自动化控制灌溉机。植物的叶面供水和清洗，则以人工操作居多。

对高大乔木，安装可向叶面喷淋雾水的灌溉设备较为方便。另外，可以在地下埋设扁水箱，利用毛细管原理从中向植物供给水分。

如果绿色环境面积大，也可采用软管人工浇水的方法。但是人工浇水容易过量，造成突然湿度大，需要设置水分检测器。

（二）叶面清洗

在没有降水的室内空间，植物的叶面上容易积压灰尘、空中游离物及枝叶的分泌物，如果长期不进行清洗，植物的蒸发作用、呼吸作用和光合作用都将减弱，从而导致植物生长不良，病虫害增加，外观效果变差。

一年中有必要进行多次清水清洁，也可通过雾状喷射进行清洗，但用水量较大。因此，在建筑设计的初步阶段就应考虑到这一因素，尤其是地板构造中的排水集水问题。

（三）枝叶修剪

室内植物生长过程中，容易引发叶少、叶薄、下枝密集、顺光生长、发芽开花时期不稳定等问题。剪枝是为了更好地保持植物的生长形状，但高强度的修剪容易导致植物枯萎，最好分多次进行修剪。

（四）植物替换

由于室内空间中环境压较大，一种植物在同一地点长时间生长会有生长不良现象。植物健康生长时间的长短因植物的抗性和承受环境压能力的不同而不同，因此有必要在一段时间后对植物进行移植，以防止树形变差。种植替换有多种形式，如变换植物种植防线和场所，或更换新植物，在稀疏部位补种植物等。在替换大型植物时，需要考虑搬入途径和搬入器械的可行性。在设计阶段，应预先考虑。植物通过替换种植，可以使花卉植物和秋叶植物在室内空间中创造多变的四季景观。同时也可以频繁地更换草花植物，创造春意盎然的景色。

第五节　北方寒冷地区公共空间室内绿植设计研究

一、北方寒冷地区公共空间室内绿植设计的原则

（一）地域性原则

寒冷地区所独有的四季分明的景色和独特的气候因素，是营造寒冷地区地域特性的珍惜资源。寒冷地区通过人们长时期演变的生活生产方式及文化因素形成了独具特色的地域性景观形象。寒冷地区居民通过长时间的积累，概括出了一套适应方法。我们可以将这些地域性的因素借鉴到设计中，营造出适合当今人类生活的室内绿色环境。

（二）季节性原则

季节性原则是指通过对既有的室内绿色环境与气候因素结合设计出一种季节性的临时方法，用来弥补恶劣气候季节的自然环境不足。通过季节性原则指导设计，用以增加寒冷地区城市自然环境因冬季到来缺乏，来给建筑内的使用者提供一个独特的自然环境，让参与者从中获得体会，既使在冬季过后，临时的室内植物被取缔，仍可以给人们留下深刻印象。

（三）互补性原则

寒冷的冬天漫长艰辛，这在某种程度上制约了人们参与室外活动，而我们可以通过室内空间室外化的营建手法为使用者提供更接近室外自然的空间环境感受，为冬季的社会活动提供宜人的室内环境。

比如，建筑垂直绿化、室内中庭花园庭院、共享空间生态景观、室内空间步道及地下街等多种形式的室内化公共空间，不但可以引入自然光线与室外环境保持视觉上的联系，还可以在室内种植植物。

（四）人性化原则

环境的使用者是人，因此景观设计的好坏在于能否创造丰富的社会交往活动，是否有良好的视觉空间感受，以及是否能满足寒冷地区城市居民的心理需求和情感需求。在寒冷地区公共建筑内进行室内环境绿植营建，需要给使用者提供更多的参与机会，可以让使用者真正地利用人造自然环境达到休憩、交往的目的。

（五）一体化原则

建筑设计与绿色环境设计不能脱节，否则将会导致绿色环境不能达到预期的美学效应和生态效应。在建筑创作中，绿色环境应作为一种必须存在的构件。建筑创作应该考虑绿色环境，并在构造、空间设计上预留绿色环境所需要的空间，以保证绿色环境同建筑共构，成为建筑的细胞。

二、北方寒冷地区公共空间室内绿植设计的策略

根据平时的观察，由于地理环境问题，寒冷地区的室内空间植物绿化存在很多的局限性。人们往往仅将植物绿化的思维放在寒冷地区上，而忽略了在现在科学技术手段发达的今天，室内摆放的植物已经不再受寒冷环境的约束。在冬季，室内仍然保持着比较适宜的温度，四季室内温度变化不大，因此在考虑以上设计方法的同时，还在以下四点内容中进一步提出营造的策略。

（一）增加植物品种

植物品种的选择中，市场上销售和购买植物的人都习惯性地选择平时常见的几种植物，如发财木、兰花、文竹、金橘等植物，造成了室内植物绿化品种样式的缺乏。在寒冷地区由于冬季室外的寒冷，人们已经缺少了与自然

亲近的机会，这样就更应该在室内植物中大范围的选择植物，而不拘泥于几种植物上的选择。因此在本土植物的选择上，也可增加南方本土植物，只是在养植上要更加注意其生长的环境。这里举出以下两个品种。

1. 观果植物

观赏南瓜原产于热带，具有较高的观赏价值，是一年生蔓性草本植物，其果实外形乖巧美观，观赏期较长，可以盆栽种植观赏，品种较多，其中在北方常见的品种为佛手，其他品种还有金童、玉女等。

火棘属亚热带植物，在零下16℃仍能正常生长，并完全越冬，也可以是室内绿化的植物选择之一。其果实含有丰富的蛋白质以及多种矿质元素等等，可食用。了解其生长特性就可以知道，它是一种具有较高的观赏价值的室内绿化植物。

黄金果别名又叫五指茄、乳茄，温度不低于12摄氏度就可以正常生长，夏秋季为花果期，其果实颜色鲜艳，观果期可长达半年，果实还可以药用。

2. 观花植物

羽衣甘蓝在寒冷地区多见于夏季的室外环境中，其应用于室内也是一种美观的可供欣赏的绿化植物。羽衣甘蓝是进行大面积室内绿化，在色彩美观上可以考虑的植物之一。

白兰树是高为2～5米的落叶植物，可以是商场中庭中植物绿化应用的品种，花形似莲花，花叶不同期，也具有“报恩”的美好寓意。

垂笑君子兰，君子兰是我国室内植物常见的品种，但是多数品种都为大花君子兰，这就使得君子兰的品种比较单一，而垂笑君子兰也是君子兰的一种，对于钟爱君子兰的人可以选择多种君子兰的品种来丰富室内植物品种。

番红花、番黄花，原产于希腊，多年生草本，淡黄色花朵，可作为植物绿化中的地被植物，也可以作为水养，点点红色、黄色，十分可爱。

（二）增加景观元素

由于建筑设计上人们对于区域差别的不断缩小，不同地区的建筑室内空间可以通过各种设施和设计手段等方法将内部空间打造成适合人们生活、工作和学习的地方，因此建筑内部环境的差别逐渐变得越来越小。现在人们在寒冷地区建筑内部空间中无法实现的要求逐渐被人们解决。但是生活在寒冷地区的人们还是注意到，在寒冷地区室内中绿化元素过于单一，或者形成单一的室内景观，还无法做到美的标准。因此，在寒冷地区室内空间中应增加多种室内景观元素。

水、山石、木等作为大型室内空间绿化的组成部分，既可以利用植物调节室内气候，也可以形成室内园林景观，具有观赏性，给人带来赏心悦目的休闲氛围。这也是寒冷地区室内缺少的氛围之一。

经各种公共场所调研，室内绿化已经不单单是只有植物，植物成为一种元素与其他元素搭配，或为主题景观，或为陪衬，都是现如今室内绿化要走的趋势。因此在寒冷地区室内环境中增加景观元素，也是将来寒冷地区建筑室内绿化中所走的方向。

（三）增加立面绿化形式

现今，人们为了高效利用室内空间，植物逐渐地由单一平面上的摆放改为立面上的装饰，植物成为室内装饰的材料之一。在办公、休闲娱乐及商场中，充分利用植物可以营造一个既节省空间，又丰富空间的立面装饰。

人们将植物分为三种形式，将植物由平面改为立面装饰，即将攀缘植物、垂吊植物架高和在墙面铺设种植箱固定植物。

（1）运用攀缘型植物时可设置花架，或者利用现有的管线为依附使得植物攀爬生长，以营造出室内立面绿化的效果。

（2）运用垂吊植物时可以选用高脚架，或者直接放置于楼梯扶手的空隙处，使得枝叶能垂下伸展，也是起到了遮挡和分隔空间的作用。

（3）积极运用新形式的植物绿化。在2010年上海世博会的展示中，植物以新的应用方式出现的同时，在墙体中直接铺设种植区也成为全世界的焦点。人们发现了一种新形式的植物绿化。但是这种形式的缺点是，在室内人们养护的方法更为复杂。

在寒冷地区，人们对立面绿化的关注度仍然不高，认为植物绿化既占空间，又浪费人的精力，特别是室内，放置过多的植物会影响人正常的生活和通行，在人口比较集中的空间人们会舍弃摆放植物，利用高科技手段弥补空间环境的不足。但是这样只会大大地增加维护成本和人工等支出。因此在绿化形式上，寒冷地区比较适合立体式的绿化，而这种形式中可多采用攀缘与垂吊植物。

（四）合理利用仿真植物

人们在日常生活中可以发现，在很多公共场所，更多的是选用仿真植物作为一种绿化的方法，认为人们在视觉上感受到植物的形态与色彩就可以是意义上的室内绿化。然而，这只是注意到了室内绿化的美观作用，而忽略了其真正有意义的调节气候的作用。但是仿真植物的存在并不是毫无意义的。如何有效地利用植物和仿真植物，也成为寒冷地区建筑内部空间绿化的问题之一。

1. 仿真植物存在的价值

（1）经济。在公共场所中，商人和管理者更注重的是动用更少的钱可以办更多的事情。植物涉及的是长期性的养护和管理问题，而仿真植物的介入就可以省掉这一笔开销。

（2）美观。植物有其自己的生长周期，并不是所有的时间都可以得到最佳的视觉效果，而仿真植物是将植物的最佳状态用艺术的手段加工，得到常年性的植物景观，这是植物无法达到的。人们与其选择经常养护的植物，不如选择更具有观赏价值的仿真植物。

（3）洁净。室内绿化植物品种采用水与土壤两种方式栽培，长时间在一个通风不良好的环境中，水与土壤会滋生细菌，这是在餐饮空间中竭力要避免的现象，因此人们更倾向于选择仿真植物。

以上三点是人们选择仿真植物的原因，但是这只是在公共场所，私人空间中人们仍是更多的选择真植物，只有注入心血，植物开花或结果时，人们心中的自豪感和成就感得到的喜悦是仿真植物无法做到的。

2. 真假植物结合利用

在公共场所中，仿真植物是人们无法发自内心加以珍惜的，因此存在着很多仿真植物脏乱和被损坏而无人管理的现象，这是违背人们在室内绿化的初衷的。因此既然人们无法完全使用真植物的自然美，也无法抛弃仿真植物的艺术美，那么就要采取一定方法将两种真假植物结合使用，在增添环境的艺术气息的同时，可以健康的调节室内小气候，使人们感受到自然的美好。

以植物为主，仿真植物为辅的设计方法，将仿真植物作为植物的陪衬，这样既可以保证植物为绿化的主体，也能减少植物养护的成本，有效地利用植物和仿真植物的结合，形成寒冷地区建筑室内空间绿化的主流，形成特色，为寒冷地区建筑室内空间增添独特的植物绿化设计方式，形成更为生态的室内绿化空间。

第十章　信息时代的室内设计创新研究

第一节　信息时代的室内设计

目前我们已进入以计算机、网络为特征的数码技术信息时代，信息是人们在日常生活中接触事物的核心，信息交流是人们生存和发展的基础。随着社会文明程度的提高，人们对生存环境日益关注，精神需求日益强烈，希望从传统中找回精神的家园，以弥补快速发展带来的心理失落，并试图运用当代科技重新组织自己的审美体验，调整心态，使之适应现代生活。传统的室内设计面临着设计观念、设计手法、审美境界等冲击与挑战，作为独立的艺术设计学科也呈现出新的时代特征。

一、生态环保的绿色室内设计

（一）动态的可持续发展观

可持续发展观是绿色室内设计思想的前奏，也称绿色方向。可持续发展的明确定义为：满足当前需要而不削弱子孙后代满足其需要之能力的发展。提倡人类要尊重自然，爱护自然，把自己作为自然中的一员与自然界和谐相处，做到经济发展与环境保护相结合。

强调发展，强调把社会、经济、环境等各项指标综合起来评价发展的质量，而不是仅仅把经济发展作为衡量的指标。同时，亦强调建立和推行一种新型的生产和消费方式。无论在生活上，还是消费上，都应当尽可能有效地利用可再生资源，少排放废气、废水、废渣，尽量改变那种靠高消耗、高投入来刺激经济增长的模式。以更为负责的态度与意识创造更科学合理的室内空间环境，设计的立意、构思、风格、氛围的创造要着手“室内”，着眼“室外”，使微观的室内空间与建筑、公园、城镇等中观、宏观环境协作互动。

信息时代人们生活节奏日益加快，室内功能复杂而多变，室内装修材料，设施设备，甚至门窗等构件的更新换代也与时俱进，特别是人有对室内环境艺术风格和氛围的追求，更是随着时间的推移而改变。例如现代日本东京男子西服店面及铺面的更新周期仅为一年半，上海不少餐馆、艺术照相馆的更新周期也只有 2—3 年，旅馆、宾馆的更新周期为 4—5 年。

（二）绿色室内设计

绿色室内设计是建立在对地球生态与人类生存环境高度关怀的认识基础上，有利于减轻地球负载。在室内设计中对一切材料和物质尽最大限度地利用，以减小室内体量，简洁装修形式，追求最精粹的功能与结构形式，减少消耗，降低成本，降低施工中粉尘、噪音、废气废水对环境的破坏和污染，不搞过度装饰，不搞病态空间，减少视觉污染，做到室内陈设品、装饰材料的再次利用。通过立法形式提高对资源再回收与再利用的普遍认识，室内装修材料供应商与销售商联手建立材料回收的运行机制，最大限度地使用再生材料，提高资源再生率，改变人们现有的、世俗的审美标准，最大限度地考虑资源和材料的再生利用。

利用自然元素和天然材料创造自然质朴的室内环境，特别强调自然材质肌理的应用。设计师在表层选材和处理中强调天然素材的肌理，大胆地表现石材、木材、竹类、藤本、金属、纤维织物等材质。或者原始粗犷，或者精雕细琢，或者儒雅高古，或者热烈质朴。杜绝使用含甲醛的胶粘剂、大芯板、贴面板，含苯的涂料、石膏板材以及对人体有害的放射性材料绿色植物成为室内主题。植物通过光合作用吸收二氧化碳，释放出新鲜的氧气，不少植物散发出各种芳香气味，能辅助治疗一些疾病。绿色植物与许多珍贵艺术品相匹配，更能让室内富有生机与活力、动感与魅力。绿色植物色彩丰富，形态优美，给居室融入了大自然的勃勃生机，使缺少变化的室内空间变得活泼，充满了清新与柔美，使人的情绪在“绿”的氛围中松弛，更能陶冶情操，抒发情怀。花园餐厅、园林式卧室和起居室等仿佛是搭起了一座通向自然的“桥梁”，让人心里升腾起对大自然的深思。

绿色室内设计善于巧妙利用自然环境与自然的能量，充分利用太阳能及各种自然能。景观设计与防灾设计相结合，最大限度做到自然通风、自然采光。世界著名建筑师诺曼·福斯特（Norman Foster）主持设计的德国柏林议会大厦，其玻璃拱厅满足了节能和自然采光的要求，夜晚看上去像灯塔，核心部分是一个覆盖着各种角度镜子的锥体，反射水平射入建筑内的光线，可移动的保护装置，防止过热和耀眼的阳光辐射，轴向的热通风和热交换，使不流通的空气得以循环。所有的电源由安置在屋顶的太阳能电池板提供，是典型的绿色设计作品。

二、以人为本的人性化室内设计

高科技的迅猛发展，在展示人类的伟大征服力和无与伦比的聪明才智的同时，也给人带来新的苦恼和忧虑，即人情的孤独、疏远和人性的失衡，人们必然去追求一种平衡——“一种高科技与高情感的平衡，一种高理智与高人性的平衡”。人们更需要有一个舒适方便、功能齐全的办公空间，以及在繁忙工作之后能够有一个充满温馨、可以消除疲惫身心的家。以人为本是根据人体工程学、环境心理学、审美心理学等，科学深入地了解信息时代人们的生理特点、行为心理和视觉感受等方面的特征，设计出充满人性，极具亲和力的室内空间。人性化设计从过去对功能的满足，进一步上升到对人的精神关怀，承载了对人类精神和心灵慰藉的责任，充分实现了现代人情感与人性的平衡。室内设计的人性化要求，室内环境不但要考虑选材，加工到造型特点是否符合规律，而且要考虑是否符合人体工程学及人体工学的人性化原则，要考虑人与环境是否能结合起来，使用者及其生活空间和活动空间是否能结合起来。

（一）关注伤残人的无障碍设计

伤残人超过一半的时间是在家中，室内环境的质量与他们的生活密切相关。关怀伤残人的无障碍设计，即为伤残人提供帮助和方便，创造舒适、温馨、安全、便利的现代室内环境的设计，包括轮椅使用的无障碍设计，设计必要的通道宽度和回转半径，厨房操作台、洗脸台的高度，专用淋浴设施设计；视觉（弱视患者、盲人）、听觉（听觉不灵敏或者受到损伤，听觉非常弱甚至丧失能力）行为能力（身体平衡能力较差、行动不便等）的无障碍设计。

（二）关怀老龄人的人性化设计

随着人口老龄化时代的来到，老龄人室内光环境、热环境设计日益受到重视。由于老龄人独特的生理、心理特征，老龄人室内设计应做到有适当的采光口尺度：最佳的光线亮度分布；最好的建筑朝向，避免眩光出现；避免过多的太阳辐射热进入室内；加强室内绿化设计；提高室内识别性；不设置门槛、无高度差；卫生间洁具颜色以淡雅为宜，采用淋浴或平底浴盆；适当放宽居室门，以满足护理需要，从而创造舒适宜人的室内空间。

三、“科艺融合”的智能化室内设计

科学与艺术是两个不同的概念，是人类所从事的两大创造性工作。科学与艺术的结合，是信息时代人类思维和文化发展的主流。科学的理念和成果以视觉的艺术形式表现出来，用情感的艺术手法表达和传达科学理念。科学以人性之情探索宇宙之理，艺术以宇宙之理表达人性情怀，是信息、时代智能化设计的真实写照。

（一）科学与艺术的融合

信息时代的室内设计十分重视并积极运用先进科技成果，偏爱运用新技术，包括新型材料、结构构成和施工工艺。用科学的方法、定量定性地评析室内物理环境，如气流速度、氧气含量、温度、湿度；心理环境如空间形状大小、整体光色范围等，影响心理感受因素。积极探讨人类工效学、视觉照明学等学科在室内设计中的运用，使室内设计具有严明的科学性和前瞻性。

信息时代的室内设计成为人文学科的组成部分。对理性的强调开始被对感性的要求所替代，设计与艺术之间的距离已渐渐模糊，甚至许多室内设计作品本身就是精湛的艺术品。艺术化的室内设计为许多室内设计师所认同，且正被许多设计师在实践着抒情特点和诗意情感的表达，已成为优秀室内设计作品的象征。

（二）智能化室内设计

电脑进入设计领域导致了一场深刻的设计革命。大多数室内设计师“工具变换”的所谓“换笔”带来了便捷与高效率。随着 AutOCaD、3DMAX、Photoshop、Maya 等各种绘图软件的出现，设计创意通过计算机表现出来，在电脑所建构的空间中产生了一种全能的关系和设计观念。数字化智能设计的虚拟，有对实有事物的虚拟，即对象性的虚拟，或现实性的虚拟；有对现实超越性的虚拟，即对可能性和可能性空间事物的虚拟；有对现实背离的虚拟，即对现实的不可能的虚拟，大大开拓了人的选择空间。

智能化室内设计的另一层面表现在智能化系统，即空调卫生、电力照明、输送管理等环境能源智能管理；防灾、防盗的安保智能管理以及租金管理、护养管理等物业智能管理系统的功能设置，包括安全监控、门禁管理、安防报警三表出户、有线电线、设备监控、一卡通、电子大屏幕、背景音乐、信息服务、VCD 点播等舒适健康的室内环境。具备高度的安全性，具有良好的通信功能，包括语言、文字、图像的传输，智能化室内空间自动调温、调湿、调节灯光亮度、自动控制炊事用具，坐在室内进行网上健康咨询、采购商品、查阅小孩的学习成绩等，是极平常人的生活。

四、古今并重的多元化室内设计

厚古而不薄今，崇洋而不媚外，多种风格与流派相互依存、共同发展。

（一）讲求历史文脉

在室内设计中，尊重历史、尊重历史文脉，具有历史延续性，通过现代技术手段使古老传统重新活跃起来，如在生活居住、旅游休息和文化娱乐等室内环境中，突出地方的历史文脉与民族特色，突出深厚历史底蕴和文化积淀，讲究乡土风貌、地方风俗、民族特点的特有文化韵味。当然，讲求历史文脉不能简单地只从形式、符号上去理解，而是广义地涉及规划思想、平面布局和空间特征，甚至引出许多室内设计的哲学思想和观点。

（二）创造现代时尚

经济繁荣的信息时代，人们渴望用代表他们品位的东西去装饰室内空间，强调室内空间的个性化和个人风格，提倡“室内环境个性化”。消费者对具有创新设计思想的现代室内空间环境表现出强烈的兴趣。时代需要以满足当代社会生活经历和行为模式，具有时代精神的价值观和审美观创造时尚的现代室内设计。

（三）多元风格并存

多元的取向、多元的价值观、多元的选择，是信息时代室内设计的一种潮流，正是在不同理论的互相交流、彼此补充中前进，不断发展。众多的流派都有存在的依据与一定的理由，探索各种观点流派的适宜条件与范围，依据室内环境所处的特定时间、环境条件、业主喜好与经济状况等因素，能更好地达到多元与个性的统一，达到“珠联璧合、相得益彰、互映生辉、相辅相成”的境界。上海科技馆与中国国家大剧院就是风格截然不同的例证。多元文化并存的信息时代，室内设计风格与流派的发展将出现不断探索、不断发展的新局面、新趋势，并不断地推陈出新。

第二节　从信息设计的元素解析室内元素信息

一、室内设计与五感信息

“五感”就是视觉、听觉、味觉、嗅觉和触觉，称它为一套精密的收发器绝不为过。用五感创造的结构当作构建材料来使用，不仅有感官能提供外界输入，还有由外界输入所引起的被唤醒的记忆。好的室内设计作品可以唤起受众内心深处的记忆，能带给受众一种久别重逢的感觉。

室内设计中要强化受众与空间的交流设计，充分调动受众使用过程中的情感因素，当然这二者并不矛盾，是一种相互依存的关系。对五感信息了解得越深，就越能把握它们的特性，对设计师来说就能更好地掌控设计的最终效果。

（一）视觉信息

视觉信息就是我们通常所说的形式感，它是信息设计中最根本的因素，也是最直观的感觉。室内设计作品要富有创意，特别是对视觉设计上的考究，才可以在第一时间抓住受众的心理，使人们停下来观看并近前参与体验。视觉信息包括图形、符号、图像和色彩等一切可以吸引眼球的元素。

室内设计中通常是通过材质、色彩、造型、照明等多种表现方法来营造室内空间氛围，并反映出设计师针对各种环境面貌的特征的整合。设计中关于形式美的表现对于内容而言是尤为重要的、多变的表现形式，能给人们营造更丰富的环境氛围，如加拿大蒙特利尔日式小酒馆的设计以其夸张鲜艳的图形成功地在视觉上吸引了受众，并因此被人口口相传。

（二）嗅觉信息和味觉信息

嗅觉信息和味觉信息是相关联的，当你闻到蛋糕的香味自然地就能想象到蛋糕的甜美；当你闻到中药的味道时，你的大脑就会向你传递苦味的信息；同样，在吃一样东西的时候也会想起它的气味，如鼻塞的时候吃东西。当然这些信息的感触都是在已有记忆中的反馈，当我们的记忆被某样东西刺激时就会激发起相应的感觉。其实并不仅仅嗅觉和味觉是相互起作用的，嗅觉也可以和触觉等其他感官信息发生关系。

最近在餐饮界流行一个关于饮食价值的词——“感食”。感食其实就是食物和感觉组合起来，词意为食物要跟随感觉走，不仅是用舌头，还要用鼻子、眼睛、耳朵等所有的感官来品尝美的滋味，这就是味觉引起的关于“饮食的整体设计”，也是餐饮空间设计的关键元素。由于嗅觉和味觉可以引发受众的情感和记忆，所以在商业空间的设计中，引入嗅觉和味觉可以促进商业行为高效运转，提高营业额，这也是商业空间设计目标的体现。

（三）听觉信息

优美动听的音乐是净化心灵的良药，无论你生活在哪里，每时每刻都能听见各种声音。不管你喜欢与否，听觉总是带给你不同的感官信息。听觉是除了视觉之外的第二大接受性感觉器官，在室内设计中有着非常重要的地位，而室内空间的界定划分大多数都要考虑声音的需求，如录音棚、KTV、科技馆等。听觉可以接受视觉不能接受的信息，从而弥补因视觉不能接收而丢失的信息。听觉受周围环境的影响，受众是室内空间中声音的接收者，同时也是制造者。受众的受教育程度、个人喜好、年龄限制等原因使得他们在接收同一种声音时会有截然不同的感受，受众不同的心理和生理状态也会影响他们对听觉信息的不同感知。

当你心情愉快、身体健康时，能对接收到的听觉信息有较为客观的认知；当你身体状态不佳时，再平常不过的声响都会让你难以忍受。任何美妙的事物都能通过感官的综合作用得出结果，只有视觉信息的理性和客观结合听觉信息的感性、主观，才能设计出比较完整的室内设计作品。

（四）触觉信息

触觉是以人的身体为媒介，通过与物体的接触所反馈的信息。触觉的本能反应体现在对潜危险信息的及时判断，当周围环境对自身无害时，触觉信息体现是开放的、自然的、舒适的；当周围环境对自身产生威胁时，它是封闭的、痛苦的。由于不同的事物的特征不同，因此触觉所反馈的信息也是相异的。例如石材给出的触觉信息是由石材的密度、孔隙率、硬度与周围温度所决定的，当石材放置在较阴凉的地方，材质传递的是凉的信息；当石材放置在室外阳光下暴晒，它所传递的就会是热的信息。因此，触觉信息的变化除了接触物本身的特性使然，还被外界的各种因素影响着。触觉信息的传递对人们主观感受的形成提供了实际的、真切的体验。通过触觉受众能获取关于物体更多更详细的信息：通过触摸键盘，我们可以编辑文字；通过点按触手机屏幕，我们可以打电话和发短信；通过对触摸自助服务设施的使用，我们可以和设备进行交流对话，并在其指导下完成从未接触过的陌生操作。商业空间设计中用触觉信息的特性，能够激发受众的购买欲，吸引使用者的注意，促进销售额的提升。例如，德意志银行设计在空间处理上加入了高科技互动装置，为顾客提供了丰富的感官体验，将室内空间分为三个功能区。

第一个区域：顾客可以通过触摸感应了解银行的历史。

第二个区域：顾客可以通过动作与投影屏幕互动。

第三个区域：以三角形构成的动态雕塑，通过调节三角形位置而转化形态。

二、空间材质与材料信息

材料是建筑可视化的必不可少的部分。材料的魅力在于不管你是否有意，它都能把它的特质信息传输到你的脑海，剩下的就是你细细地去欣赏和品味了。材料信息是通过材料质地和肌理的特征，而传递特定的状态和意义。室内设计选材时要从设计需求出发，结合用途、功能、造型等因素并充分考虑材料信息对人类情感的关联性，尽可能地用最适合表达设计的材料，装饰所选室内空间，使设计主题能通过材料信息达到正确的表述，并与设计受众产生情感共鸣，丰富室内空间。

（一）空间材料的质感信息

材料情感信息的形成要素包括质地、肌理等。不同的材料所带给人的心理感受是存在差异的，坚硬的材料给人严肃感、冰冷感；柔软的材料给人温暖感、舒适感。相同的材料由于构成方式的位置、大小、形状等不同，也会给受众带来不同的情感信息。因此，室内设计师必须对材料有一定的深度和广度上的理解研究，并通过对各种材料情感信息的把握才能在不同功能需求的室内空间中准确无误地传递特定信息，并与空间的使用者（受众）产生心理上和情感上的碰撞，从而赋予专有空间情感内涵。

冷与暖的信息：材料本身是不具备任何信息的，但是却能通过人的情感反馈找到人类心理感受上的共鸣，从而被赋予某种特点信息。室内空间的功能、用途决定空间的氛围，通过对材料信息的理解，我们可以合理地选择可以体现出冷与暖的材料。例如，法院是国家的审判机关，负责各类案件的审判。由于职能的需求，空间氛围必须要严肃大方，材料信息中的冷正好可以体现出法院的性质，因此法院整体的设计上易于选择带有“冷”信息的材料，如石材、金属、玻璃等。同时法院又是一个讲理的地方，又需要一定的人情味的体现，所以法院的审判庭上的座椅都采用带有温暖信息的木质材料和海绵材质。

透明与光泽的信息：透明材料所传递给人的信息是开放的、轻盈的，它可以在视觉上扩大空间的深度和广度，同时当阳光通过透明材料照射到室内空间时，还可以提升空间的能见度。透明材料常见的有玻璃、亚克力、布料等可透光材料。

粗糙与细腻的信息：材料粗糙感体现的是一种原始、天然、狂野的信息。由于材料质地的限制，不同质地的材料粗糙感是不同的。日本无印良品的主创工作室设计师杉木贵志提倡“不求这是我想要的，但求这就是我需要的”设计理念，以单纯简朴的生活为本。所以杉本贵志善于运用原始、天然信息材料塑造纯净空间。从他的作品中都能感到质朴、自然、原始、平常、纯正的情感。材料天然的细腻感是很少见的，一般带有细腻信息的材料都是经过加工打磨而成的，如不锈钢、玻璃、陶瓷、抛光石材等。细腻的材料所体现的信息是温润、舒适、雅致、安静。

（二）空间材料的肌理信息

材料的肌理就是材料物象的表面纹理信息，是材料表面存在视觉、触觉上的信息反馈。例如：大理石的纹理、木材的生长纹理等。材料肌理的信息是构成室内设计功能美的重要因素。室内设计中所运用的材料品种非常繁多，各种材料都拥有各自特点的肌理信息，因此对人心理和生理上所产生的感觉变化也是多样性的。正确处理室内设计中的肌理信息、充分发挥肌理情感效应是空间性格塑造的前提条件。

扩张与收缩的信息：材料的扩张与收缩信息是由材料的性质决定的。扩张就是指扩大、膨胀，在空间中占据更多的位置，收缩是相对扩张而言的。带有扩张感的材料的肌理大部分拥有表面粗糙或亚光的效果。正是因为粗糙和亚光的材料不容易与外界环境产生映射关系，不会产生明暗、大小面积的视觉感，且材料表面色彩分布均匀柔和，视觉错觉感不强，所以才会产生扩张的效果。例如，未抛光的木材、地毯、毛石等。而带有收缩感材料的肌理信息则是拥有映射表面的效果，映射是光照射在材料表层、经过反射光线在材料表面的现象。反射现象导致的虚拟形象容易使人的视觉错位。带有收缩信息的材料在拥有反射功能的同时，容易使物体本身形象变得不明显，而材料本身感觉上处于消失状态，所以会有收缩的感觉。例如，镜面、玻璃、金属等材料。在对较小的空间进行设计时，由于建筑空间面积的限制不可能通过物理手段扩张空间，那么只有通过材料肌理信息的运用，对空间使用镜面反射特性从视觉上消解界面的质感，从而达到扩大空间的效果。同理，对于较大空间进行设计时，为了营造空间的温馨感，就要使用带收缩信息的材料进行设计，赋予空间视觉上的收缩感，达到室内空间设计目的。

近与远的信息：材料肌理信息给人近与远的感受，大多数是通过材料肌理与使用者的位置产生的前进与后退的关系，是我们的生活经验所反馈的状态信息。材料肌理体现的前进现象就是肌理信息的近感，材料肌理体现的后退现象就是肌理信息的远感体现。近与远是相对距离关系而言的，不同的材质肌理的近与远的信息是不同的。通常粗糙的材料肌理给人近的感觉，平滑的材料肌理给人远的感觉。同一种材料肌理也会因为对比关系的变化而产生不同的近与远的感觉。近感和扩张感是相似的，远感和收缩感也是相似的。

材料肌理的近感信息产生的原因是材料粗糙、凹凸不平的表面纹理在近处能够被人清晰地观察和分辨，给人的感觉是实在的、具体的、清晰的，而形成近的感觉。材料肌理的远感信息的产生则是因为材料肌理的平滑性让人感觉它是被放置在远处，看不到其清晰纹理的体现而形成的过远的感觉。

三、空间照明与光信息

设计师能利用优质的材料、华丽的色彩和精美的细节技巧创造出最为传神的空间。但是，没有光，任何人都是在浪费时间、精力和金钱。光和光效对于空间情感氛围的营造至关重要。光在物体表面形成的高光点，在物体背面形成的阴影，可以让人们感知物体的形状和质感。正是光让我们认识了色相和色调的差异。室内设计师用光的特有信息来创造一种适合于特定要求、空间和建筑的气氛。

（一）室内光信息

自然光信息：自然光吸引人的原因之一就是它能通过光线的方向、强度和色彩以及季节变化和天气变化来传递信息。通过对自然光照射角度、颜色、亮度等信息的分析，可以传递给人类时间的概念。当自然光刚亮起来的时候是早晨来临的信息，自然光消失殆尽的时候是夜晚到来的信息。人类可以根据自然光所传递的信息安排作息时间。

室内设计中有些空间对时间非常敏感，自然光的信息直接影响其功能的运作。例如，图书馆、办公室等。由于自然光信息的时间暗示作用，我们的心理和生理都会对其信息的传递产生反馈行为，这种行为的出现可能是好的，也可能是坏的。例如，上班族在一见到夕阳的信息就会产生下班的心理暗示。设计师要合理利用这些信息规律，设计出更多贴合人性的设计作品。

冷光信息：冷光源传递给人的信息还是祥和的、安静的、严肃的、冷漠的。它可以使人情绪变得平缓，有利于促进思维的高效运转；它也可以从心理暗示你温度降低。在室内空间照明中，最需要冷光的环境就是办公空间。由于办公空间是长期作业的地方，易于引起人的负面情绪，为了抑制负面情绪，提高工作效率，就必须消除长期工作的厌烦情绪和限制公司同事之间的工作之外的闲谈，那么冷光的运用就是不二的选择。

暖光信息：暖光信息是相对于冷光信息的，暖光传递的信息还是热情的、激烈的、躁动的。它可以提高人的心理温度，促进人情绪的高涨；同时暖光也会使人易于疲惫和狂躁。夜店的设计中就会运用很多的暖光源，因为去夜店的消费者多是带着现实生活的无奈和不满情绪到夜店去宣泄的，夜店暖光源的设计大大激发了他们的欲望，可以发泄他们的情绪、抚平他们的伤口。

混合光信息：混合光信息就是冷光信息和暖光信息的综合体。它拥有冷、暖光源的信息，同时却又更丰富多变，通过调整冷暖光的比例，可以制造出适合不同室内空间的照明效果。

（二）室内照明方式的信息

直接照明信息：直接照明多为主光源，在大面积室内空间起着整体照明的作用。直接照明为室内空间提供了基本的可视环境，人在其中能顺利完成生活的基本需求，所以直接照明传递的信息是和平的、稳定的、清晰的。

间接照明信息：间接照明是通过对物体的反射进行的非直接照明方式。由于是反射照明光经过多次反射，所以光线变得更为柔和，阴影也变淡。间接照明很容易营造温馨的氛围，因此间接照明传递的信息是温馨的、优雅的、安全的。在卧室布置间接照明光源可以缓解一天工作所带来的身心上的疲劳，增加安全感，提高睡眠质量。

漫射照明信息：它是光源通过照射灯具材料的折射形成的漫射照明方式，可以有效控制眩光、减少光污染。漫射照明的特点是光线均匀、柔和、细腻，适用于任何需要营造舒适、优雅氛围的场所。

混合照明信息：它是直接照明、间接照明和漫射照明共同组成的照明方式。混合照明是在直接照明的基础上，为不同功能区域添加重点照明的方式。优秀的混合照明可以减少阴影造成的操作错误，并能丰富空间照明层次，提升特殊照明区的装饰效果。如果混合照明设计不当，就会导致功能缺失，造成严重的光污染，引发使用者的视觉审美疲劳。

（三）室内光源投射信息

顶部投射信息：照明灯具位于空间顶部，且处于空间界面的半围合与围合的状态中，照明投射的光线经过多次界面反射，形成阴影柔和的室内照明效果。由于顶部投射照明光线过于分散且平淡无奇，对于空间感的扩充没有太大的意义，因此一般用于空间整体照明中的基础照明。

侧向投射信息：侧向照明可以是左右侧向，也可以是上下侧向，可以根据空间照明的实际需求灵活设置，用于侧向投射的灯具有壁灯和一些装饰性的间接照明灯具。由于灯具造型限制投射所形成的光斑明显阴影较重，侧向投射的特性适合对空间中的材料和艺术品进行重点照明，提升空间照明的品质。侧向投射照明可以在较小的空间中渲染安详、浪漫、温暖的气氛，有助于提高食欲和睡眠质量。

由下朝上照射信息：由下朝上的照射方式逆转了人们对灯光由上朝下的惯性思维，可以为空间营造出其不意的效果。这种效果一般用于特殊物体的重点照明上。通过这种照明方式，能有效突出物体特征并有效地划分功能分区。由于光束照射范围有限，该光束和周围的其他可见光源形成强烈的对比，给观看者创造出欣赏照明设计美的一个独特的视角。

参考文献

[1] 霍维国，解学斌 . 多视角下的室内设计 [M]. 北京：机械工业出版社，2023

[2] 刘思如，刘丰溢 . 室内设计的风格演变与创意探析 [M]. 北京：新华出版社 , 2023.

[3] 吴剑，朱潇，吴静 . 现代室内设计与应用探究 [M]. 长春：吉林科学技术出版社 , 2023.

[4] 洪滔，袁玉康，王安娜 . 居住空间室内设计 [M]. 石家庄：河北美术出版社 , 2023.

[5] 张月 . 室内设计概论 [M]. 北京：国家开放大学出版社 , 2023.

[6] 欧阳小妮，罗玄 . 住宅建筑室内设计 [M]. 上海：上海交通大学出版社，2023.

[7] 潘国忠，张卓辉，葛兰英 . 现代建筑设计与室内设计创新研究 [M]. 沈阳：辽宁科学技术出版社 , 2023.

[8] 周海军 . 室内设计原理与低碳环保理念 [M]. 长春：吉林出版社 , 2023.

[9] 王小娜，徐欣 . 室内设计艺术价值研究 [M]. 延吉：延边大学出版社，2022.

[10] 张斌 . 艺术设计与室内装饰研究 [M]. 长春：吉林人民出版社 , 2022.

[11] 贾丽丽 . 创意视角下室内软装饰设计研究 [M]. 长春：吉林出版集团股份有限公司 , 2022.

[12] 耿蕾 . 室内设计方法与智能家居应用 [M]. 北京：北京燕山出版社，2022.

[13] 颜军，汪训，孙梦媛 . 室内陈设设计 [M]. 北京：中国青年出版社，2022.

[14] 杨婷 . 现代室内设计的创新研究 [M]. 长春：吉林摄影出版社 , 2022.

[15] 赵莹，杨琼，杨英丽 . 现代室内设计与装饰艺术研究 [M]. 长春：吉

林大学出版社 , 2022.

[16] 孙元山，李立君 . 室内设计制图 [M]. 沈阳：辽宁美术出版社 , 2022.

[17] 刘琳琳，廉文山 . 室内设计原理 [M]. 北京：清华大学出版社 , 2022.

[18] 张玮玮 . 环境艺术与室内设计研究 [M]. 长春：吉林美术出版社 , 2022.

[19] 孔英琪 . 居住空间中室内设计应用研究 [M]. 长春：吉林出版社 , 2022.

[20] 冯悦 . 现代室内设计探析 [J]. 鞋类工艺与设计 ,2023(4)：132-134.

[21] 高登 . 室内设计中的解构主义 [J]. 文化产业 ,2024(2)：82-84.

[22] 钱佳睿 . 传统文化与室内设计的融合 [J]. 文化产业 ,2023(33)：103-105.

[23] 吕游 . 室内设计中软装饰与室内设计风格的营造分析 [J]. 大众标准化 ,2023(4)：122-124.

[24] 齐达 , 邢鹏超 . 室内设计的发展趋势研究 [J]. 上海包装 ,2023(11)：88-90.

[25] 苏楠 . 室内设计浅谈 [J]. 建筑与装饰 ,2021(2)：6.

[26] 石金金 . 休闲茶室室内设计探究 [J]. 福建茶叶 ,2022(10)：40-41.

[27] 周琼 . 商业建筑的室内设计研究 [J]. 智能城市 ,2022(7)：37-39.

[28] 薛捷 , 李云云 . 宋代文化在室内设计中的应用 [J]. 天工 ,2024(5)：101-102.

[29] 王志诚 . 室内设计原理实践教学改革研究 [J]. 上海包装 ,2024(2)：232-234.

[30] 韩一博 , 张笑堃 , 于国华 . 跨界合作在室内设计中的应用 [J]. 陶瓷 ,2024(4)：98.

[31] 赵朗讯 , 刘婷 , 谢小林 . 室内设计与绿色环保 [J]. 建材与装饰 ,2020(13)：129，131.

[32] 杨伟鹏 . 室内设计中灯光艺术装饰方法 [J]. 大科技 ,2023(42)：172-174.

[33] 刘丹 , 胡鑫 . 室内设计公司的营销模式现状分析 [J]. 商业观察 ,2023(34)：101-104.

[34] 唐文兰 , 韩晓旭 . 室内设计中智能家居融合的研究 [J]. 鞋类工艺与设

计,2023(23)：130-132.

[35] 蒋丽铭,翟小乐.生态理念下的图书馆室内设计分析[J].鞋类工艺与设计,2023(21)：148-150.

[36] 易璐.不畏将来，让室内设计创造价值[J].江西教育,2023(16)：42-45.

[37] 孔英琪,谢蕾,陈贤帆.基于装饰色彩的室内设计创新策略[J].鞋类工艺与设计,2023(12)：180-182.

[38] 刘巧艺.现代艺术与室内设计的美学共性研究[J].上海包装,2023(9)：136-138.

[39] 熊小菲,金超.铁路客站室内设计手法与材料探究[J].建筑与装饰,2023(8)：25-27.

[40] 陈磊.建筑室内设计色彩元素的应用探析[J].色彩,2023(8)：20-22.

[41] 杨宇凌."建筑室内设计"专业教学改革探究[J].科技风,2023(7)：128-130.

[42] 闫金丽.基于虚拟现实的室内设计方法研究[J].鞋类工艺与设计,2023(5)：153-155.

[43] 王淑文.色彩元素融入室内设计的实践研究[J].上海包装,2023(4)：107-109.

[44] 谷佳宝,柳丹.智能家居对室内设计的影响探析[J].工业设计,2023(3)：109-111.

[45] 唐仕平.室内设计中的立体构成原理分析[J].上海包装,2023(3)：74-76.

[46] 张明杰."大绿色观"下的室内设计创作[J].城市建筑空间,2023(1)：2.

[47] 郜玲玉.室内设计中的形式美[J].西部皮革,2021(4)：96-97.